U0256513

国家出版基金项目
NATIONAL PUBLICATION FOUNDATION

"十三五"国家重点图书出版规划项目
中国河口海湾水生生物资源与环境出版工程
庄 平 主编

厦门湾渔业资源
与生态环境

黄良敏 等 编著

中国农业出版社
北 京

图书在版编目（CIP）数据

厦门湾渔业资源与生态环境 / 黄良敏等编著 . —北
京：中国农业出版社，2018.12
中国河口海湾水生生物资源与环境出版工程 / 庄平
主编
ISBN 978 - 7 - 109 - 24840 - 3

Ⅰ.①厦…　Ⅱ.①黄…　Ⅲ.①海湾—水产资源—研究
—厦门②海湾—生态环境—研究—厦门　Ⅳ.①S922.9
②X321.257

中国版本图书馆 CIP 数据核字（2018）第 255718 号

中国农业出版社出版
（北京市朝阳区麦子店街 18 号楼）
（邮政编码 100125）
策划编辑　郑　珂　黄向阳
责任编辑　黄向阳　弓建芳

北京通州皇家印刷厂印刷　新华书店北京发行所发行
2018 年 12 月第 1 版　2018 年 12 月北京第 1 次印刷

开本：787mm×1092mm　1/16　印张：15.25
字数：315 千字
定价：120.00 元
（凡本版图书出现印刷、装订错误，请向出版社发行部调换）

内容简介

关于厦门湾的研究，多年来重点都集中于海洋生态环境、海洋生物和海洋带等方面，而有关厦门湾渔业资源利用与生态环境方面的研究尚未见专门著作系统报道。本书试图梳理相关单位和学者的研究成果，以及本课题组近20年来对厦门湾渔业资源相关科研项目的研究资料，详细介绍厦门湾渔业生态环境的特点和现状，全面分析厦门湾渔业资源的种类、群落结构和主要经济种类的生物学特征。本书分为六章，第一章简要介绍厦门湾及其生态环境，包括厦门湾周边地区的经济社会发展状况、地貌底质、水文及理化因子等基本概况，并对厦门湾近年来的生态环境质量进行评价。第二章介绍厦门湾生物资源，包括初级生产力、浮游植物、浮游动物、潮间带生物和大型底栖生物等。第三章应用扫海面积法对厦门湾渔业资源进行评估，并对厦门海域渔业资源的群落结构进行了研究。第四章介绍了厦门湾的主要淡水入海河口九龙江口的鱼类资源情况，采用定置张网和流刺网于咸水区、咸淡水混合区和淡水区的鱼类资源进行3周年的采样，对该河口区的鱼类群落结构、鱼类资源现状以及鱼类群落的营养结构等进行了较为系统的研究。第五章介绍了厦门湾主要经济渔业种类的生物学特征，包括29种鱼类、7种虾类、3种蟹类和3种头足类，分析了其体长体重特征、摄食生长及繁殖习性，并对其资源开发利用情况进行了初步评价。第六章则是对厦门湾渔业生态环境的问题及成因、渔业资源利用存在的主要问题进行了探讨，并提出了厦门湾渔业资源的管理目标和可持续利用策略及建议。

丛书编委会

本书编写人员

黄良敏　王家樵　李　军　张雅芝　陈融斌

丛书序

中国大陆海岸线长度居世界前列，约 18 000 km，其间分布着众多具全球代表性的河口和海湾。河口和海湾蕴藏丰富的资源，地理位置优越，自然环境独特，是联系陆地和海洋的纽带，是地球生态系统的重要组成部分，在维系全球生态平衡和调节气候变化中有不可替代的作用。河口海湾也是人们认识海洋、利用海洋、保护海洋和管理海洋的前沿，是当今关注和研究的热点。

以河口海湾为核心构成的海岸带是我国重要的生态屏障，广袤的滩涂湿地生态系统既承担了"地球之肾"的角色，分解和转化了由陆地转移来的巨量污染物质，也起到了"缓冲器"的作用，抵御和消减了台风等自然灾害对内陆的影响。河口海湾还是我们建设海洋强国的前哨和起点，古代海上丝绸之路的重要节点均位于河口海湾，这里同样也是当今建设"21 世纪海上丝绸之路"的战略要地。加强对河口海湾区域的研究是落实党中央提出的生态文明建设、海洋强国战略和实现中华民族伟大复兴的重要行动。

最近 20 多年是我国社会经济空前高速发展的时期，河口海湾的生物资源和生态环境发生了巨大的变化，亟待深入研究河口海湾生物资源与生态环境的现状，摸清家底，制定可持续发展对策。庄平研究员任主编的"中国河口海湾水生生物资源与环境出版工程"经过多年酝酿和专家论证，被遴选列入国家新闻出版广电总局"十三五"国家重点图书出版规划，并且获得国家出版基金资助，是我国河口海湾生物资源和生态环境研究进展的最新展示。

　　该出版工程组织了全国 20 余家大专院校和科研机构的一批长期从事河口海湾生物资源和生态环境研究的专家学者,编撰专著 28 部,系统总结了我国最近 20 多年来在河口海湾生物资源和生态环境领域的最新研究成果。北起辽河口,南至珠江口,选取了代表性强、生态价值高、对社会经济发展意义重大的 10 余个典型河口和海湾,论述了这些水域水生生物资源和生态环境的现状和面临的问题,总结了资源养护和环境修复的技术进展,提出了今后的发展方向。这些著作填补了河口海湾研究基础数据资料的一些空白,丰富了科学知识,促进了文化传承,将为科技工作者提供参考资料,为政府部门提供决策依据,为广大读者提供科普知识,具有学术和实用双重价值。

中国工程院院士　唐启升

2018 年 12 月

前　言

　　厦门湾位于中国福建东南沿海，北回归线（24°N）附近，是较为典型的、具有代表性的亚热带海湾。厦门湾岸线曲折，港内水深湾阔、风浪遮挡良好，西有九龙江径流，北有众多海堤，东面和南面有诸多岛屿。厦门湾物种资源丰富，盛产带鱼、鲳、鱿鱼、鲨、海参和长毛明对虾等，设有厦门珍稀海洋动物国家级自然保护区和厦门国家级海洋公园，有中华白海豚、文昌鱼和白鹭等珍稀保护动物。湾内物种以暖水性种类居多，分为高盐种、低盐种和半咸水种，这在全国海湾的物种多样性中具有一定的代表性。对厦门湾的生物研究可分为三个阶段。

　　一是 19 世纪中叶到 1921 年。达尔文时期，生物分类学在欧洲逐渐成熟，达尔文历时 20 多年著成《物种起源》，详述了生物进化的历程，对后世影响深远。同时有国外研究人员到厦门湾进行采样鉴定，记录了厦门岛周围的鸟类、无脊椎动物等，并在厦门湾发现中华白海豚。

　　二是 1921—1949 年。此阶段海洋研究飞速发展，中国涌现出一大批学者对厦门湾物种进行了系统研究。文昌鱼研究之父、中国硅藻研究的创始人和奠基人金德祥教授，曾呈奎教授（现中国科学院院士），陈子英教授等著名学者，在这一时期进行了大量硅藻和游泳动物的调查，发现并记录了上千个物种，为厦门湾的物种研究做出了巨大贡献，在这期间发表的文章与专著也是现今必备的参考资料。

　　三是 1949 年至今。厦门湾的海洋生物研究不断深入，尤其是自改革开放以来，我国成立了自然资源部第三海洋研究所（原国家海洋局第三海洋研究所）、集美大学（原厦门水产学院）、福建省水产研究所、福建省海洋研究所和厦门海洋职业技术学院等研究院所，为厦门湾进行综合调查提供了坚实的基础和强大的后备力量。研究人员对厦门湾进行了系统的海洋综合调查和专题调查，记录了厦门湾 80％～90％的物种。1980 年曾呈奎院士介绍中国的海洋生物研究时曾说："中国的海洋生物研究源自厦门"。

本书试图梳理相关单位和学者的研究成果，并归纳整理本课题组近 20 年来对厦门湾渔业资源相关科研项目的研究资料，主要包括福建省自然科学基金项目"厦门东部海域鱼类物种多样性研究"（2004—2007）、厦门市海洋与渔业局科技项目"厦门海域禁渔可行性和规范化管理研究"（2005—2006）、福建省 908 专项"近海海洋生物生态调查"（2006—2008）、福建省自然科学基金项目"九龙江口鱼类生物群落与水环境因子的响应机制研究"（2009—2013）、厦门南方海洋研究中心项目"厦门海域珊瑚及渔业资源调查"（2013—2017）、福建省海洋渔业资源与生态环境重点实验室开放基金项目"厦门海域鱼类生物群落的演替及重要经济鱼类生物学特征研究"（2014—2015）和福建省自然科学基金项目"厦门海域渔业生物群落结构与演替的研究"（2015—2018）等，力图较系统地介绍厦门湾渔业生态环境的特点和现状，分析厦门湾渔业资源的种类组成、群落结构、营养关系和主要经济渔业种类的生物学特征。目的是为厦门湾的渔业资源可持续发展和利用提供一定的理论支持，为渔业资源管理和保护提供科学依据，也可为我国河口海湾的渔业研究提供参考。

由于作者水平有限，书中缺点和错误在所难免，敬请各位专家和同行批评指正。

编著者

2018 年 10 月

目 录

第一章
厦门湾及其
生态环境

第一节　厦门湾概况

厦门湾位于中国福建东南沿海，是较为典型的、具有代表性的亚热带海湾。根据海湾的地理形势和水体的连续分布，厦门湾是个天然的大湾，湾口北部自晋江市围头角、往南至龙海市镇海角，湾口往内至九龙江河口感潮段江东桥以及同安湾顶石浔。厦门湾是个半封闭型海湾，由九龙江河口湾、东渡湾、同安湾三个小海湾及外港区和东侧水道等组成的复式港湾，即围头角至镇海角水深 40 m 以内、大嶝岛和角屿以西、九龙江河口紫泥镇以东的海区，总面积约 1 281.21 km²，地理坐标 117°48′55″—118°34′47″E，24°14′33″—24°42′24″N，湾外界线为围头角、料罗头与镇海角的连线，长度 56.62 km（余兴光 等，2008）。厦门湾行政区域中大陆地区包括厦门市（思明区、海沧区、湖里区、集美区、同安区和翔安区）、龙海市（角美镇、紫泥镇、石码镇、海澄镇、浮宫镇和港尾镇）、晋江市（英林镇、金井镇、东石镇和安海镇）和南安市（石井镇、水头镇），总人口 482 万人，总面积 5 623.7 km²。

一、厦门市

厦门市背靠漳州、泉州，属于亚热带季风性气候。终年温和多雨，夏季雨量较多，年平均降雨量 1 200 mm 左右。年平均气温在 21 ℃左右，冬无严寒，夏无酷暑，由于受到太平洋温差气流的影响，风力一般 3～4 级，年均 4～5 次台风多集中于 7—9 月。厦门由厦门岛、鼓浪屿、集美、翔安、海沧、同安及众多小岛屿组成，陆地面积约为 1 699.39 km²，厦门管辖海域面积超过 300 km²，整个海岸线蜿蜒曲折，全长 234 km。厦门港是条件优越海峡性天然良港，是有史以来中国东南沿海对外贸易的重要口岸，是中国综合运输体系的重要枢纽。港外围有大小金门等岛屿，形成一道天然屏障，港内水域宽阔、水深浪小、少雾等优点，夏季平均气温 28.3 ℃，冬季平均气温 12.5 ℃。厦门岛西南部土地稀缺，因此，不少道路是劈山和填海建成。

根据全国第六次人口普查，厦门人口数量迅速增长，由 2000 年的 205.31 万人增长到 2017 年的 401 万人，平均年增长率达 5.57%。厦门经济发展迅速，国内生产总值由 2003 年的 759.69 亿元增长到 2017 年的 4 351.18 亿元，其中，第一产业增加值 23.23 亿元，第二产业增加值 1 815.92 亿元，第三产业增加值 2 512.03 亿元。三次产业结构为 0.5∶41.7∶57.8。按常住人口计算的人均地区生产总值 109 740 元。全市实现公共财政预算总收入 1 187.29 亿元，其中地方级财政收入 696.78 亿元。经济的迅猛发展必然消耗大量能源和原材料，致污染物排放量增大，人口密度更为直观地体现了人口数量与环境质量的关系，人口密度影响环境的本质是高密度人口通过高强度的经济活动和资源利用对环境施加更大的压力。但在加强厦门海域整治、污水处理厂建设、污水资源化、湿地修复和重建及重点流水水环境综合整治和污染减排等政策的调控下，预计未来废水排放量与处理削减量基本持平。

二、龙海市

龙海市位于福建省东南沿海九龙江出海口，位于 24°11′—24°36′N、117°29′—118°14′E。地处福建省东南部，漳州市东部，西北南群山环抱，东南濒临东海和南海。东与厦门市接壤，南与漳浦县交界，西和漳州市区、南靖县、平和县毗邻，北与长泰县相接。1985 年被国家确定为首批沿海开放县，1993 年撤县设市，1996 年划出郭坑、步文两镇成立龙文区，2012 年，划出角美镇成立漳州台商投资区，并由漳州市单列管理。全市总面积 1 128 km²（含漳州招商局经济技术开发区、漳州台商投资区）。

2017 年，龙海市全市年末户籍人口 71.94 万人，总户数 19.25 万户。常住人口 69.27 万人，年平均常住人口 69.08 万人，城镇化水平 58.2%。2017 年，龙海市全市实现生产总值 827.283 1 亿元。公共财政总收入 87.640 5 亿元，地方一般公共财政收入 56.282 0 亿元，全社会固定资产投资 638.110 9 亿元，规模以上工业总产值 1 553.623 0 亿元，外贸出口总值 15.545 3 亿元，实际利用外资 18.45 亿元。社会消费品零售总额 141.110 8 亿元，城镇居民人均可支配收入 34 435 元，农村居民人均可支配收入 17 469 元。龙海拥有江、海岸线全长 290 km，其中海岸线长达 113.1 km，水域深而广阔，又具有较好的御风隐蔽条件，为福建省天然深水优良港湾。全市拥有石码、后石、招银 3 个港区和角美、浒茂洲 2 个作业区，从 2005 年 12 月 31 日开始正式纳入厦门港一体化管理。全市港口货物吞吐量近 3 000 万 t。现已建成中小泊位码头 52 个，其中万吨级以上泊位 9 个。

三、金门县

金门县目前为我国台湾地区管辖，位于福建省东南部海域泉州围头湾与厦门湾内，位于台湾海峡西部，与中国大陆最近处仅 2 310 m，位于九龙江出海口外，西与厦门岛遥望，东隔台湾海峡与台中市相望，北与泉州市晋江市相望。金门全县面积 150.145 km²，包括金门本岛（大金门）、烈屿（小金门）、大担、二担、乌丘、东碇、北碇等岛屿。

金门县辖3镇、3乡，金城镇、金湖镇、金沙镇、金宁乡、烈屿乡和乌丘乡，户籍人口有10多万人。金门是两岸自由经济和平快速发展的基地。透过金门既有的地理优势，扩大与大陆的互动，将金门的经济繁荣全面延伸，包括扩大与大陆在文创产业、绿能科技发展、医疗平台、观光旅游等方面的合作，为金门新发展奠定基础，使金门成为两岸自由经济贸易示范区，共同缔造两岸更加美好的家园，成为"两岸一家亲"的最佳写照。

四、泉州市围头湾

泉州市围头湾（包含安海湾）沿岸环绕着4个城镇，即晋江市的安海镇和东石镇，南安市的水头镇和石井镇。其人口1985年就有30万余人。其中的安海湾口门宽度仅有0.8 km，东西宽1.88 km，南北长9 km，略呈南北向延伸的狭长小海湾，其岸线长度33.53 km，大部分水深在5 m以内，自北向南逐渐变深，湾口处最大水深12.5 km，海湾北部有诸条小河溪注入，泥沙丰富。

围头湾位于晋江市和南安市交界之处，是泉州三湾（泉州湾、围头湾、湄洲湾）中重要的一湾，与金门岛隔海相望。围头湾海阔水深，是天然避风良港。围头原来是渔村，在半岛的最南端，主要居住着吴、洪、周和陈等几姓人家，数千人口。目前围头湾是晋江市两大主要出海通道之一，其航道和水深条件是泉州市最好的港区，承担着晋江市60%以上的内贸货物进出任务。围头港区已开通至厦门内支线，至东南亚、香港的国际集装箱航线，以及十几条覆盖全国沿海、长江沿岸主要港口的内贸集装箱班轮航线，初步形成了层次分明、密集有序的集装箱运输网络，港口货物吞吐量持续大幅增长，成为福建省重要的内贸集装箱港口和泉州地区大宗内外贸件杂货的集散地。围头港码头共有两个泊位，1号泊位长248 m，可停靠万吨级船舶；2号泊位长448 m。

注入围头湾的近海水域主要有四大污染源。据2006年有关统计资料，第一是城镇生活污水排放量约达3 000万 t；第二是海湾北部晋江陆域工业污染源，主要来自石板材、漂染、制革、电镀、机械制造、玩具等工业企业，年排放工业废水1 050万 t，其中包括40家重污染企业（漂染、制革、电镀）、2个污染集控区、2个开发区；第三是海湾南部陆域的各类污染源，其中石井镇、水头镇的930家石板材企业，年排放污水500万 t；第四是畜禽养殖污染源和农田径流污染源。

第二节　厦门湾地貌底质

一、岸上地貌

厦门湾位于福建省南部沿海，地处闽粤沿海丘陵的北段。因填海造地，目前厦门湾内岛屿以厦门岛面积最大，约为 158 km² （含鼓浪屿），其中云顶岩矗立于厦门岛的南部，是厦门市海岛的最高峰，海拔 339.6 m。海岛地貌复杂，类型多，既有崎岖的丘陵，又有较宽的三级台地和低平的滨海平原。尤以厦门岛地貌类型最为齐全，从岛的中部海拔 200 m 以上的高丘陵，直至滨海 10 m 以下的平原，层状地貌明显。厦门岛上无大河，仅有源出于丘陵的沟谷，都是季节性间歇小河流，长者在数公里之内，多呈放射状分布，切穿丘陵台地，直流入海。厦门市海岛海岸线曲折，形成港内有湾，岩礁棋布。岸滩地貌复杂多样，发育有淤泥质岸滩、基岩岬角沙质岸滩和台地土崖沙泥质岸滩。

金门本岛岛形似哑铃，东西宽，南北窄，东西长约 20 km，南北最长处约 15.5 km，中部狭窄处仅 3 km，太武山雄踞东部，海拔 253 m。金门四面环海，环岛多港湾口岸，可停泊船艇者计 30 余处，潮高水深。

（一）海岸类型

1. 基岩海岸

厦门湾海岛多为花岗岩、火山岩和台地，四面环海，受海浪的冲蚀，基岩海岸较为发育。由于组成岩性、所处地理位置和水动力条件不同，其地貌形态及蚀退现象各有差异。厦门岛的白石炮台、五通角、鼓浪屿、猴屿及宝珠屿等为花岗岩构成，抗风浪侵蚀较强，海蚀陡崖、海蚀洞穴、海蚀沟等发育缓慢。

火烧屿至白兔屿等岛屿，地处 NE 向断裂带上，又岩性为梨山组沙泥岩，易受海浪的冲蚀，海岸线支离破碎，沟壑横生，易于崩塌，蚀退严重。海蚀柱、海蚀沟、海蚀洞穴和海蚀拱桥等海蚀地貌发育。特别是东侧海岸，迎面东北风浪直接袭击，岸崖陡峭，局部直立，高度超过 10 m。

厦门岛东北侧高崎—何厝一带、大岛、红屿等地，沿岸由岩石风化的红土层组成，土质松散，抗蚀力弱，每当高潮时，在风浪作用下，海岩崩塌严重，构成直立土崖，高达数米至十余米，岩崖基部常见有崩塌土块，经海水冲蚀逐渐扩散在滩地上。目前，因经济开发需要，大面积围滩造地，修建码头，筑堤防波，到处为人工堤岸，改变了其自然海岸的特点。

2. 沙质海岸

多发育于基岩岬角间的海湾内，主要分布于厦门岛东南部、鼓浪屿南部和大嶝岛双沪—嶝崎一带。沿岸沙堤、沙坝和沙嘴等沙质地貌堆积体发育。特别是厦门岛东南沿岸，岸线长达 15.9 km，岸前沙滩宽多于 10 m，高 1～3 m；在黄厝和溪头一带沿岸沙堤发育，长达数千米，宽多于 10 m，是开辟海滨浴场、海滨游乐场和避暑山庄的黄金地段。

3. 淤泥质海岸

主要分布于九龙江河口区及厦门岛西侧，隐蔽的厦门西港内，港内有港，较大有篔筜港，已围垦开发，其次有寨上湾和殿前湾等。岸外有鼓浪屿、火烧屿、虎屿和宝珠屿等岛屿屏障，海岸潮滩发育，大片淤泥质潮滩宽阔平坦，宽者达数千米。目前，因港区开发需要，大面积围滩造地，修建码头，筑堤防波，到处为人工堤岸，改变了港湾淤泥质海岸的特点。

（二）滩地类型

厦门湾的海岛沿岸滩地，按其地貌特征、物质组成和水动力条件差异，可分为石质岩滩、沙质海滩和泥质潮滩等三类。

1. 石质岩滩

主要分布于基岩岬角侵蚀地段，宽米余至数十米，多呈礁石状，零星分布，滩面崎岖不平，岩礁石柱突露，巨石遍布，低处常有沙砾堆积。海蚀柱、海蚀洞穴遍布，形态千姿百态，如鸡屿的"石佛像"、鳄鱼屿的"骆驼峰"等。而在花岗岩风化残积红土层岸段，岸前局部形成蜂窝状、铁质胶结的风化壳台面，较平坦，高出海滩 0.5～2 m。此类在大嶝南、东部和厦门岛东北侧均有分布。

2. 沙质海滩

主要分布于厦门岛东南岸段、鼓浪屿南部和大嶝岛三个部分。该段海域开阔，波浪作用强烈，沙源丰富，沙滩发育完整，沿岸沙堤发育，滩宽数十米至数百米，滩面坡折明显，分带清楚。高潮依顺沙堤，坡度较陡 6°～8°，有滩角，坡面顺直，至低潮带，坡度急变缓和，0.5°～1°坡折处退潮回流中刷沟发育，呈放射状和树枝状分布。组成物质以含砾中粗沙和粗中沙为主。鸡屿、大屿和火烧屿等岬角湾内，中、高潮带普遍有沙砾石滩分布，常以砾石、粗沙混合组成。

3. 泥质潮滩

受潮流作用形成的滩地有厦门岛西岸、宝珠屿北部和鼓浪屿北部等。滩面宽阔平缓，宽达千米以上，坡度在 1°以下，物质组成以粉沙质黏土为主。厦门岛北岸滩地，除受潮流作用外，涨潮时，波浪也参与潮滩的塑造，岸域土崖受到侵蚀，泥沙落在海滩上，近岸有狭窄的沙质堆积带，潮滩物质粗化，组成物质有沙和泥，属沙泥混合滩，滩面沙泥沉积盖层较薄，多岩礁出露。地处九龙江河口的鸡屿和钱屿，分别于西部和北部也有一片泥质潮滩，滩上红树林散布。大嶝岛西部成片泥滩，宽达数千米，滩面平坦，低潮时大部分滩面干出，中间只留下 S 形的潮沟。由粉沙质黏土组成。

（三）岸滩动态类型及分布

厦门湾的海岛分布较广，其岸滩动态类型及变化相当复杂。根据宏观调查资料和岸滩冲淤断面测量结果，可主要归纳为以下三种类型。

1. 侵蚀型岸滩

主要分布在厦门岛的五通至何厝、白石炮台至厦大海滨浴场等地段。上述岸滩面向开敞海域，波浪等动力作用强烈，同时岸域土质松软，抗蚀力弱，又因人工围垦和挖沙而造成沙源不足，致使岸滩侵蚀，岸崖常受冲蚀而崩塌后退，滩地冲刷。在塔头和黄厝一带，岸蚀崩塌后退严重，每年达 1～2 m，局部岩段土崖，可崩塌后退达 2～3 m。又如曾厝垵至厦大海滨浴场一带，原属于淤积型岸滩，但近 30 年来，由于滩地围垦，小河建闸，入海泥沙减少，又加海滩大量挖沙，岸滩动态平衡遭受破坏，造成岸滩快速蚀退，滩地下凹，沙滩侵蚀殆尽，昔日金黄的沙滩浴场，已慢慢消失。

另外，正面迎强风浪的小岛屿，长期处于潮汐、波浪的作用，磨蚀强烈，岸崖陡峭，蚀退现象明显。如鼓浪屿东南部基岩岬角岩段、鸡屿东部岩岸、大屿和红屿等，特别是鳄鱼屿、火烧屿至白兔屿等小岛的东侧，蚀退尤为严重。

2. 淤涨型岸滩

分布广，主要有厦门岛的黄厝至白石炮台、海洋三所至沙坡尾岩段、西侧地段、宝珠屿北部浅滩、鼓浪屿北侧泥滩及大嶝岛西侧泥滩等。在厦门岛东南沿海，存在一股较强的泥沙流，物源丰富，天然的海岸泥沙补给充足，岸滩处于淤涨之中。而其在湖里至高崎一带、篑筜港西堤外、宝珠屿浅滩和鼓浪屿北侧泥滩等，地处港内，又加筑堤堵流，海域隐蔽，水动力弱，利于细颗粒泥沙停积。滩面宽阔平缓，组成物质较细，为粉沙质黏土。大嶝岛西部浅滩，由于大量盐田围垦，促使滩涂不断淤积，泥滩滩面高程已在离基面上 2～4.4 m，只留下一条狭长的潮汐通道，低潮时成片滩地干出，只剩潮沟。底质主要由粉沙质黏土组成。

有些岸段如厦门岛北侧、大岛南部岸滩，背依台地土崖，面向开阔海域，岸陡滩宽，风浪作用强烈，海岸受蚀后退，每年平均达 1 m 以上，其冲蚀产物，经海水搬运扩散滩上，形成岸蚀滩积的特殊岸滩类型。

3. 稳定型岸滩

分布范围逐渐增多，见于鼓浪屿南部岬角湾内等沙滩，如港仔后沙滩、大德记沙滩和鼓浪屿别墅沙滩。随着厦门湾海岛的开发，在许多岸段修建防波护堤，人为造就的一种特殊的稳定岸滩，人工稳定岸滩将不断增多。

二、海底地貌

海底地形地貌主要以晚三叠纪以来的构造运动基础为框架，在海平面升降、沉积物的补给、搬运和沉积作用及水动力共同作用下发育演化。厦门湾岛屿众多，海底地貌主要有潮滩、海滩、现代河口水下三角洲、水下岸坡、潮流沙脊群、潮流三角洲、陆架堆积平原、海底人工地貌等多种地貌类型，并发育了潮沟、现代水下汊道、河口沙坝、海底浅滩、冲刷槽、礁石（群）、潮流沙脊、埋藏古河道等多种次一级地貌形态。近年来，人类高强度的开发活动对地貌的改造和演化起着相当重要的作用，塑造了全新的人工地貌类型。

鲍晶晶（2011）通过将 1985—2009 年的调查资料进行对比分析发现，研究区内潮滩和海滩等海岸带地貌受人为影响较大，厦门岛和同安湾海域潮滩大面积消失，海滩则出现了不同程度的增长；九龙江口的现代河口水下三角洲正向厦门港海域不断伸展；大小金门岛南侧狭道的潮流三角洲规模也在不断增大，且形状也由原来的扇形向现在的舌状发生转变。

（一）厦门岛海域海底地貌

1. 海底地貌类型及分布

厦门港湾是在各种内、外营力的综合作用尤其是在 NE、NW、NWW、近 SW 和 NEE 向等五组断裂带控制下发育而成的，它属于潮汐汊道型港及沉溺的河口湾。塑造现代地貌发育过程的主要动力是潮流。在九龙江河口区，河流径流也起重要作用。地貌类型以堆积地貌为主，局部地段也有侵蚀、冲刷地貌。各区地貌形态分述如下。

（1）厦门西港 高集海堤建成之后，厦门西港变成一个单口的半封闭性海湾。从鼓浪屿南部至高集海堤，略呈南北向延伸的狭长形，南北长约 14 km，水域面积为 52 km²。整个海域岛屿众多，岩礁棋布，主要有猴屿、火烧屿、虎屿、宝珠屿、牛粪礁、鳗尾礁和中礁等。而港水深大多超过 10 m，最深达 30 m。海底起伏不平，覆盖层厚度不等，并有基岩裸露。海底地貌类型较多，分类简述如下。

潮流浅滩。本类型在西港两端发育，以粉沙质淤泥滩为主。其中杏林湾、马銮湾、东屿湾及筼筜港均已被围垦。现有宝珠屿、石湖山至高崎、东渡至石湖山、排头至田边、东屿和鳗尾礁浅滩。滩面上布有礁石，淤泥层厚度 1.5～20 m。淤泥层下主要为亚沙土或亚黏土层，再向下为花岗岩风化壳。

猴屿南水下连岛坝。位于猴屿与鼓浪屿之间，系筼筜港建堤，猴屿南"静水区"加

剧淤积而成。据 1980 年海图，可见一条长 700 m，宽 200 m 的水下连岛坝，呈南北向横贯于航道中。水深 8.3～8.6 m，底质为粉沙质黏土。

冲刷深槽。在东渡水道和厦鼓水道中央，由于海面狭窄，潮流迅急，海底受到冲刷，形成较深的冲刷槽，东渡深槽，位于火烧屿与东渡之间窄长的水道中央，走向近南北，长约 300 m，宽约 350 m，最深达 30 m。深槽水下岸坡较陡，横断面呈 V 形，槽底起伏不平，凸起处常有花岗岩出露，只有低凹处有粗沙、砾石堆积。厦鼓深槽，在厦门与鼓浪屿之间中央，呈 NW 向分布。槽底起伏不平，基岩突露。

厦门西港潮流通道。潮流从厦门外港进入厦门西港。潮流通道自南向北，由深变浅。南部通道宽而深，最宽处（鼓浪屿西航道）达 1 200 m，水深大多超过 10 m；石湖以北水道逐渐变窄变浅，水深 5～8 m，宽 150～200 m。底质以粉沙质黏土为主，个别地段是沙、砾石。

厦门西港潮流通道是目前厦门西港的主要水道，是建港、航运的重要地段。

（2）厦门外港　厦门外港系指大担、二担、青屿一线至鼓浪屿之间的广阔水域，宽约 7 km，水深 14～18 m，最深 26 m。海底平坦，由北向东南湾外倾斜。海底地貌简单，可分为浅洼坑和潮流浅滩。

浅洼坑。在鼓浪屿南，由 20 m 等深线圈出两个碟形洼地。走向 NW，呈雁行排列，长分别为 2 000 m 和 1 500 m，宽分别为 500 m 和 400 m，最大水深 26 m，平均深度比浅滩深 3～5 m。底质为粉沙质黏土。这两个浅洼坑走向与潮流方向一致，并且位于西港与九龙江河口退潮流分隔线处，是由潮流作用而成。

潮流浅滩。厦门外港除上述两个浅洼坑外，均为潮流浅滩，海底宽阔平坦。除南北两岸潮间带及水下岸坡有沙质沉积外，均为粉沙质黏土。

（3）同安湾　浔江潮流经五通附近呈 NW 方向进入同安湾海区，往北伸入丙洲岛以北，往西经高集海堤涵洞与西港连通。湾口宽约 3.5 km，湾内宽约 7 km，海底地形由湾顶向湾口倾斜，水深由西北向东南口逐渐加深，大离亩屿以北，水深小于 5 m，而往湾口水深超过 10 m。

同安湾周围潮流浅滩、沙洲发育，分布广，宽达 2～3 km。鳄鱼屿以北以沙质滩为主，往南以淤泥滩为主。水下地貌为潮流浅滩和潮流通道。

潮流浅滩。从同安西溪携带的泥沙、沿岸土崖的崩塌场及外海部分泥沙，由潮流搬运，在浔江内淤积，形成了水下潮流浅滩。鳄鱼屿以北及五通以南为含砾中粗沙滩，大离亩屿至五通一带为泥质粉沙滩。

潮流通道。分布于鳄鱼屿以北及大离亩屿西部的潮间浅滩、沙洲之间，向西和向北伸展，往北伸进丙洲岛之北与河道相通，深度最深。底质以含砾粗沙、中粗沙为主，西部为粉沙质黏土。这些潮流通道是目前船只航行的主要水道。

（4）九龙江河口　九龙江河口系东西向的沉溺河口，汇水面积达 13 000 km²。河口区形状似倒坛，口小腹大，口门最窄处宽约 3.5 km，腹内最宽处约 8.8 km。水下地形由西向东倾斜，坡度为 0.14°，鸡屿以西水深小于 5 m，往东至口门逐渐加深达 10 m。

水下三角洲。从水下三角洲至口门，长达 13 km。水下浅滩、沙洲、潮沟发育，低潮时部分沙洲、浅滩露出水面，沉积物为沙和粉沙，有些地段为粉沙质黏土。

口门浅坑。位于口门，尤以鸡屿东北及东南两个浅坑最为明显。东北浅坑呈长条形，NW - SE 向，长 300 m，宽 400 m，水深达 14 m，底质为黏土质中粗沙。东南浅坑呈椭圆形，NE - SW 向，长 2 000 m，宽 800 m，比浅滩深 3 m，最深达 12 m，底质为沙-粉沙质黏土。

（5）厦门东侧海区　厦门岛以东与小金门之间的海域，水域宽阔，水深 4～14 m，最深达 26 m。海区岛屿众多，礁石棋布，主要有大担、二担、槟榔屿、烟屿和赤礁等。海底起伏不平，覆盖层厚度不等，并且有基岩裸露。

深槽。潮流沿着小金门岛西侧深槽进入厦门东侧海区，再朝 NE 方向进五通道而伸入浔江海区。东侧海区明显有两条深槽，呈 NNE 向延伸，长 10 余公里，宽 500～1 000 m，水深超过 10 m，最深达 26 m，自南向北，由深变浅。底质以粗沙、砾石、混合沙为主，个别地段有基岩出露海底。

水下浅滩。厦门东侧海区，水下浅滩发育，长达 14 km，且由 NE 和 SW 向逐渐变宽，黄厝一带为 2.5 km，而白石头一带水下浅滩向南延伸至大担岛，宽达 4 km。滩面平坦，水深 0.5～3 m，滩面上有数道平行海岩的水下沙管。底质为沙、沙砾、中粗沙等。滩上发现有文昌鱼，厦门市已把黄厝一带海域划为文昌鱼保护区。

2. 海底冲淤变化

60 多年来，厦门港湾内兴建了码头、海堤和成片滩涂围垦，导致了港湾水动力的变化，使海湾海底发生了不同程度的冲淤变化。根据海底地貌的形态特征及其冲淤变化趋势，把厦门分为 5 个区，即九龙江口门潮流浅滩淤积区、厦门西港潮流通道和潮流浅滩强烈冲淤区、厦门外港水下潮流浅滩淤积区、浔江海区水下潮流浅滩淤积区和厦门东侧水下潮流浅滩弱淤积区。

（1）九龙江口门潮流浅滩淤积区　鸡屿以东海域是九龙江泥沙流入厦门外港必经地段。据 1980 年的厦门港资源综合调查资料，九龙江河口三角洲在增长，水下三角洲在不断淤高和下移，并有向鸡屿以东海域推移的趋势。以 1970—1980 年为例，平均每年向东推移约 28 m，普遍每年淤高 17 cm。

（2）厦门西港潮流通道和潮流浅滩强烈冲淤区　西港北部强烈淤积区，自 1956 年以来，由于高集海堤的修建和三湾（杏林湾、马銮湾和筼筜港）大面积的围垦，使纳潮量减少了 1.4×10^8 m³，落潮流减缓，沿岸大量来沙无法顺潮排出港外，致使沿岸浅滩普遍发生淤积，局部航道淤积也十分严重。

西港南部强烈冲淤区，地段冲淤变化很不一样，有的地段冲刷，有的地段发生淤积。

东渡冲刷深槽和厦鼓水道是厦门港两个水深最深的地段，最深分别达 30 m、26 m。历年来一直保持稳定略有冲刷。这两个深槽变化不大。

鳗尾礁浅滩、猴屿南海域和嵩鼓海域为淤积区。1970 年修建筼筜海堤，使落潮流速大减，促使鼓浪屿北端内士尾沙嘴不断淤高和向北伸展，已与北面鳗尾礁浅滩的扩淤南移连成一体。

厦门目前已进行了高集海堤开口工程（共开口 860 m）、集杏海堤开口工程（开口 335 m）和马銮海堤开口工程（开口 228 m），用以改善厦门海域水动力条件，但海底冲淤改善的效果仍有待于后续的进一步观察。

（二）大嶝岛海域海底地貌

大嶝三岛潮间浅滩分布十分宽阔，西部已和大陆浅滩连成一片，仅剩下一条潮流通道。南部与大金门岛之间为一片水下潮流浅滩。目前，正在此附近进行厦门新机场的大型填海工程，填海后对此海域的水动力影响将是巨大的，其后果尚待观察。海底地貌类型较简单，主要有：

1. 水下潮流浅滩

广泛分布大嶝岛南部海域，最宽为 5～6 km，海底宽阔平坦，水深 1～3 m，底质以沙为主，西侧有黏土质粉沙分布。

2. 水下沙坝

见于小嶝岛北部海域及大嶝岛南部海域中，呈长条状，东西向展布，长 2～3 km，宽 200～1 000 m。低潮时部分沙坝可露出海面。底质由含贝壳中粗沙、细中沙组成。

3. 潮流通道

分布于大、小嶝岛与大陆之间水道上，似喇叭形由东向西延伸，并与西部潮滩上潮沟连接。东侧水深为 2～3 m，向西逐渐变浅为 0.5～1 m。底质为沙-粉沙质黏土。是小船航行的主要通道。

4. 潮沟

分布于西部潮滩上，与潮流通道沟通，低潮时只剩下 3～5 m 的潮沟。此处船只只能乘潮行驶。但目前淤积越来越严重，变为沼泽地，长了许多互花米草，逐渐失去了交通功能。

5. 深槽

在大嶝三岛与金门岛之间海域分布有数条深槽，呈东西向、北东向展布。长 2～3 km，最长达 6 km，宽 100～150 m，水深 5～10 m，最深达 20 m，深槽低于浅滩 3～5 m，是航行的主要通道。

（三）第四纪沉积物分布特征

厦门市海岛前第四纪地层为侏罗纪的火山岩、沉积岩和燕山早期侵入的花岗岩，它零散分布于厦门岛、鼓浪屿和大嶝三岛等岛屿上，其余广大地区均发育了厚度不等的第四纪地层。厦门市海岛岛陆上第四纪地层分布面积约 109 km²，约占岛陆面积的 3/4。

厦门岛第四纪沉积物的厚度不一致，一般随着基岩起伏而变化，而基岩起伏又受构造和古地理的控制。在基岩隆起区，沉积物厚度很薄，在基岩凹下区，则有较厚的第四纪沉积物发育。从丘陵到平原，沉积物厚度有增大的趋势。丘陵区往往基岩裸露，或只见不厚的残坡积层：阶地或洪积扇上，则有较厚的残坡积层和冲洪积层分布。到平原地区则海积层、冲洪积层的厚度可达 10～20 m。

除了残坡积层主要为基岩的风化壳外，其他第四纪沉积物不整合地覆盖在前第四纪地层和岩石上。第四纪地层不连续，不完整。第四纪沉积物除残坡积层及上更新统外，各成因类型的全新世沉积物之间一般呈相变接触关系。更新统冲洪积层或组成阶地出露，或在平原被掩埋在全新统之下。

由于新构造运动、水系发育和海陆变迁的影响，厦门岛陆上第四纪沉积物的发育程度及特征也有所差异。厦门岛南部，在新构造上为断块差异强烈上升区，大部分地区为山丘、基岩裸露，侵蚀强烈，第四纪沉积物不甚发育，仅在海岸地带的狭窄平原和阶地上有小范围的残坡积、冲洪积、海积和风积分布。厦门岛北部（包括筼筜港）在新构造上为间歇性缓慢上升区，海蚀阶地和河流阶地比较发育，也有较多的河谷平原和沿海平原分布，第四纪沉积物分布面积较广，但厚度不大，主要为第四纪残坡积层、晚更新世冲洪积层和全新世海积层。

（四）厦门湾底质

1. 厦门湾底质基本特征

厦门湾底质沉积类型众多，分布复杂。以黏土质粉沙、粉沙质黏土、沙-粉沙-黏土、中细沙、沙、中粗沙、沙砾分布最广。著称厦门三大沉积类型（沙-粉沙-黏土、粉沙质黏土、黏土质粉沙）的细粒沉积物主要分布在厦门外港、西港、东嘴港、浔江、九龙江河口及大嶝岛西、南海域；而中细沙、沙、中粗沙、沙砾等粗粒沉积类型则主要分布在东侧水道、九龙江河口、欧厝东南、小嶝岛及角屿等四周海域及部分近岸潮间带。

沉积物分布的基本特征与所处的环境条件密切相关。海域中岛屿星罗棋布，且有九龙江、同安西溪陆域径流与风浪、潮汐、潮流等水动力条件。这些条件不仅提供了丰富的物质来源和沉积场所，而且也是制约沉积物分布的主要因素。

2. 厦门湾底质沉积环境类型及物质来源

厦门湾可划分为细粒沉积区、粗粒沉积区和混杂沉积区。

（1）细粒沉积区　　包括西港、外港、同安湾中和湾口，大嶝岛北、西、南侧海域。沉积物主要由粉沙质黏土、黏土质粉沙、沙-粉沙-黏土等沉积类型组成，在局部近岸也有沙、黏土质沙、粗沙等分布。沉积物中黑云母、角闪石、绿帘石及高岭土、伊利石等矿物的高值区和化学成分的 pH、磷、氮、铁、锰、镁、铝、钛等含量高值区和钙、Eh 值低含量区均出现在该区中，反映了受潮流、潮汐、风浪作用的港湾沉积环境。化学沉积环境多为还原环境，局部为弱氧化环境。物质来源具有多样性，有人工倒土、海岸蚀退和水土流失以及潮流携带的泥沙等。由于受动力条件影响的强弱和方向差异等，沉积物主要来源和沉积速率有明显的差别。

象屿以北至高集海堤海域。区内马銮湾、杏林湾和高集海峡相继围垦筑堤，建堤后，淤积现象严重。其沉积物主要来自建堤时的大量人工倒土、建堤后改变水动力条件，使该海域成为接受潮流和海岸蚀退的细粒物质沉积场所。

象屿以南海域是巨轮进出的通道，除排头至象屿、排头至东渡、猴屿至大兔屿海域遭受冲蚀外，大部分海域仍在淤长。其中较明显的有鳗尾礁浅滩和嵩鼓水道靠鼓浪屿一侧。沉积物主要来自外港方向由潮流带入的细粒泥沙和人工倒土。

同安湾海域。同安湾海域淤长显著。高集海堤东侧至大离亩屿海域，据 1938 年、1954 年、1975 年海图对比，该海域的水深减少了 1～2 m。鳄鱼屿附近海域原为文昌鱼渔场，面积约 10 km²，1965 年东坑海堤合拢后，鳄鱼屿北部、南部、西部均被淤泥覆盖，每年约增厚 5 cm。五通至澳头一带海域据 1938 年和 1975 年海图对比，在该时期内淤积较强；据 1991 年第三海洋研究所测深资料和 1976 年海图对比，五通海域测深资料与航道水深基本一致。由此可见，湾口海域海底基本稳定，往湾顶，淤积则逐渐加大。沉积物主要来自同安西溪等陆地径流带来的泥沙、海岸蚀退和人工倒土。

厦门外港。据 1979 年调查资料，本区除接受部分九龙江的悬浮泥沙堆积外，在厦门岛的东南岸也有一股泥沙流由东北向西南于白石炮台转向西北流入港内，由于能量的降低而在外港区北侧近岸海域发生淤积。整个外港区的海底，除南侧沿岸风浪较大，水下岸坡局部受冲刷外，海底平均淤高 1.5 m，大约以每年 4 cm 的速率在淤长。从沉积物外粗内细分析，沉积物主要来自东北方向沿岸泥沙，略粗的物质在外港堆积下来，而细粒物质以及九龙江悬浮物随同涨潮流进入鼓浪屿附近海域及整个西港区。

大嶝岛西侧、南侧、北侧海域。该海域低潮时，大片出露为潮滩；尤其西侧海域高平潮时尚可通航 3 吨位以下的船只；低潮时海底干出成为潮间带，人们可以步行来往于大嶝岛与大陆之间。滩面实际平均淤高速率每年为 45 mm，局部最大每年达 74 mm，比多年平均速率快十几倍，局部达二十几倍。滩面迅速淤高的主要原因是来自东北和西南海域两股海流在此汇合形成顶托作用，以及近年海产养殖业的发展，大片海滩被围垦，纳潮量减少，从而使涨潮时物质易于沉积，退潮时无足够能量携带走物质。沉积物主要来自东北和西南海域两股海流带来的异地泥沙以及陆域水土流失、人工倒土等。

（2）粗粒沉积区　该区包括厦门东侧水道、小嶝岛及角屿四周海域。沉积物主要有沙、中细沙、粗沙等沉积类型。磁铁矿、钛铁矿、蒙脱石、绿泥石矿物等含量约低于细粒沉积区。反映了本区受潮流、风浪、潮汐作用强于细粒沉积区。其化学环境多属弱氧化-氧化环境。

厦门东侧水道的沉积物主要来自海岸崩塌和自同安湾和金门北侧水道南下潮流携带的泥沙。厦门东海岸受东北风浪、潮汐的影响，沙质海岸蚀退严重，每年平均蚀退 1 m，局部达 3 m，海岸蚀退物质经潮汐、潮流的重力分异作用在东侧水道沉积下来，且具有明显的季节迁移规律。

小嶝岛、角屿四周海域的沉积速率较慢，沉积速率每年为 0.68 mm。沉积物主要来自东部和南部海流带来的异地沉积物和岛岸崩塌物。

（3）混杂沉积区　混杂沉积区包括九龙江河口和东嘴港海域。

九龙江河口为混杂沉积区，受九龙江陆域径流和潮流的共同作用，沉积物类型复杂多样，主要有泥质粉沙、沙-粉沙-黏土、粉沙质沙、中细沙；沉积物中角闪石、绿帘石、黑云母、钛铁矿、磁铁矿、高岭石和绿泥石，含磷、氮、锰、镁、铁、铝、钛的沉积物中氧含量较高，而 pH 则低。氧化还原电位变化大，鸡屿海域高，向口内和口外均降低，淡水硅藻含量口内高于口外，南岸高于北岸。反映受河流、海流相互作用的河口三角洲沉积环境。其化学沉积环境除鸡屿东、南侧和钱屿西侧海域属氧化环境外，其余海域均为还原环境。

据调查，九龙江年输沙量每年约为 223×10^4 t，最大每年可达 674×10^4 t，下泄的泥沙受潮顶托，流速急减，大部分在海门岛以西沉积，鸡屿附近水下深槽变化不明显，但在鸡屿以东及以南，沙沉积不断增加，并且向口外移动，中值粒径曲线表明，其泥沙一股向东运移进入外港，另一股向北东运移，且有向嵩鼓水道迁移的趋势。

东嘴港海域受同安西溪径流和潮流的共同作用，沉积物类型主要有中细沙，黏土质粉沙和粉沙质黏土组成，两岸近岸还分布有黏土质沙、中粗沙。物质组分中以角闪石、绿帘石、黑云母、高岭石、绿泥石、磷、氮含量较高为特征。显示了河口水下三角洲前缘沉积环境。化学环境为还原环境。

据调查，同安湾内的策槽等围垦工程，减少了纳潮量，河流泥沙及海水中悬浮泥沙均能在此淤积，致使策槽附近海域年平均沉积速率为 7 cm；琼头围垦附近海域年均沉积速率为 10 cm，可见围垦工程对海域影响较大。其沉积物主要来源于同安西溪输入的泥沙、围垦工程的人工倒土、水土流失和海岸崩塌。

三、围填海工程对厦门湾岸线的影响

厦门岛原本是个四面环海的岛屿，为解决公路、铁路交通问题，政府于 1955 年修筑了高集海堤连接于大陆的集美。高集海堤将厦门西海域与同安湾相隔为二，仅在靠近高崎一侧留了一处宽约 13 m 的涵洞供小船通行，目前开口两处共 860 m。1956 年，厦门市在杏林湾口修筑了集杏海堤将杏林湾和西海域完全隔离，目前又开口了 335 m。1960 年，为了围垦造地和解决盐业发展及交通问题，政府在厦门西海域的马銮湾湾口修建了马銮湾海堤，该海堤将马銮湾和西海域完全分隔，目前又开口了 228 m。20 世纪 70 年代，厦门市筑起浮屿到东渡的西堤，致使筼筜港变成内陆湖。之后，东坑湾海堤、丙洲海堤相继建成。1984 年以后，在厦门湾相继开展了厦门机场、东屿湾、五缘湾、漳州招银港区、海沧港区、五通港区、大嶝港区（表 1-1）以及厦门新机场等围填海工程的建设。

表 1-1　厦门湾围填海情况

时期	围填海工程	总面积
1956—1970 年	杏林湾围垦，马銮湾围垦等	43.92 km²
1970—1984 年	筼筜湖围垦，东坑湾围垦，丙洲岛围垦等	64.89 km²
1984 年至今	集美凤林-潘涂围垦，厦门机场一期和二期建设围垦、东屿湾围垦、五缘湾围垦、漳州招银港区围垦、海沧港区围垦、五通港区围垦及大嶝港区围垦等	31.48 km²

经陆荣华（2010）统计，厦门市围填海总面积 140.29 km²，而围填海工程主要集中在西海域和同安湾，西海域围填海 66.65 km²，围填海面积占西海域总面积的 53%，同安湾围填海 35.25 km²，占同安湾海域总面积的 30%。

第三节　厦门湾水文

海面海水的水平运动通常可分为潮流和余流两部分。台湾海峡潮流主要受太平洋西部潮波系统的控制，潮流由台湾海峡南北两口进入并进行潮波叠加，造成研究区的强潮作用。厦门岛海域和大嶝海域潮汐的潮差较大，比余流大，一般而言，全海域的余流流速较小，仅为潮流的 10% 左右。余流在海水水体输送、污染物及泥沙运移等方面均充当着十分重要的角色。

一、潮流

（一）厦门岛海域

1. 潮流

（1）潮流性质　厦门岛海域的潮流性质属非正规半日潮浅海潮流，日潮流最大流速远小于半日潮流的最大流速，在一般情况下可以不考虑日分潮的作用。但本海域浅海分潮作用比较明显，相对于正规半日潮来讲，其主要表现在转落潮流的时间提前，转涨潮流的时间滞后，落潮历时长于涨潮历时；涨、落潮流流速大小差异；涨、落潮过程流速曲线的明显不对称等诸方面。

（2）潮流的运动形式　厦门岛海域主要半日分潮的潮流椭圆率一般是小于 0.03，最大则不超过 0.1，主要浅海分潮及分潮椭圆率一般也是小于 0.1，潮流大致呈往复式流动。由于厦门岛海域属浅海区，地形对潮流作用甚大，其潮流的流向一般是与当地等深线的切线方向近于平行。

（3）潮流流速的垂直分布　厦门岛海域流速垂直分布总的是 5 m 层流速最大，表层略小于 5 m 层，由 5 m 层往下流速则随着深度的增加而减小，底层流速最小。该分布形式在发生最大流速前后时刻较为典型，而在转流前后时刻的流速垂直分布曲线则显得较无规律。

（4）潮流的最大流速　厦门岛海域潮流最大流速的变化周期与该海域潮差变化周期相似，其半日潮龄约 2 d。该周期性变化以半朔望月和半年周期变化较为突出，即在一个月中，朔望之后的初三、十八大潮期的潮流最大流速居大，上、下弦之后（即小潮期）的潮流最大流速较小。而在一年中，以秋分（或春分）前后的朔望大潮期的潮流最大流速为最大，而夏至（或冬至）前后的小潮期的潮流最大流速为最小。

鉴于浅海分潮作用，厦门岛海域涨、落潮流的最大流速一般是不相等的。该现象在强潮流区表现较为明显，而在弱潮流区，其涨、落潮流最大流速则相差不大。

（5）潮流的时间特征　厦门岛海域表层涨潮最大流速发生于高潮前 2～3 h，表层落潮最大流速则发生于高潮后 2.66～3.33 h。表层于高潮前 50 min 至高潮后 40 min 期间转落潮流，而于高潮前 7 h 至高潮前 5 h 转涨潮流。总的来讲，潮流变化的位相以鼓浪屿周围最早，并逐向西港顶部及九龙江河口方向推延；同安湾潮流变化位相与西港顶部相近，同属厦门岛海域潮流变化位相最迟的海区之一。

此外，厦门岛海域潮流变化的位相有由表层往下逐渐提前的趋势，其中尤以厦门港和九龙江入海口区较为明显。厦门岛海域表层潮流的落潮流历时普遍比其涨潮流历时长 20～50 min，而最大历时差可达 1.83 h。至于底层潮流，除少数地方会出现涨潮流历时长于落潮流历时外，一般均是底层落潮流历时长于涨潮流历时 10 min 左右。但在弱潮流区，则涨、落潮流历时相差甚少。

2. 余流

厦门岛海域的余流与气象、水文因素有关，除此之外，厦门港和九龙江入海口区的余流受九龙江径流影响甚大。在厦门港、九龙江入海口区、嵩鼓海峡、猴屿航道及东渡航道等强潮流区内，余流一般较强，流速可达 10 cm/s 以上，最大可达25.5 cm/s，而西港顶部附近及同安湾内的余流则一般较弱。余流流速通常有自表层往下减小的趋势，但有的出现底层（或近底层）的余流流速反比上层大的现象。

东渡主航道的余流方向，一般是比较接近落潮流方向，而鸡屿北水道、嵩鼓海峡西

部，排头以南的西港西岸附近，以及同安湾口北部近岸区，其余流方向一般是较接近涨潮流方向。除上述海区外，其他区域一般是上层余流方向接近落潮流方向，而下层（或底层）则较接近涨潮流方向。

（二）大嶝海域

1. 潮流

（1）潮流性质　大嶝海域的潮流性质与厦门岛海域一样，同属于非正规半日潮浅海潮流。日潮流的最大流速远小于半日潮流的最大流速，在一般情况下，日分潮的作用可以不予考虑。与厦门岛海域相同，浅海分潮对大嶝海域潮流特征有较大影响，因此本海区的潮流过程流速曲线则有明显的不对称现象。

（2）潮流的运动形式　大嶝海域除角屿与小嶝之间水道表层的半日潮流大致呈往复流运动形式外，角屿以北及岛西南海区的表层半日潮流涨潮过程略呈反时针方向旋转，而落潮过程则大致呈往复流运动形式。

（3）潮流的最大流速　大嶝海域潮流最大流速具有与厦门岛海域潮差相类似的周期性月变化和年变化，其中以朔望变化较为突出，半日潮龄约 2 d。潮流最大流速的水平分布大致与水深分布相对应。较深海区的最大流速相对较大，且有随深度增加而逐渐减小的趋势。角屿周围海区水较深，其潮流最大流速相对较大，且涨潮流最大流速大于落潮流最大流速。其他海区由于水浅，其表层和底层的潮流最大流速则相差不多，落潮流最大流速略大于涨潮流最大流速。

（4）潮流的时间特征　大嶝海域涨潮流最大流速发生于高潮前 2.6～2.8 h，落潮流最大流速发生于高潮后 2.5～3 h，且约于高潮前后转为落潮流。本海域表层潮流，除大嶝岛西南海区的落潮流历时比涨潮流历时长外，其余海域的涨、落潮流历时相差甚少。而本海域底层潮流的涨、落潮流历时则是各有长短。其中大岛西南海区底层潮流的涨、落潮流历时十分接近；角屿周围的深水海区底层则是落潮流历时比涨潮流历时长约半小时；而角屿北侧紧靠大陆的海区却是涨潮流历时长于落潮流历时。

2. 余流

本海域余流较小，除角屿附近 11 月表、底层余流在 10～14 cm/s 外，其余海区的表、底层余流普遍量值均不超过 10 cm/s。尽管余流流速由表层往下略有减少，但由于水浅，各层次余流流速相差不多。除角屿附近余流流向为 ENE - NE 向外，其余海区的余流流向多数为 WNW - NW 向。

二、潮汐

厦门市海域的潮波受台湾海峡潮波系统控制，为谐振潮。厦门岛海域和大嶝海域的潮汐形态数分别为 0.34 和 0.32，潮汐类型同属于正规半日潮。

（一）特征潮位

厦门岛海域曾于 1933 年 10 月 22 日出现过历史上最高潮位和最大潮差，分别为 7.78 m 和 6.92 m，亦于 1921 年 2 月 24 日出现过历史最低潮位－0.06 m。中华人民共和国成立后，厦门岛海域在 1959 年 8 月 23 日出现过 7.39 m 的最高潮位，1983 年 1 月 30 日出现 0.09 m 的最低潮位。大嶝海域缺乏长期验潮资料，然而由于它与厦门岛海域同处厦门湾内，故其特征潮位仍可以厦门岛海域潮汐特征值作为参照。

（二）潮差

厦门岛海域和大嶝海域潮差较大，厦门岛海域多年平均潮差 3.99 m，中华人民共和国成立后最大潮差 6.42 m，最小潮差 0.99 m。厦门岛海域历年月平均潮差以 9 月最大，为 4.12 m，而历史最大潮差为 1933 年 10 月 22 日的 6.92 m。

大嶝海域 1991 年验潮期间的实测月平均潮差为 4.33 m，最大潮差 5.86 m，最小潮差 2.15 m。而同期厦门岛周边海域的实测月平均潮差为 4.28 m，最大潮差 5.76 m，最小潮差 2.09 m。由此可见，大嶝海域的潮差略大于厦门岛周边海域，但与其十分接近。

（三）平均海面

厦门岛海域多年平均海面为 3.58 m，其年均海平面变化不大，但月平均海面随季节变化却十分明显，变幅可达 0.31 m。据历史验潮资料统计，厦门岛海域多年月平均海面最大值出现在 10 月，为 3.78 m，最小值则出现在 4 月，为 3.47 m。大嶝海域 1991 年验潮时的实测月平均为 3.92 m，而厦门岛周边海域同期月平均海面为 3.74 m，前者稍高于后者。

（四）涨、落潮历时

厦门岛海域的涨潮历时与落潮历时相差不大，平均涨潮历时为 368 min，平均落潮历时为 378 min，落潮历时稍长于涨潮历时。据 1991 年 8 月、9 月间小嶝岛验潮资料统计，大嶝海域平均涨潮历时为 370 min，平均落潮历时为 375 min，而同期厦门岛海域的平均涨潮历时为 369 min，平均落潮历时为 376 min。可见两海域的涨、落潮历时相当接近。

三、入海主要径流

（一）九龙江

九龙江是影响厦门海域的主要河流，它的营养盐、泥沙和有机质的输入对厦门湾的影响极大。九龙江是福建第二大河，全长 1 923 km，流域面积 14 741 km²，年平均径流量为 148 亿 m³。最大年入海径流量为 288×10⁸ m³，最小年入海径流量为 99.6×10⁸ m³，平均年入海泥沙量为 307×10⁸ m³。

九龙江入海河口位于福建省东南部沿海、台湾海峡西岸，湾口朝向东南。九龙江河口属断块沉降区，河口湾的发育深受 NE 向、NNW 向及 WE 向几组断裂的控制，是在断裂构造背景下发育而成的山地河谷。九龙江河口为一口小腹大的狭长海湾，形似倒坛状，河口最狭处约 3.5 km，内部最宽处约 8.8 km，总纳潮面积达 100 km²，平均水深不到 4 m。

西面是九龙江的出海处，中部沿鸡屿是水下浅滩，南北的近岸海域为水深大于 10 m 的深槽。水下沉积物自西向东依次以粗中沙-细沙-泥质粉沙-沙质泥变化。水下地形由西向东倾斜。河口湾周边发育潮滩、潮流沙脊，大致平行排列于河口湾内，为潮汐潮流作用占优势的潮成三角洲。

九龙江河口湾南岸地势较高，属基岩海岸，岸线曲折，呷角海湾相间，海门岛至玉枕洲遍布红树林。河口北岸自嵩屿向西地势逐渐平缓，嵩屿象鼻至鸭蛋山为基岩海岸，沿岸为海拔以下的低丘陵，海蚀崖发育形成陡峭岩壁，鸭蛋山海蚀崖高达余米，其下为沙砾石滩和岩滩，鸭蛋山以西主要为淤泥质海岸。

九龙江流域中、上游地势起伏大，河床纵比降也大。下游河口湾的地貌以堆积型为主，这是大量陆源泥沙长期入海的结果，整个河口湾内为宽阔而平坦的淤积滩面。九龙江为强潮河口湾，由于口小腹大，在强劲的潮流作用下，鸡屿南北形成两条潮流冲沟。

九龙江流域属南亚热带季风气候和海洋性季风气候。九龙江流域雨季长，雨量充沛。流域年平均降雨量约 1 692.2 mm，年最大降雨量 2 495.9 mm，最小降雨量 1 188.9 mm。流域多年平均陆地蒸发量在 600～800 mm。流域常年主导风向是东南风，年平均风速 2～3 级，由于受海洋性季风气候影响，每年 6—9 月常有台风侵入，河口及下游平原最大风力可达 17 级，上游山区最大风力也达 5～6 级。

九龙江年平均输沙量为 246.1 万 t，5—7 月来沙量占全年的 58%，10 月至翌年 2 月仅占 4%。北溪（浦南站）多年平均含沙量 0.21 kg/m³，年均输沙率 53.5 kg/s，年输沙量 169 万 t，最大 464 万 t（1961 年），最小 61.6 万 t（1958 年）。西溪（郑店站）多年平均含沙量 0.22 kg/m³，最大含沙量 2.54 kg/m³，年输沙量 77.1 万 t，最大 183 万 t（1961 年），最小 21 万 t（1958 年）。20 世纪 70 年代以后，由于森林遭受破坏，水土流失严重，含沙量有明显上升趋势。由于含沙量增大，造成下游河道淤积相当严重，1935—1966 年期间河道平均淤高 2 m 左右，局部河段 4～5 m，造成水深变浅，水位抬高，加上西溪桥闸建成和北溪郭州头引水闸修建、围垦开发等活动加速了河床淤积。九龙江现代河口水下三角洲从口门、鸡屿外侧呈舌状自口门向厦门港伸展。1985 年其外缘还未及口门区域，而 2009 年其外缘已经越过口门线，正向厦门港海域延伸，伸展了约 1 km。这是九龙江水携带泥沙入海，在口门处水动力突然减弱，沉积物不断加积淤进的结果。以上现象对防洪、航运带来不利影响。

（二）厦门市主要溪流

受地形与气候影响，注入厦门湾内的还有厦门市境内的众多河溪，总体上短促，汇水范围小，但水量丰富，季节变化明显。集美区主要有后溪、深青溪、过芸溪。后溪流入杏林湾，深青溪和过芸溪流入马銮湾。同安区主要有东溪西溪、官浔溪和埭头溪等，均独流入海，最终进入同安湾。同安东、西溪是厦门地区最大的河流，流域面积约 1 470 km²，年平均径流量 121 亿 m³，年平均输沙量 250 万 t。

第四节　厦门湾理化因子

一、水温

厦门湾海域的海水温度，除受太阳辐射、季风影响外，还受台湾海峡海水和九龙江径流的影响，有明显的季节变化。夏季水温高于冬季，历年最高水温为 29.3 ℃，最低水温为 12.0 ℃。

（一）水温的平面分布

冬季（2月）水温为全年最低，其表层水温 14.32～15.77 ℃，底层水温 14.17～15.74 ℃，表层和底层温差较小。受东北季风影响，海区海水涡动对流混合强烈，海水温度分布趋于均匀，等温线走向基本上与等深线一致，呈自北向南、由湾内向湾外递减分布。在九龙江入海口区的表层和底层，均有一高温水舌向湾外拓展。

夏季（8月）为太阳辐射最强季节，海水温度为全年最高。表层水温 27.49～28.87 ℃，底层水温 27.36～27.96 ℃，前者平均高于后者。厦门西海域由于水浅和受岛陆影响，表层和底层平均水温分别达 28.37 ℃和 27.79 ℃，位居厦门海域之首；而厦门岛东岸海区因受台湾海峡水的影响，水温较低。夏季水温分布由湾内向湾口递减，水平梯度较冬季小，而在九龙江入海口区的底层，仍有一高温水舌由湾内指向湾外。

（二）水温的垂直分布

冬季水温垂直变化不大，基本上为垂直均匀型，有些测点的水温虽然出现随深度增

加而增大，但尚无出现水温跃层。夏季厦门西海域及同安湾水温垂直变化仍然较小。九龙江入海口虽受九龙江水的影响，水温垂直变化相对大些。厦门海域在春季、秋季多数观测站水温的垂直变化不大。

（三）水温的季节变化

厦门海域的夏季水温高于冬季，春季、秋季水温则介于夏季、冬季之间。

二、盐度

海水盐度是个比较稳定的水文要素。厦门市海岛海域的海水盐度变化，在很大程度上取决于九龙江径流和厦门潮汐潮流的变化，同时也受本海域蒸发及降水的影响。

（一）盐度的平面分布

冬季（2月）盐度分布湾内低、湾口高，全海区表层盐度均比底层低。表层、底层平均盐度分别为27.39、28.46。以九龙江入海口一带为最低，仅25.85。而厦门岛东岸一带海区的平均盐度却高达29.13。九龙江入海口区，由于受九龙江冲淡水的影响，盐度水平梯度较大，且北岸比南岸大。在该海区的鸡屿与目屿之间，亦可清楚看到表层、底层均有一个低盐水舌向湾口拓展到厦大屿仔尾一线。除此之外，厦门海域的盐度水平分布都比较均匀，盐度等值线亦较稀疏。

夏季（9月）表层、底层平均盐度分别为27.10、29.88。除九龙江入海口区外，其余海域夏季的海水盐度均比冬季的高，且分布均匀。九龙江口易受台风暴雨及九龙江洪水的严重影响，入海口区表层盐度在丰水期迅速下降，低盐水舌则拓展至厦门东海岸的曾厝垵一带。

（二）盐度的垂直分布

冬季（2月）受东北季风影响，厦门海域海水对流混合强烈，由于水浅，这种对流混合可直达海底。除靠近河口区0～5 m水层的盐度垂直梯度可达每米0.52，其余的盐度垂直变化均匀，无盐度跃层。

夏季（9月）同安湾及厦门岛东海岸一带海区，除深水区存在有较微弱的盐度跃层外，其余海域几乎都是垂直均匀分布；厦门西海域及九龙江入海口区的盐度随深度变化较大，九龙江入海口区0～5 m水层的盐度垂直梯度可达每米1.31。

（三）盐度的季节变化

厦门海域表层盐度日差异大于底层，春季大于秋季。九龙江流域淡水入海量会较大程度影响本水域，特别是厦门西港水域的盐度水平。

三、水化学

（一）溶解氧

2012—2016 年厦门岛周边海域溶解氧浓度变化如图 1-1 所示。据 2016 年厦门市海洋环境状况公报，2016 年厦门岛溶解氧浓度均符合第一类海水水质标准。与 2015 年相比，2016 年厦门岛各海域溶解氧浓度变化不大。

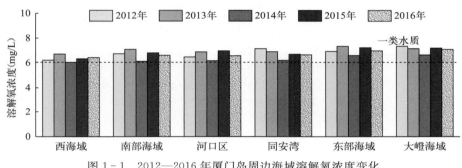

图 1-1　2012—2016 年厦门岛周边海域溶解氧浓度变化
（数据来源于 2012—2016 年厦门市海洋环境状况公报）

（二）化学需氧量

2012—2016 年厦门岛周边海域化学需氧量浓度变化如图 1-2 所示。据 2016 年厦门岛周边市海洋环境状况公报，2016 年厦门岛周边海域化学需氧量浓度均符合第一类海水水质标准。与 2015 年相比，2016 年厦门岛周边海域化学需氧量浓度均有所增加。

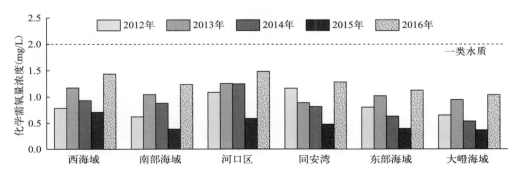

图 1-2　2012—2016 年厦门岛周边海域化学需氧量浓度变化
（数据来源于 2012—2016 年厦门市海洋环境状况公报）

（三）悬浮物

2012—2016 年厦门岛周边海域悬浮物浓度变化如图 1 - 3 所示。据 2016 年厦门市海洋环境状况公报，2016 年厦门岛周边海域悬浮物浓度与 2015 年相比总体有所减少，仅河口区悬浮物浓度略有增加。

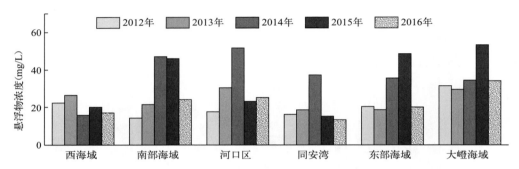

图 1 - 3　2012—2016 年厦门岛周边海域悬浮物浓度变化
（数据来源于 2012—2016 年厦门市海洋环境状况公报）

（四）无机氮

2012—2016 年厦门岛周边海域无机氮浓度变化如图 1 - 4 所示。据 2016 年厦门市海洋环境状况公报，2016 年大嶝海域无机氮平均浓度符合第二类海水水质标准，其他海域则处于劣四类水平。与 2015 年相比，2016 年厦门岛周边海域无机氮平均浓度均有不同程度增加。

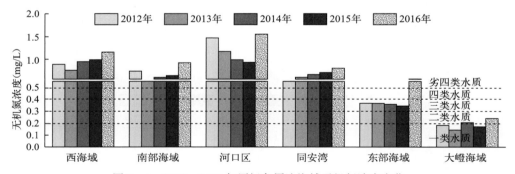

图 1 - 4　2012—2016 年厦门岛周边海域无机氮浓度变化
（数据来源于 2012—2016 年厦门市海洋环境状况公报）

据 2016 年厦门市海洋环境状况公报，2016 年 1—12 月大嶝海域无机氮浓度符合第一类和第二类海水水质标准的月份主要集中在 5—10 月。东部海域仅 7 月无机氮浓度符合第二类海水水质标准，其他海域无机氮浓度基本处于第四类或劣四类水平。

（五）活性磷酸盐

据 2016 年厦门市海洋环境状况公报，2016 年厦门岛大嶝海域活性磷酸盐平均浓度符合第一类海水水质标准，东部海域符合第二至三类海水水质标准，西海域、南部海域和同安湾符合第四类海水水质标准，河口区则处于劣四类水平。与 2015 年相比，2016 年西海域、同安湾和大嶝海域活性磷酸盐平均浓度有所减少，其他海域则基本持平（图 1-5）。

据 2016 年厦门市海洋环境状况公报，2016 年 1—12 月厦门岛大嶝海域活性磷酸盐浓度均符合第一类和第二类海水水质标准（图 1-5）。东部海域、同安湾、南部海域和西海域符合第一类和第二类海水水质标准的月份分别有 5 个、3 个、2 个和 2 个，河口区活性磷酸盐浓度则基本处于第四类或劣四类水平（图 1-6）。

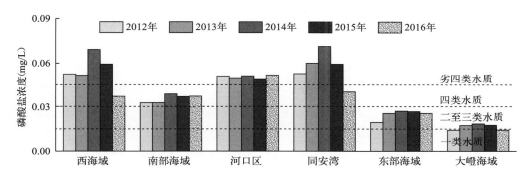

图 1-5　2012—2016 年厦门岛周边海域活性磷酸盐浓度变化

（数据来源于 2012—2016 年厦门市海洋环境状况公报）

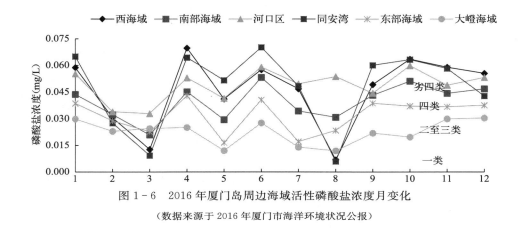

图 1-6　2016 年厦门岛周边海域活性磷酸盐浓度月变化

（数据来源于 2016 年厦门市海洋环境状况公报）

（六）重金属及砷、硫化物、油类和其他有机污染物

据 2016 年厦门市海洋环境状况公报，2016 年厦门海域重金属（铜、铅、锌、镉、

铬、汞）及砷、油类、硫化物、六六六和滴滴涕平均浓度均符合第一类海水水质标准；与 2015 年相比，2016 年各监测要素浓度变化不大。

第五节　厦门湾生态环境质量评价

一、水环境质量

（一）水质环境质量及变化趋势

据 2016 年厦门市海洋环境状况公报，目前厦门湾局部海域水质状况总体保持稳定，符合第一、第二类海水水质标准的海域面积达 847.5 km²，约占该海域总面积的 65.8%，海水中主要超标污染要素仍为无机氮和活性磷酸盐。

收集了评价海域 1990 年、2000 年、2005 年、2010 年、2013 年历史水质监测数据（表 1-2），以及其中代表性的指标化学需氧量（COD）、无机氮、活性磷酸盐、铜、铅、镉等的变化趋势。

从表中可以看出，除 COD 浓度整体上呈下降趋势外，无机氮、活性磷酸盐有明显的上升，而铜、铅、镉的浓度先呈上升趋势，但 2010 年后又呈下降趋势，反映了评价海域的富营养化趋势。

表 1-2　厦门海域历年水质监测数据汇总一览表

年份	pH	DO (mg/L)	COD (mg/L)	活性磷酸盐 (mg/L)	无机氮 (mg/L)	铜 (mg/L)	铅 (mg/L)	锌 (mg/L)	镉 (mg/L)	砷 (mg/L)	石油类 (mg/L)
1990	8.23	7.5	0.66	0.015	0.184	0.001 45	0.001 2	—	0.000 017	—	—
2000	8.16	6.7	1.14	0.022	0.158	—	—	—	—	—	—
2005	8.04		0.90	0.021	0.167	0.011 5	0.004 8	0.007	0.003 800	0.001 7	0.047
2010	7.92	6.14	0.79	0.038	0.382	0.415	0.118	1.32	0.038 5	1.72	10.81
2013	8.10	7.79	0.656	0.038	0.451	0.001 43	0.006 5	0.017 4	0.002 36	0.001 79	0.025

注：1. 1990 年数据来源：厦门海岛资源综合调查试验开发领导小组办公室，厦门市海洋管理处，1996，《厦门市海岛资源综合调查专业报告集》（第二卷）。

2. 2000 年数据来源：《福建主要港湾水产养殖容量研究》项目组，2003，福建主要港湾环境质量调查数据。

3. 2005 年数据来源：厦门大学海洋与环境学院，2005，福建省 908 专项厦门湾容量调查数据。

（二）水质富营养化综合评价

据 2016 年厦门市海洋环境状况公报，目前厦门岛周边海域除大嶝海域外均存在水体富营养化问题，其中九龙江河口区、西海域、同安湾和南部海域水体呈重度富营养状态，东部海域水体呈中度富营养状态（图1-7）。

蒋荣根（2014）收集的2003—2012年厦门湾海域监测数据，每年监测频率分为丰水期、平水期、枯水期，调查要素包括化学耗氧量（COD）、底层溶解氧（DO）、无机磷（DIP）、总无机氮（DIN）、叶绿素a等，数据来源于国家海洋局第三海洋研究所海洋化学与环境监测技术实验室对厦门湾海域长期监测资料累积。文章选取常年监测的25个站位作为分析站位。

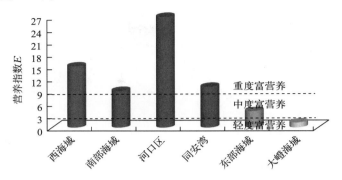

图1-7　2016年厦门各海域水体富营养化状况
（数据来源于2016年厦门市海洋环境状况公报）

2003—2012年厦门各海域富营养化压力状况随年际变化呈现不同程度的变化趋势。其中，九龙江河口水体富营养化压力状况最严重，总体呈上升趋势，富营养化压力指数值介于0.29~4.12，平均值为1.54，富营养化压力等级为高，其主要原因是受到九龙江上游超负荷营养盐径流的影响，九龙江上游人口密度大、养殖业较多以及污染物排放量较大；西海域水体富营养化压力呈现先上升再下降之势，其压力值介于0.43~1.86，平均值为1.11，富营养化压力等级为高，主要原因：一方面是西海域处于湾内半封闭型区域，与外界水体交换动力很差，污染物停留时间长；另一方面是西海域周边人口密度较高，环境压力较大，且受九龙江高营养盐含量水体流入影响；同安湾海域与西海域地理环境相似，处于半封闭型区域，其水体富营养化压力指数介于0.13~1.29，总体均值为0.65，总体等级为中高；南部海域与外海水交换能力相对较强，受污染程度略低，为中等级富营养化压力；东部海域和大嶝海域水体与外海水体交换条件良好，水体停留时间较短，周边人口密度较小，受污染程度低，水体富营养化压力等级低。厦门海域富营养化压力值介于0.01~4.12，总体均值为0.68，富营养化压力等级为中高。湾外与湾内富营养化压力差异较大，这主要受地理环境因素、水动力条件、人口因素以及九龙江径流等多方面因素影响。西海域、东部海域和南部海域富营养化压力趋势均呈现先上升再下降的趋势，这可能与近几年来厦门海域周边环境整治有关，在一定程度上减缓了水体营养盐恶化趋势。同安湾海域富营养化压力则呈平缓上升趋势，尤其在2010年后达到高等级，这可能是因为该海域虽然经过整治与改善，但水体表征的响应速度较慢。大嶝海域富营养化压力虽然处于低等级，但其呈现明显的上升趋势（图1-8）。

厦门海域水体富营养化压力指数值为0.68，处于中高等级。其中九龙江河口区富营养化压力值为1.54，呈明显上升趋势；西海域、东部海域和南部海域均呈现先上升再下降之势；同安湾海域呈平缓上升趋势，总体等级为中高；大嶝海域水体富营养化压力最低。

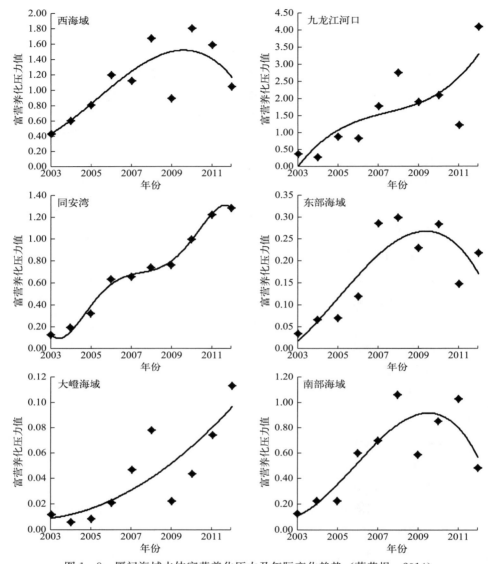

图 1-8 厦门海域水体富营养化压力及年际变化趋势（蒋荣根，2014）

厦门海域富营养化初级阶段指标叶绿素 a 浓度为 7.5 μg/L，出现频率为 9%，初级症状等级为中低级；次级阶段指标底层溶解氧浓度为 4.96 mg/L，出现频率为 8%，其症状等级为中低级；历年赤潮暴发持续时间在 2 周之内，呈季节性变化，其等级为中级。根据"一损俱损，预防为主"的原则，厦门海域水体富营养化状态等级为中级。厦门海域水体富营养化的压力等级为中高，状态和响应等级均为中等，其水体富营养化综合状况等级为中等。其中，西海域和九龙江河口水体营养盐压力较大，控制九龙江上游及西海域周边营养盐入海通量尤为重要。

预计未来一段时间厦门海域周边营养盐入海通量基本维持现状，水体富营养化响应趋势等级为中级，预计富营养化相关症状基本不会发生变化。

二、沉积物环境质量

据厦门市海洋环境状况公报，2016 年厦门海域表层沉积物质量状况总体良好，大部分海域表层沉积物中的有机碳、硫化物、重金属（锌、铬、汞、铜、镉、铅）及砷、石油类、六六六、滴滴涕和多氯联苯浓度均符合第一类海洋沉积物质量标准，部分海域个别站位硫化物、有机碳、铜和铅浓度超过第一类海洋沉积物质量标准。

分别收集了 1990 年、2005 年、2010 年和 2013 年厦门湾大嶝海域沉积物监测资料（表 1-3），并对其中代表性的汞、铅、铜、锌、有机质和硫化物等指标做变化趋势分析。由表中可知，2013 年大嶝海域沉积物中有机质、石油类、锌等总体有增加趋势，而铅、砷、硫化物指标呈下降趋势。

表 1-3　厦门湾大嶝海域沉积物监测数据汇总一览表

| 年份 | 平均值 | | | | | | | | |
	汞 （×10⁻⁶） mg/L	镉 （×10⁻⁶） mg/L	铅 （×10⁻⁶） mg/L	砷 （×10⁻⁶） mg/L	铜 （×10⁻⁶） mg/L	锌 （×10⁻⁶） mg/L	石油类 （×10⁻⁶） mg/L	有机质 （%）	硫化物 （×10⁻⁶） mg/L
1990	0.022 6	0.04	14.8	—	10.6	47	8.3	0.57	19.7
2005	0.032 5	0.192	36.7	6.575	19.55	103	42.335	0.539 5	24.925
2010	0.155 7	0.064	18.2	5.19	9.57	54	24.07	0.56	54.39
2013	0.045	0.115	10.58	4.43	11.95	71.29	48.04	0.88	3.19

注：1.1990 年数据来源：厦门海岛资源综合调查试验开发领导小组办公室，厦门市海洋管理处，1996，《厦门市海岛资源综合调查专业报告集》（第二卷）。

2.2005 年数据来源：厦门大学海洋与环境学院，2005，福建省 908 专项厦门湾海湾容量化学部分调查报告。

3.2010 年数据来源：福建省海洋研究所，2010，翔安南部莲河片区造地工程清淤区用海海域使用论证调查报告。

三、贝类生物质量

据厦门市海洋环境状况公报，2016 年 5 月和 8 月对采集于西海域宝珠屿、大嶝阳塘和翔安琼头附近海域的僧帽牡蛎和菲律宾蛤仔进行生物质量监测，结果表明厦门岛周边海域贝类生物质量状况良好（图 1-9）。

2016 年菲律宾蛤仔体内重金属（总汞、镉、铜）及砷、六六六、滴滴涕均符合第一类海洋生物质量标准，铅和石油烃符合第二类海洋生物质量标准；僧帽牡蛎体内总汞、砷、六六六、滴滴涕符合第一类海洋生物质量标准，铅、镉、石油烃符合第二类海洋生物质量标准，铜符合第二类或第三类海洋生物质量标准。两种监测生物体内麻痹性贝毒素和腹泻性贝毒素均未检出。与 2015 年相比，2016 年蛤仔体内铅浓度有所增加；其他监测要素浓度或生物质量等级无明显变化。

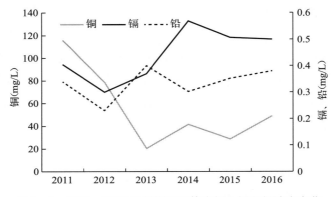

图 1-9　2011—2016 年僧帽牡蛎体内铜、镉和铅浓度变化

四、赤潮

根据厦门市海洋环境质量公报报道，在 2003—2016 年，厦门海域有记录的赤潮发生次数为 56 起，其中 2003 年、2005 年、2006 年以及 2007 年是赤潮发生的高峰期，发生赤潮的次数较多。厦门海域赤潮在夏季（6—8 月）发生的次数较多，其他季节发生情况相对较少。每起赤潮暴发持续时间基本在 2 周之内，年际间呈现一定的季节性变化。厦门湾赤潮发生情况为中等，最近四年每年发生赤潮的次数仅为 1 次或无，但发生临界赤潮的次数有时高达 5 次（2015 年），表明厦门湾海域的富营养化问题仍不可忽视。

据黄宗国（2006）资料，厦门湾水体中有记录 104 种赤潮生物，它们都是原生生物界的单细胞生物，隶属于甲藻门、硅藻门、隐藻门、裸藻门、绿藻门和纤毛门。

五、海洋保护区

为保护海洋资源，厦门市设立有珍稀海洋物种国家级自然保护区，同时厦门国家级海洋公园也于 2011 年 5 月获批，成为全国首批获批的 7 个国家级海洋公园之一。

厦门珍稀海洋物种国家级自然保护区范围包括了整个厦门管辖的海域（地理坐标为 117°53′—118°25′E、24°25′—24°54′N），总面积 390 km²，见图 1-10。保护区于 2000 年 4 月 4 日经国务院审定（国办发〔2000〕30 号），由福建省人民政府 1995 年批建的厦门白鹭省级自然保护区、1997 年批建的厦门中华白海豚省级自然保护区和厦门市人民政府 1991 年批建的厦门文昌鱼市级保护区合并而成，是一个以中华白海豚、文昌鱼等珍稀海洋生物及黄嘴白鹭等鸟类为主要保护对象的自然保护区，是国家一级重点保护野生动物中华白海豚的两个主要分布区之一，具有极为重要的保护价值和研究价值。本区也是国家二级重点保护野生动物文昌鱼的主要产地之一。厦门文昌鱼自然保护区在分类上为野生生物类自然保护区，属海洋珍稀动物主要栖息繁殖地保护区，是为保护厦门文昌鱼而专门建立的自然保护区，其目的是使区内文昌鱼的生境得到保护和厦门文昌鱼种群得到增殖，资源得到恢复，同时对厦门海域生物多样性的保护起到积极的作用。

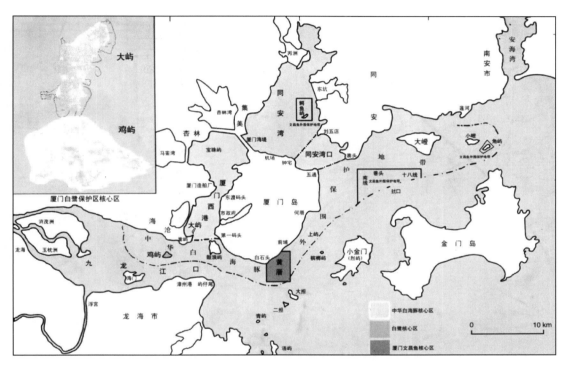

图 1-10 厦门珍稀海洋物种国家级自然保护区分布

厦门国家级海洋公园位于 118°5′22″—118°12′25″E、24°24′25″—24°32′39″N，总面积为 24.87 km²，其中陆地面积 4.05 km²，占总面积的 16.29%；海域面积 20.76 km²，占总面积的 83.47%；岛屿面积 0.06 km²，占总面积的 0.24%。厦门国家级海洋公园功能区由重点保护区、生态与资源恢复区、适度利用区、科学实验区四部分组成。厦门国家级海洋公园内的海洋生态系统类型多样，生态系统特殊。选划区海域生物物种丰富，包括国家一级重点保护野生动物中华白海豚，国家二级重点保护野生动物文昌鱼以及中国鲎等珍稀动物。海岛、基岩石岸线、沙滩等生态类型多样，区域内所拥有的质地地貌景观是典型的花岗岩石蛋地貌景观和海蚀地貌景观，海滩岩、泥炭层和三级明显的阶地，具有特殊的教学、科研科普与观赏旅游价值。

第二章
厦门湾生物资源

第一节 厦门湾初级生产力

初级生产力主要是测定浮游植物通过光合作用把无机碳转化为有机碳的能力。浮游植物是食物链的基础，其生产能力是海洋生物赖以生存的物质基础。初级生产力的变化在很大程度上决定着海洋生物资源的变化。因此，在调查海域生物资源时测定初级生产力不仅对了解海洋生态环境有很大意义，而且可为合理开发海域的生物资源、发展海水养殖和海洋环境保护提供科学依据。

一、叶绿素 a 的分布

厦门湾叶绿素 a 年平均值为 2.39 mg/m³，范围在 0.14～13.0 mg/m³。厦门湾叶绿素 a 的含量以春季（3.48 mg/m³）最高，夏季（2.74 mg/m³）次之，秋季、冬季（1.65 mg/m³、1.70 mg/m³）明显较低且相近。厦门岛周边由于环境较稳定，受外海水影响较小，因此其叶绿素 a 的季节差异较小，而大嶝岛区因受外海水影响较大，其季节差异较大。

另据汤荣坤等（2010）分析结果显示，2005—2007 年观测期间，表层水叶绿素 a 含量的观测值为 0.28～28.55 mg/m³，总平均值为 3.47 mg/m³；底层水的相应值为 0.29～18.69 mg/m³，总平均值为 3.36 mg/m³。与福建省沿海各海湾（或海岛）附近海域的相比，本海域叶绿素 a 的平均含量处于相当高的状态。这主要是厦门海域较长期处于富营养状态中，且整年水温又较高（观测期间平均水温 21.4 ℃），很适合浮游植物的生长繁衍，故其叶绿素 a 含量不但远高于闽东各海湾或海岛附近海域叶绿素 a 的平均含量，也略高于闽中、闽南各海湾或海岛附近海域水体叶绿素 a 的平均含量。

该海域水体叶绿素 a 含量具有明显的年际差异。2006 年的年均值最高，2005 年的最低，二者相差 1.4 倍；但多年观测结果的年际差异可达 3 倍左右，且呈现逐年增加趋势。厦门海域水体叶绿素 a 含量具有明显的季节变化，呈现春夏两季高、秋冬两季低的季节变化趋势，正常年份夏季出现高峰值，冬季出现低谷值。2005—2007 年夏季该水体出现叶绿素 a 含量的高峰值，秋季出现低谷值。厦门海域水体叶绿素 a 含量平面变化的显著特征是同航次表、底层的平面分布趋势相似，不同航次间的平面分布趋势差异较明显。2005 年 3 个航次、2006 年 8 月底层及 11 月表层、底层水叶绿素 a 含量的平面变化相对较小，平面分布相对均匀。2006 年 8 月表层和 2007 年各航次表层、底层海水叶绿素 a 含量的平面变化较大些，大致呈西北沿岸较高，向东南逐渐递减的分布态势，其高值区常出现在厦门西港的宝珠屿以西和河口附近海域。2006 年 5 月表层和底层水叶绿素 a 含量的平面变化大，分布趋势特殊，呈东南部海域最高、河口海域次之、同安湾和厦门西港大部分海域最低的分布状态。

二、初级生产力的分布

厦门湾初级生产力年平均值为 167 mg/（m² · d），以春季最高，为 240 mg/（m² · d），秋季次之，为 204 mg/（m² · d），冬季最低，为 65 mg/（m² · d），如表 2 - 1 所示。

表 2 - 1　厦门湾各季节初级生产力范围和平均值

单位：mg/（m² · d）

岛区	冬（2月）		春（5月）		夏（9月）		秋（11月）		年平均
	范围	平均	范围	平均	范围	平均	范围	平均	
厦门岛区	15～328	79	62～1 004	225	81～419	181	34～554	240	181
大嶝岛区	6～69	30	154～338	279	67～209	100	63～240	114	131
全区	6～328	65	62～1 004	240	67～419	158	34～554	204	167

数据来源：《中国海湾志》。

由表 2 - 1 可知，大嶝岛附近海域的季节差异较大，春季不仅与冬季相差很大（9倍），而且与夏、秋两季有较大的差异。然而，厦门岛区的初级生产力则以秋季较高，但春、秋两季之间差异不大。显然，厦门岛区初级生产力的季节变化比大嶝岛区小，这可能与厦门岛区大部分为内湾，受外海水影响较小，而大嶝岛区受外海水的影响较强有关。

三、叶绿素 a 和初级生产力与环境因素的关系

影响浮游植物繁殖生长的环境因素很多，主要有水温、盐度、光照、透明度、营养盐和草食性浮游动物，由于环境因素与生物之间的关系错综复杂，以下仅就与叶绿素 a 和初级生产力关系最密切的营养盐和水温进行分析。

由于调查海区地处亚热带，终年水温较高，冬季平均水温接近 15 ℃，为浮游植物全年生长提供了有利条件。因此，在低温的冬季，叶绿素 a 含量能达到 1.70 mg/m³ 左右。由于终年水温较高，使得叶绿素 a 的季节差异不太大。但是，从冬季叶绿素 a 含量较低可以看出，温度对本海区浮游植物的繁殖生长有一定的影响。

春季随着水温的回升，光照增加，促进浮游植物的大量繁殖。因此，春季的叶绿素 a 为全年之最高。与此同时，由于浮游植物的大量繁殖，消耗了大量的营养盐。因此，春季的营养盐特别是无机磷明显降低，为全年之最低值，部分海域已接近零值。这部分海域由于磷被消耗，从而限制了浮游植物的繁殖生长。无机氮尽管春季也被大量消耗，但

相对来说丰富得多。因此，春季无机氮的平均含量虽然高，但由于磷的限制，浮游植物未能进一步发展。夏季，虽然水温更高，阳光更充足，但太高的温度和太强的光照反而抑制光合作用。加之夏季海水透明度小，更影响了光合作用。因此，叶绿素 a 含量比春季稍低。秋季，虽然水温与春季相当，但由于光照减弱，加之东北季风开始影响，水体较不稳定，引起叶绿素 a 明显下降。由于浮游植物数量减少，也相应地减少对营养盐的消耗，所以营养盐含量明显上升。冬季浙闽沿岸流尽管带来了丰富营养盐，但由于温度低，光照减弱，影响了浮游植物繁殖生长（表 2-2）。

表 2-2　厦门湾海域主要环境参数

季节	岛区	水温（℃）	透明度（m）	PO_4^{2-}（$\mu mol/dm^3$）	NO_3^-（$\mu mol/dm^3$）	NH_4^+（$\mu mol/dm^3$）	总无机氮（$\mu mol/dm^3$）	叶绿素 a（mg/m^3）	初级生产力［$mgC/(m^2 \cdot d)$］
冬季	厦门岛区	14.5	1.2	0.56	18.58	2.44	21.61	1.97	79
	大嶝岛区	14.8	0.6	0.60	15.09	0.77	16.16	0.90	30
	全区	14.6	1.0	0.57	17.83	2.07	20.43	1.70	65
春季	厦门岛区	20.7	1.4	0.18	13.72	3.03	17.98	3.28	225
	大嶝岛区	21.9	1.4	0.18	1.36	0.87	2.34	4.45	279
	全区	20.9	1.4	0.17	11.69	2.67	15.39	3.48	240
夏季	厦门岛区	27.8	1.0	0.30	12.16	3.61	18.41	2.92	181
	大嶝岛区	27.6	1.0	0.24	6.68	1.92	10.13	2.17	100
	全区	27.7	1.0	0.28	10.97	3.24	16.62	2.74	153
秋季	厦门岛区	22.6	1.5	0.48	12.53	2.34	16.10	1.61	240
	大嶝岛区	22.3	1.2	0.44	5.81	0.88	7.38	1.69	114
	全区	22.5	1.4	0.47	11.20	2.05	14.37	1.65	204

数据来源：《中国海湾志》。

第二节　厦门湾浮游植物

一、种类组成

根据黄宗国（2006）统计，厦门湾记录有浮游植物 6 门 780 种，主要隶属硅藻和甲藻。其中硅藻类 684 种，占总种类数 87.7%；甲藻 78 种，占总种类数的 10.0%。其中种类数较多有圆筛藻属和角毛藻属等。

二、主要优势种

根据王雨等（2017）研究结果，厦门岛周边海域的浮游植物主要以角毛藻属、圆筛藻属和骨条藻属为主体。冬季（12月至次年2月）以圆筛藻属为主，角毛藻属为次；春季（3—5月）和夏季（6—9月）则分别以角毛藻属和骨条藻属占绝对优势；秋季（10—11月），主要属呈现多样化，除了上述3个属比例稍大外，菱形藻属、星杆藻属在夏、秋两季也有一定的数量。从表2-3可见，2013年11月至2014年7月具槽帕拉藻成为本区四季优势种，而在前期报道仅在冬季1月占优；圆筛藻属的优势地位全无，海链藻属跃居成为优势种。

王雨等（2017）研究结果（表2-3）显示，中肋骨条藻（*Skeletonema costatum*）是厦门湾常见的优势种，在季节变化上具有"暖水性"，数量高峰期出现于夏季。根据透射电镜分析，在厦门湾有六种骨条藻分布，中肋骨条藻是唯一一种在全年每月均有分布的骨条藻，水体中的中肋骨条藻在厦门港冬季和春季丰度较低，夏季和秋季丰度较高，占据优势地位。多尼骨条藻（*Skeletonema dohrnii*）主要在冬季和春季出现，在水体中占据优势地位，到了夏季和秋季则在水体中消失。曼氏骨条藻（*Skeletonema menzelii*）、热带骨条藻（*Skeletonema tropicum*）、亚当斯骨条藻（*Skeletonema ardens*）和桂氏骨条藻（*Skeletonema grevillei*）都是一般在夏季出现。

表2-3　厦门湾浮游植物优势种

海域	时间	站位数目	主要优势种	方法
厦门西港	1989年4月至1990年3月	7	中肋骨条藻（*Skeletonema costatum*）、旋链角毛藻（*Chaetoceros curvisetus*）、日本星杆藻（*Asterionella japonica*）、中心圆筛藻（*Coscinodiscus centralis*）	网样
厦门岛东西两侧	1990年2—11月	26	中肋骨条藻（*Skeletonema costatum*）、旋链角毛藻（*Chaetoceros curvisetus*）、星脐圆筛藻（*Coscinodiscus asteromphalus*）、菱形海线藻（*Thalassionema nitzschioides*）	网样
厦门岛北部及东部	1990年2—11月	23	旋链角毛藻（*Chaetoceros curvisetus*）、中肋骨条藻（*Skeletonema costatum*）、星脐圆筛藻（*Coscinodiscus asteromphalus*）、派格棍形藻（*Bacillaria paxillifera*）	网样
厦门岛东部	1990年2—11月	8	旋链角毛藻（*Chaetoceros curvisetus*）、中肋骨条藻（*Skeletonema costatum*）、蛇目圆筛藻（*Coscinodiscus argus*）、星脐圆筛藻（*Coscinodiscus asteromphalus*）	网样
大嶝岛周边	1990年2—11月	10	旋链角毛藻（*Chaetoceros curvisetus*）、中肋骨条藻（*Skeletonema costatum*）、具槽帕拉藻（*Paralia sulcata*）、星脐圆筛藻（*Coscinodiscus asteromphalus*）	网样
金门岛北部	2013年11月至2014年7月	15	具槽帕拉藻（*Paralia sulcata*）、骨条藻（*Skeletonema* spp.）、微小海链藻（*Thalassiosira exigua*）、旋链角毛藻（*Chaetoceros curvisetus*）	水样

三、浮游植物丰度分布

王雨等（2017）研究结果（表2-4）表明，厦门湾不同海域的浮游植物丰度并不均匀，差异较大，其中厦门东部海域的浮游植物丰度比厦门西部海域的较高。

表 2-4　厦门湾浮游植物丰度分布

海域	时间	物种数目	平均丰度（×10³ 个/L）	站位数目	调查区	方法
厦门西港	1989 年 4 月至 1990 年 3 月	129	14.06	7	24°—24°30′N、118°—118°6′E	网样
厦门岛东西两侧	1990 年 2—11 月	141	39.10	26	24°—24°30′N、118°—118°24′E	网样
厦门岛北部及东部	1990 年 2—11 月	157	60.95	23	24°24′—24°36′N、118°3′—118°24′E	网样
厦门岛东部	1990 年 2—11 月	111	36.50	8	24°24′—24°36′N、118°3′—118°12′E	网样
大嶝岛周边	1990 年 2—11 月	134	6.45	10	24°27′—24°39′N、118°3′—118°30′E	网样
金门岛北部	2013 年 11 月至 2014 年 7 月	82	47.09	15	24°19′5″—24°39′N、118°15′—118°33′E	水样

另外，孙琳等（2009）2008 年 3 月至 2009 年 2 月逐月在厦门港设置 5 个站位的研究结果表明，厦门港浮游植物细胞密度波动在（74.3～1 801.63）×10³ 个/L，浮游植物平均细胞密度春季（3—5 月）最高，为 861.84×10³ 个/L，夏季（6—8 月）次之，为 732.90×10³ 个/L，冬季（12 月至次年 2 月）和秋季（9—11 月）较低，分别为 365.88×10³ 个/L 和 145.93×10³ 个/L。

四、浮游植物综合评价

根据国家海洋局厦门海洋环境监测站 2018 年分析报告（表 2-5），运用海洋生物多样性/生态监控区的浅水 Ⅲ 型网浮游植物监测数据，借鉴《近岸海洋生态健康评价指南》（HY/T087）相关评价方法进行计算。计算公式如下：

$$E_{2-1} = \frac{|\Delta D_1| + |\Delta R_1| + |\Delta H_1|}{3}$$

式中，E_{2-1} 为浮游植物变化状况，D_1、R_1 和 H_1 分别为浮游植物密度、浮游植物甲藻密度占比以及浮游植物多样性指数的平均值，ΔD_1、ΔR_1、ΔH_1 分别为浮游植物密度、

表 2-5　厦门海域 2011—2017 年浮游植物

年份	密度（个/m³）	甲藻密度占比（%）	多样性指数	站位数	E_{2-1}
2011	1.04×10⁸	0.42	3.03	6	
2012	9.11×10⁷	0.03	1.91	14	
2013	4.20×10⁷	0.02	1.30	13	
2014	9.55×10⁸	0.67	3.70	6	
2015	3.06×10⁸	0.29	2.33	5	
2016	4.39×10⁷	0.30	2.30	6	
2017	2.02×10⁷	0.00	0.74	16	
2011—2016 年平均值	2.57×10⁸	0.24	2.43		
变化幅度	92.1%	100.0%	69.5%		87.2%

浮游植物甲藻密度占比以及浮游植物多样性指数的现状值与平均值的变化率。当 $E_{2-1}>$ 50%时，浮游植物呈明显变化，赋值为1；当 $25\%<E_{2-1}\leqslant50\%$ 时，浮游植物出现波动，赋值为2；当 $E_{2-1}\leqslant25\%$ 时，浮游植物基本稳定，赋值为3。

由表 $2-5$ 可知，$E_{2-1}=87.2\%>50\%$，赋值为1，厦门海域不同年份之间浮游植物密度、甲藻密度占比及多样性指数均呈明显变化。

第三节　厦门湾浮游动物

一、种类分布

根据蔡秉及等（1994）1990 年 2—11 月进行的厦门地区海岛资源综合调查，共设置站位 39 个，共记录各类浮游动物 119 种，其中桡足类最多，有 48 种；其次是水母类 27 种，毛颚类 7 种，枝角类 2 种，介形类 2 种，端足类 1 种，糠虾类 7 种，磷虾类 1 种，莹虾类 2 种，毛虾类 1 种，细螯虾 2 种，翼足类 1 种，浮游幼虫18 种。另有涟虫、钩虾和有尾类等。根据浮游动物的生态习性及其分布特点分 5 个生态类群。

1. 吸水性近岸类群

由适高温低盐的热带、亚热带种组成，也是本海区种类最多、数量最大的一类浮游动物，其种数约占浮游动物总种数的 50%，广泛分布于厦门湾各水域，但以厦门西海域和同安湾海域分布较多。一般四季都有出现，但大量出现于夏、秋两季。代表种有球形侧腕水母（*Pleurobrachia globosa*）、拟细浅室水母（*Lensia subtiloides*）、单囊杯水母（*Phialidium folleatum*）、真刺唇角水蚤（*Labidocera euchaeta*）、刺尾纺锤水蚤（*Acartia spinicauda*）、强额拟哲水蚤（*Paracalanus crassirostris*）、百陶箭虫（*Sagitta bedoti*）、齿形海莹（*Cypridina dentata*）、亨生莹虾（*Lucifer hanseni*）等。

2. 暖温性近岸类群

由偏低温低盐的暖温带种组成，有些是闽浙沿岸流的指标种，种类较少，约占浮游动物总种数的 17%。在冬季和春季的数量较大，有些种可大量繁殖成为优势种。广泛分布于厦门湾，厦门西海域和同安湾海域分布较多。代表种有八斑唇腕水母（*Rathkea octopunctata*）、大西洋五角水母（*Muggiaea atlantica*）、瘦尾胸刺水蚤（*Centropages tenuiremis*）、中华哲水蚤（*Calanus sinicus*）、捷氏歪水蚤（*Totanus derjugini*）、拿卡箭虫（*Sagitta nagae*）、中华假磷虾（*Pseudeuphausia sinica*）等。

3. 广高温高盐类群

由适高温高盐的热带大洋性种或适盐较广的暖水性广布种组成。种类较少，约占浮游动物总种数的 15％。夏、秋两季的数量较大。广泛分布于厦门湾各水域，但以厦门东部海域和大嶝海域的数量较多。代表种有气囊水母（*Physophora hydrostatica*）、半口壮丽水母（*Aglaura hemistoma*）、精致真刺水蚤（*Euchaeta concinna*）、亚强真哲水蚤（*Eucalanus subcrassus*）、伯氏平头水蚤（*Candacia bradyi*）、凶形箭虫（*Sagitta ferox*）、尖头巾蛾（*Tullergella cuspidata*）等。

4. 广温广盐类群

由适温适盐范围较广的世界广布种组成。种类较少，约占浮游动物总种数的 13％。广泛分布于厦门湾各水域，代表种有半球杯水母（*Phialidium hemisphaericum*）、细颈和平水母（*Eirene menoni*）、小拟哲水蚤（*Paracalanus parvus*）、小毛猛水蚤（*Microsetella norvegica*）、拟长腹剑水蚤（*Oithona similis*）等。

5. 河口低盐类群

这一类群适温较广，适盐甚低，种类不多，仅占浮游动物总种数的 5％，主要分布于九龙江口半咸淡水和沿岸低盐水域。虽然种类不多，但出现的季节较长，数量也较大。代表种有太平洋纺锤水蚤（*Acartia pacifica*）、火腿许水蚤（*Schmackeria poplesia*）、中华异水蚤（*Acartiella sinensis*）、右突歪水蚤（*Tortanus dextrilobatus*）等。

综上所述，厦门湾浮游动物的群落结构以暖水性近岸类群为主体，同时出现较多的广高温高盐种和一些较明显的河口低盐种，说明本海区浮游动物呈现亚热带近岸及河口港湾性质的群落结构特点。

二、主要种类

浮游动物总生物量密度和总个体数量密度都较高，四季平均分别为 170.07 mg/m³ 和 126.96 个/m³。其季节变化趋势是春季、夏季高，秋季、冬季低。四季平均总生物量密度是厦门东部海域和大嶝海域高于厦门西部海域和河口区，而总数量密度却是厦门东部海域和大嶝海域低于厦门西部海域和河口区，其主要原因是体重较大的水母类主要分布在厦门东部海域和大嶝海域，而体重较小的桡足类主要分布在厦门西部海域和河口区。

1. 桡足类

桡足类是最重要的一类浮游动物，种类最多，数量也最大。四季平均数量密度为 63.65 个/m³，占浮游动物总量的 50.13％。数量密度以夏季（89.44 个/m³）最高，秋季（30.70 个/m³）最低，冬、春两季（78.69 个/m³、55.76 个/m³）居中。桡足类主要分布于九龙江河口及毗邻的低盐水域。主要种有真刺唇角水蚤、刺尾纺锤水蚤、强额拟哲水蚤、瘦尾胸刺水蚤、中华哲水蚤和太平洋纺锤水蚤等近岸及河口低盐种。

2. 水母类

是种类较多数量较少的一类浮游动物，四季平均数量密度为 13.03 个/m³，占浮游动物总量的 10.26％。数量密度以春季（32.78 个/m³）最高，冬季（0.03 个/m³）最低，夏季、秋季（10.68 个/m³、8.62 个/m³）居中。主要种有球形侧腕水母、拟细浅室水母、单囊杯水母和八斑唇腕水母等近岸低盐种。

3. 毛颚类

种类不多，数量较少，四季平均数量密度为 7.29 个/m³，占浮游动物总量的 5.74％。数量密度在春季、夏季（11.54 个/m³、14.10 个/m³）高，秋季、冬季（3.32 个/m³、0.20 个/m³）低。以暖水近岸性的百陶箭虫最占优势（占毛颚类总量的 38.55％），箭虫幼体的数量也很大。

4. 磷虾类

只记录中华假磷虾 1 种，数量较大，四季平均数量密度为 17.32 个/m³，占浮游动物总量的 13.64％。该种是暖温性近岸种，在本海区虽然四季可见，但以春季、秋季的数量较多，分别为 59.39 个/m³、8.34 个/m³，而且两季幼体的比例很大，显然是繁殖盛期。在河口低盐区数量最高。

5. 浮游幼虫

数量较大，四季平均数量密度为 19.43 个/m³，占浮游动物总量的 15.31％，数量密度在春季、夏季（24.88 个/m³、34.63 个/m³）高，秋季、冬季（10.35 个/m³、7.87 个/m³）低。四季都有出现的有 3 种，且数量较大，即短尾类溞状幼虫（10.51 个/m³）、长尾类幼虫（4.65 个/m³）和多毛类幼虫（1.01 个/m³），其他种幼虫为季节性出现，数量较少。

其他类浮游动物数量较少，四季平均数量密度仅为 6.24 个/m³，占浮游动物总量的 4.92％。

三、浮游动物综合评价

根据国家海洋局厦门海洋环境监测站 2018 年分析报告（表 2-6），运用海洋生物多样性/生态监控区的浮游动物定量监测数据，借鉴《近岸海洋生态健康评价指南》（HY/T087）相关评价方法进行计算。计算公式如下：

$$E_{2-2} = \frac{|\Delta D_2| + |\Delta N_2| + |\Delta H_2|}{3}$$

式中，E_{2-2} 为浮游动物变化状况，D_2、N_2、H_2 分别为浮游动物密度、生物量和多样性指数的平均值，ΔD_2、ΔN_2、ΔH_2 分别为浮游动物密度、生物量和多样性指数的现状值与平均值的变化率。当 $E_{2-2} > 50\%$ 时，浮游动物呈明显变化，赋值为 1；当 $25\% < E_{2-2} \leq 50\%$ 时，浮游动物出现波动，赋值为 2；当 $E_{2-2} \leq 25\%$ 时，浮游动物基本稳定，赋值为 3。

表 2-6 厦门海域 2011—2017 年浮游动物

年份	密度（个/m³）	生物量（mg/m³）	多样性指数	站位数	E_{2-2}
2011	99.90	14.09	2.62	6	
2012	68.49	111.90	2.65	15	
2013	302.13	771.62	3.06	13	
2014	140.63	571.00	3.34	6	
2015	61.58	441.11	3.50	6	
2016	188.18	404.93	3.23	6	
2017	108.93	212.03	3.24	16	
2011—2016 年平均值	143.49	385.78	3.07		
变化幅度	24.1%	45.0%	5.5%		24.9%

由表 2-6 可知，E_{2-2}＝24.9%＜25%，赋值为 3，不同年份之间浮游动物的密度、生物量和多样性指数基本稳定。

第四节　厦门湾潮间带生物

一、种类组成

厦门潮汐最大潮差 6.92 m，平均潮差 3.99 m。李荣冠（1996）根据 1992 年厦门市海岛资源综合调查潮间带生物专业调查报告及资料整理分析，厦门岛岩相潮间带就鉴定有海洋生物 276 种，其中藻类 69 种，占第一位；软体动物 61 种，居第二位；多毛类动物有 33 种，甲壳动物有 44 种，棘皮动物有 19 种，其他动物有 50 种。

二、主要优势种

李荣冠（1996）根据 1992 年厦门市海岛资源综合调查潮间带生物专业调查报告及资料整理，厦门海域岩相潮间带生物优势种有珊瑚藻（*Corallina officinalis*）、无柄珊瑚藻（*C. sessilis*）、羊栖菜（*Hizikia fusiforme*）、鼠尾藻（*Sargassum thunbergii*）、黑荞麦蛤（*Xenostrobus atratus*）、僧帽牡蛎（*Ostrea cucullata*）、棘刺牡蛎（*O. echinata*）、敦氏猿头蛤（*Chama dunkeri*）、覆瓦小蛇螺（*Serpulorbis imbricatus*）、疣荔枝螺（*Thais clavigera*）、日本菊花螺（*Siphonaria japonica*）、白脊藤壶（*Balanus albicostatus*）、鳞笠藤

壶（*Tetraclita squamosa*）和小相手蟹（*Nanosesarma minutum*）等。蔡立哲和李复雪（1998）发现潮间带泥滩主要类群是营自由生活的海洋线虫，常见的类群有底栖桡足类、多毛类和寡毛类等。

三、数量分布

李荣冠等（1996）研究结果显示，1992年厦门岛岩相潮间带夏、冬两季平均生物量密度为1 335.12 g/m²，其中藻类为21.46 g/m²，多毛类3.34 g/m²，软体动物645.97 g/m²，甲壳动物654.45 g/m²，棘皮动物0.29 g/m²，其他动物9.61 g/m²；平均栖息数量密度为3 110个/m²，其中多毛类为155个/m²，软体动物1 466个/m²，甲壳动物1 386个/m²，棘皮动物14个/m²，其他动物89个/m²。生物量以甲壳动物居首位，软体动物居第二位；栖息数量密度以软体动物占第一位，甲壳动物占第二位，二者在数量上构成岩相潮间带生物的主要类群。

生物量密度和数量密度均为中潮区＞低潮区＞高潮区（表2-7）。

表2-7　厦门岛岩相潮间带底栖生物数量垂直分布

潮区	密度	藻类	多毛类	软体动物	甲壳动物	棘皮动物	其他动物	合计
高潮区	生物量密度（g/m²）	5.86	0	20.89	34.13	0	0	60.88
	数量密度（个/m²）	—	0	223	214	0	2	439
中潮区	生物量密度（g/m²）	21.85	2.68	617.64	1 761.40	0.15	8.95	2 412.67
	数量密度（个/m²）	—	135	3 578	3 573	7	121	7 414
低潮区	生物量密度（g/m²）	36.66	7.33	1 299.39	167.82	0.72	19.89	1 531.81
	数量密度（个/m²）	—	330	597	371	36	143	1 477
全潮区	生物量密度（g/m²）	21.46	3.34	645.97	654.45	0.29	9.61	1 335.12
	数量密度（个/m²）	—	155	1 466	1 386	14	89	3 110

注："—"表示无数据。

厦门岛岩相潮间带生物量密度为夏季（1 605.31 g/m²）高于冬季（1 124.87 g/m²）。数量密度亦为夏季（3 097个/m²）高于冬季（2 618个/m²）。

蔡立哲和李复雪（1998）研究结果表明，厦门泥滩潮间带小型底栖动物的丰度在47～77个/cm²，海洋线虫为主要类群，占各潮间带及潮区小型底栖动物丰度的92.6％～98.8％，比底栖桡足类多1个数量级，海洋线虫与底栖桡足类丰度比值在10.7～53.3。海洋线虫丰度比多毛类丰度多两个数量级。鸡屿泥滩受海水与九龙江河水混合的影响，富含有机质（2.29％），小型底栖动物平均丰度为63.07个/cm²，比大屿泥沙滩和厦门大学海边的小型底栖动物平均丰度（分别为57.03个/cm²、58.47个/cm²）高。

第五节 厦门湾大型底栖生物

一、种类组成

周细平等（2008）于 2004 年 1 月、4 月、7 月和 10 月在厦门岛周边海域设置了 22 个调查站点，鉴定出大型底栖动物 165 种，其中环节动物 81 种，占 49.1%，软体动物 29 种，占 17.6%，节肢动物 30 种，占 18.2%，棘皮动物 9 种，占 5.4%，其他动物 16 种，占 9.7%。

刘坤等（2015）于 2013 年 5 月和 11 月在厦门湾进行了 67 个站位的大型底栖动物取样分析，共鉴定大型底栖动物 11 门 469 种，其中，多毛类（206 种）、软体动物（99 种）和甲壳类（107 种）为该海域的主要优势类群，另有棘皮动物 20 种，其他动物 37 种（含刺胞动物 14 种、纽形动物 4 种、星虫动物 4 种、螠虫动物 1 种、苔藓动物 3 种、腕足动物 1 种、脊索动物 10 种）。

二、主要优势种

根据周细平等（2008）的研究结果，冬季、春季和夏季大型底栖动物丰度的主要优势种分别是背蚓虫（*Notomastus latericens*）、光滑河篮蛤（*Potamocorbula laevis*）、昆士兰稚齿虫（*Prionospioqueens landica*），秋季的丰度优势种比较复杂，昆士兰稚齿虫、双鳃内卷齿蚕（*Aglaophamus dibranchis*）和中华蜾蠃蜚（*Corophium sinensis*）各在 4 个取样站成为丰度优势种。冬季大型底栖动物生物量的主要优势种是模糊新短眼蟹（*Neoxenophthalmus obscurus*），春季、夏季和秋季的生物量优势种比较复杂，光滑河篮蛤和昆士兰稚齿虫所占的比例略高。

三、数量分布

根据周细平等（2008）的研究结果（表 2-8），2004 年厦门海域大型底栖动物每季度平均栖息丰度约为 732 个/m²，平均去灰分干质量 B 值为 6.77 g（AFDM）/m²，平均次级生产力为 9.23 g（AFDM）/m²，P/B 值平均为 1.46。厦门海域大型底栖生物平均栖息丰度最高在春季，为 1 388 个/m²，最低的在冬季，仅为 288 个/m²；平均去灰分干质量最高在夏季，为14.08 g（AFDM）/m²，最低在冬季，仅为2.35 g（AFDM）/m²；平均底栖次级生产力最高在夏季，达17.17 g（AFDM）/m²，最低在冬季，仅为3.45 g（AFDM）/m²；P/B值最高在春季为1.89，最低在夏季为1.22。

表2-8　厦门海域不同季度大型底栖动物平均栖息丰度、平均去灰分干质量、平均次级生产力和P/B值

季度	平均栖息丰度（个/m²）	平均去灰分干质量[g（AFDM）/m²]	平均次级生产力[g（AFDM）/m²]	P/B值
冬季	288	2.35	3.45	1.47
春季	1 388	4.52	8.54	1.89
夏季	831	14.08	17.17	1.22
秋季	420	6.14	7.75	1.26

根据刘坤等（2015）研究结果，该海域的平均总密度为（433±607）个/m²，多毛类、软体动物和甲壳类三者的平均密度相近，分别为（171±105）个/m²、（137±603）个/m²、（112±188）个/m²，棘皮动物和其他动物的平均密度均较低；该海域的平均湿重生物量为（36.7±76.7）g/m²，软体动物为主要的贡献类群，其平均生物量可达（22.5±75.6）g/m²。该海域大型底栖动物2013年平均总次级生产力 P 值为（4.6±10.1）g（AFDM）/m²，分布范围在0.3～74.4 g（AFDM）/m²。其中，同安湾的 P 值最高，为（12.3±20.0）g（AFDM）/m²，与其他海域有显著性差异（$P<0.05$），大嶝海域次之（4.9±7.4）g（AFDM）/m²，九龙江河口为（2.6±2.3）g（AFDM）/m²和围头湾为（1.5±0.9）g（AFDM）/m²这两个 P 值均不高，后3个海域的次级生产力均无显著性差异；就季节而言，该海域春、秋两季的 P 值无显著性差异，分别为（4.3±10.4）g（AFDM）/m²和（5.0±18.4）g（AFDM）/m²（表2-9）。与我国其他海域相比，厦门湾次级生产力总体处于中等偏低的水平。与周细平等（2008）在厦门海域所得的历史资料相比，此调查在该海域的大型底栖动物 P 值有明显降低，这可能与采样站位的不同以及近年来厦门周边海域所进行的航道清淤、采沙、过度捕捞和环境污染等人类活动干扰有关。

表2-9　厦门近岸海域各季节大型底栖动物次级生产力和P/B值

海域	P [g（AFDM）/m²]			P/B		
	春季	秋季	平均	春季	秋季	平均
同安湾	9.7±16.3	15.3±41.0	12.3±20.0	0.9±0.4	0.9±0.5	0.7±0.3
大嶝海域	7.1±15.4	2.9±1.9	4.9±7.4	1.2±0.4	0.9±0.4	1.0±0.4
围头湾	1.1±0.9	1.8±1.4	1.5±0.9	1.2±0.4	1.2±0.5	1.0±0.4
九龙江河口	1.6±1.9	3.6±4.2	2.6±2.3	1.2±0.3	1.2±0.5	1.2±0.4
厦门外海域	2.6±0.7	1.4±0.5	2.0±0.5	1.3±0.3	1.5±0.2	1.3±0.2
总平均	4.3±10.4	5.0±18.4	4.6±10.1	1.2±0.4	1.1±0.4	1.0±0.4

P/B 均值为（1.0±0.4），5个海域的 P/B 均值介于0.7～1.3，春、秋两季的 P/B 均值分别为（1.2±0.4）和（1.1±0.5）。

四、大型底栖生物综合评价

根据国家海洋局厦门海洋环境监测站2018年分析报告，运用海洋生物多样性/生态监控区的大型底栖动物定量监测数据，借鉴《近岸海洋生态健康评价指南》（HY/T087）相关评价方法进行计算。计算公式如下：

$$E_{2-3} = \frac{|\Delta D_3| + |\Delta N_3| + |\Delta H_3|}{3}$$

式中，E_{2-3} 为浮游动物变化状况，D_3、N_3、H_3 分别为大型底栖动物密度、生物量和多样性指数的平均值，ΔD_3、ΔN_3、ΔH_3 分别为大型底栖动物密度、生物量和多样性指数的现状值与平均值的变化率。当 $E_{2-3} > 50\%$ 时，大型底栖动物呈明显变化，赋值为1；当 $25\% < E_{2-3} \leq 50\%$ 时，大型底栖动物出现波动，赋值为2；当 $E_{2-3} \leq 25\%$ 时，大型底栖动物基本稳定，赋值为3。

表 2-10　厦门海域 2011—2017 年底栖动物

年份	密度（个/m²）	生物量（g/m²）	多样性指数	站位数	E_{2-3}
2011	361.28	186.16	3.27	6	
2012	275.00	13.08	3.13	15	
2013	303.08	23.43	3.10	13	
2014	255.83	16.36	3.68	6	
2015	4 017.50	774.40	3.48	6	
2016	405.00	81.78	3.81	6	
2017	79.00	5.28	2.04	16	
2011—2016 年平均值	936.28	182.53	3.41		
变化幅度	91.6%	97.1%	40.2%		76.3%

由表 2-10 可知，$E_{2-3} = 76.3\% > 50\%$ 时，赋值为1，不同年份之间大型底栖动物的密度、生物量和多样性指数均呈明显变化。

第三章
厦门湾渔业资源

第一节　厦门湾渔业资源现存量评价

渔业资源的调查和评估是渔业资源管理的前提和基础，底拖网调查是资源评估的一种有效手段。集美大学课题组于 2006—2007 年以及 2014—2016 年对厦门海域进行了 12 个季度的渔业资源进行了调查，航次分别为春季、夏季、秋季和冬季。调查应用扫海面积法对厦门海域的渔业资源进行评估。传统扫海面积法是估算生物资源量最常用的调查方法之一，它的基本原理是通过拖网时网具扫过的单位面积内捕获渔业资源的数量，计算单位面积内的资源量，从而估算出整个调查海区的资源量。

一、调查方法

2006—2007 年调查渔船的渔具为单船有翼单囊拖网，渔船功率 202 kW。网具总长和上纲长分别为 41 m 和 26.8 m，囊网网目尺寸 20 mm。拖网作业持续时间约为 1 h，拖速约为 3 n mile/h。在 2006 年 8 月、2007 年 1 月、2007 年 4 月和 2007 年 10 月在厦门湾共设置了 7 个站位。

2014—2016 年调查为单船桁杆型底拖网船，渔船功率 330 kW。底拖网网衣长度 24 m，网口高度 2.5 m，囊网网目 20 mm，桁杆（扫海）宽度 27 m，拖速为 2～3 n mile/h。在厦门湾共设置了 6 个站位，在每个季度进行渔获物采集。航次分别为春季（5 月）、夏季（8 月）、秋季（11 月）和冬季（2 月）。

二、网时渔获量

2014 年厦门海域各季节网时渔获量如表 3-1 所示。从网时渔获重量来看，夏季的网时渔获重量（274 110 g）最大；秋季、冬季（分别为 246 817 g、158 799 g）次之，春季（88 457 g）最小。从网时渔获数量来看，夏季的网时渔获数量（32 617 尾）仍为最多；秋季、春季（分别为 8 529 尾、6 524 尾）次之；冬季（5 613 尾）最少。从平均尾重来看，秋季的平均尾重

表 3-1　2014 年度厦门海域各季节不同站位的网时渔获量

分析指标	春季		夏季		秋季		冬季	
	数量（尾）	重量（g）	数量（尾）	重量（g）	数量（尾）	重量（g）	数量（尾）	重量（g）
渔获量	6 524	88 457	32 617	274 110	8 529	246 817	5 613	158 799
平均尾重（g/尾）	13.6		8.4		28.9		28.3	
全年平均尾重（g/尾）	19.8							

（28.9 g/尾）最大，冬季（28.3 g/尾）、春季（13.6 g/尾）次之，夏的（8.4 g/尾）最小。全年平均尾重为 19.8 g/尾。可见，2014 年夏季、秋季的网时渔获量明显高于春季、冬季的网时渔获量。

从表 3-2 可看出，2015 年度厦门海域四个季节的每小时渔获量具体情况也是相似的结果。秋季的网时渔获重量最大，夏季、冬季次之，春季最小。从网时渔获数量来看，夏季的网时渔获数量最多，秋季、冬季次之，春季最少。从平均尾重来看，秋季的平均尾重最大，冬季、春季次之，夏季的最小。全年平均尾重为 37.4 g/尾。2015 年，夏季和秋季的网时渔获量明显高于春季和冬季的网时渔获量。

表 3-2　2015 年度厦门海域各季节不同站位的网时渔获量

分析指标	春季		夏季		秋季		冬季	
	数量（尾）	重量（g）	数量（尾）	重量（g）	数量（尾）	重量（g）	数量（尾）	重量（g）
渔获量	4 879	225 760	23 890	352.53	7 675	370	7 219	290.80
平均尾重（g/尾）	46.3		14.8		48.1		40.3	
全年平均尾重（g/尾）	37.4							

三、渔获物各大类数量组成

2014 年度和 2015 年度各季节渔获物数量百分比组成见表 3-3。从表中可知，2014 年度鱼类数量百分比最高在冬季，而蟹类在春季比例最高，虾类在夏季、秋季所占比例较高，其他类所占比例在各季节均较小。2015 年度春季、夏季和冬季鱼类数量百分比最高，虾类次之，蟹类第三，其他类最小；而秋季虾类数量百分比最高，鱼类次之，蟹类第三，其他类最小。

表 3-3　2014—2015 年各季节各大类数量百分比组成

单位：%

季节	年份	鱼类百分比	虾类百分比	蟹类百分比	其他类百分比
春季	2014	28.5	17.3	47.2	7.0
	2015	48.9	29.4	16.0	5.7
夏季	2014	38.4	38.4	14.3	8.9
	2015	49.3	38.1	8.4	4.2
秋季	2014	51.6	25.5	12.7	10.2
	2015	40.0	40.3	14.7	5.0
冬季	2014	80.0	8.4	8.3	3.3
	2015	75.5	12.3	8.6	3.6

四、渔获物各大类生物量组成

2014 年度和 2015 年度各季节渔获物生物量百分比组成见表 3-4。2014 年度春季鱼类生物量百分比最高,蟹类其次,虾类第三,其他类最小;夏季鱼类生物量百分比最高,虾类其次,蟹类第三,其他类最小;秋季和冬季鱼类生物量百分比均居绝对地位,其他三大类均不高。2015年度与2014年度相似,四个季节鱼类生物量百分比均最高,其他三大类均不高。

表3-4　2014—2015年各季节各大类生物量百分比组成

单位:%

季节	年份	鱼类百分比	虾类百分比	蟹类百分比	其他类百分比
春季	2014	43.5	13.3	32.1	11.1
	2015	70.3	6.8	14.1	8.8
夏季	2014	52.2	19.6	18.9	9.3
	2015	77.1	10.3	7.2	5.4
秋季	2014	68.8	7.3	11.3	12.6
	2015	69.3	14.8	9.7	6.2
冬季	2014	87.1	3.4	4.5	5.0
	2015	86.0	3.7	5.7	4.6

五、资源数量密度及季节变化

2014年度和2015年度各季节渔业资源数量密度见表3-5。从表中可知,2014年度夏季渔业资源总数量密度最高,秋季次之,冬季第三,春季最低。2015年度亦是夏季渔业资源总数量密度最高,秋季次之,冬季第三,春季最低。

表3-5　2014年和2015年厦门海域渔业资源数量密度

单位:尾/km²

季节	年份	鱼类数量密度	虾类数量密度	蟹类数量密度	头足类数量密度	总数量密度
春季	2014	5 140	2 886	8 809	1 246	18 081
	2015	5 122	2 680	1 549	597	9 948
夏季	2014	29 814	30 263	11 578	4 507	76 162
	2015	20 788	15 040	3 816	1 326	40 970
秋季	2014	22 649	10 003	5 392	4 513	42 557
	2015	5 592	7 126	2 495	923	16 136
冬季	2014	22 037	2 156	2 114	1 239	27 546
	2015	11 390	2 300	1 664	366	15 720

六、资源生物量密度及季节变化

2014年度和2015年度季节渔业资源生物量密度见表3-6。从表中可知,2014年度秋季渔业资源总生物量密度最高,夏季次之,冬季第三,春季最低。2015年度是秋季渔业资源总生物量密度最高,冬季次之,夏季第三,春季最低。

表 3-6　2014 年和 2015 年厦门海域渔业资源生物量密度

单位：kg/km²

季节	年份	鱼类生物量密度	虾类生物量密度	蟹类生物量密度	头足类生物量密度	总生物量密度
春季	2014	74.37	16.29	50.79	19.11	160.56
	2015	494.84	20.13	39.82	27.53	582.32
夏季	2014	405.79	137.21	107.69	63.89	714.58
	2015	632.29	64.21	69.00	30.13	795.63
秋季	2014	550.90	41.26	60.52	73.62	726.30
	2015	830.31	70.86	85.63	43.87	1 030.67
冬季	2014	364.33	14.74	23.21	32.24	434.52
	2015	691.26	29.07	60.88	40.75	821.96

厦门海域表层水温季节变化较大，2014—2015 年调查期间测得最高在夏季，约达到 30.0 ℃，最低在冬季为 15.6 ℃。由表 3-7 可知，春、秋两个季节的表层水温大致在22 ℃。渔业资源密度与海洋水温有较大的关系，一般来说在某个范围内，水温高，渔业资源密度也较高。值得注意的是，厦门海域夏季的表层水温平均高于秋季的表层水温，但秋季的渔业资源密度比夏季稍高，主要原因是夏季水域表层水温过高使得渔业资源向较深处移动，相比之下秋季水域表层水温较适宜。因此，渔业资源密度整体来说较夏季稍高。总体来说，夏季和秋季表层水温较高，其相应的渔业资源密度较大；冬季表层水温较低，营养物质相对较少，渔业生物会向较深海域移动或洄游，其相应的资源密度较小。

表 3-7　厦门海域各季节表层水温与渔业资源密度

季节	各站位表层平均水温（℃）	渔业资源密度（kg/km²）(2014—2015 年平均)
春季	22.5	371.44
夏季	29.7	755.11
秋季	21.7	878.49
冬季	15.6	628.24

另外，黄良敏等（2010）研究结果显示，2006—2007 年厦门海域四个季节渔业资源平均密度为 981.97 kg/km²。其中，秋季的渔业资源密度（1 261.39 kg/km²）最大，冬季和夏季次之，分别为 951.32 kg/km² 和 936.93 kg/km²，春季的渔业资源密度（778.24 kg/km²）最低。四个季节各大类的资源密度中，鱼类的资源密度均居首位，甲壳类次之，头足类最低。另外，2006—2007 年各季节鱼类优势种情况为：春季鱼类优势种主要为二长棘鲷幼鱼和短吻鲾；夏季鱼类优势种主要为中华海鲇和皮氏叫姑鱼；秋季鱼类主要优势种为龙头鱼、皮氏叫姑鱼和中华海鲇；冬季主要优势种为皮氏叫姑鱼。

由表 3-8 可知，2014—2015 年渔业资源密度总体呈下降趋势。2014—2015 年秋季的渔业资源密度仍居首位，夏季次之，冬季第三，春季仍为最低，但各季节的资源密度在十年内均呈下降趋势。四个季节总的渔业资源密度和十年前比较，春季的渔业资源密度减少了 52.27%，夏季的渔业资源密度减少了 19.41%，秋季的渔业资源密度减少了 30.36%，冬季的渔业资源密度减少了 33.96%。可见，春季的渔业资源下降的程度最大，冬季和秋季次之，夏季的渔业资源下降的程度最小。值得注意的是，春季各大类资源密度十年内的变化情况为：鱼类和虾类的资源密度呈大幅度下降趋势，而蟹类和头足类的资源密度呈大幅度增加趋势；夏季各大类资源密度十年内的变化趋势为：鱼类、虾类和蟹类的资源密度均呈下降趋势，而头足类呈明显的增加趋势；秋季各大类资源十年内的变化趋势为：鱼类、虾类、蟹类和头足类的资源密度均呈下降趋势，其中蟹类资源密度减少的程度最大；冬季各大类资源十年内的变化趋势为：鱼类、虾类和蟹类的资源密度均呈下降趋势，其中虾类、蟹类减少的程度最大。

表 3-8　厦门海域资源密度变化分析

季节	各类	资源密度（kg/km²）		增加或减少的百分比（%）
		（2006—2007 年）	（2014—2015 年平均值）	
春季	合计	778.24	371.44	−52.27
	鱼类	696.89	284.60	−59.16
	虾类	32.18	18.21	−43.44
	蟹类	31.81	45.31	42.41
	头足类	17.36	23.32	34.33
夏季	合计	936.93	755.11	−19.41
	鱼类	542.90	519.04	−4.40
	虾类	259.92	100.71	−61.26
	蟹类	109.35	88.35	−19.25
	头足类	24.76	47.01	89.86
秋季	合计	1 261.39	878.49	−30.36
	鱼类	870.40	690.61	−20.66
	虾类	91.99	56.06	−39.02
	蟹类	225.17	73.08	−67.54
	头足类	73.83	58.74	−20.44
冬季	合计	951.32	628.24	−33.96
	鱼类	773.58	527.79	−31.77
	虾类	53.64	21.91	−59.17
	蟹类	91.15	42.05	−53.92
	头足类	32.95	36.49	10.74

由表 3-9 可知，2014—2015 年厦门海域平均资源密度为 658.32 kg/km²，高于渤海近岸海域；低于闽江口、东海、黄海等海域。其中鱼类年平均密度高于渤海近岸海域，低于闽江口、东海、黄海等海域；甲壳类年平均密度高于渤海、东海、黄海等海域，低于闽江口及邻近海域；头足类年平均资源密度高于闽江口、黄海、渤海等海域，低于东海海域。总体来说，厦门海域的鱼类资源所占比例最大，甲壳类次之，头足类最低。厦

门海域鱼类资源处于偏低的水平，甲壳类资源处于中等水平，头足类属于中等偏高的水平。值得注意的是，所调查头足类的资源密度与实际调访存在差异，可能的原因一个是调查时间多为白天，而头足类生物为昼潜夜浮，另一个原因可能是渔具放网水深与头足类所在水层深度有较大差异。

表 3 - 9　厦门海域及其他海域的年平均渔业资源密度

单位：kg/km²

种类	厦门海域 (2014—2015)	闽江口及 邻近海域	东海 (唐启升，2006)	黄海 (金显仕 等，2005)	渤海近岸海域 (金显仕 等，2005)
全部	658.32	1 340.73	988.11	2 375.48	329.62
鱼类	505.51	997.36	884.72	2 323.57	275.30
甲壳类	111.42	306.60	31.11	31.95	45.39
头足类	41.39	36.77	72.28	19.96	8.93

据以往资料数据记载，厦门海域属于亚热带性河口海湾，物种多样性丰富，渔业资源种类多为暖水性种类，有高盐种、低盐种和半咸水种，在全国海湾的物种多样性有一定代表性（黄宗国，2006）。海域生物资源较丰富而且是真鲷、石斑鱼、长毛对虾、花鲈、鳓等多种名贵经济鱼虾类的传统重要产卵场，也是传统的定置张网和流刺网作业海区。和十年前的资源调查评估结果比较，厦门海域渔业资源整体呈下降趋势。结合渔民的调访，可以认为目前厦门海域现存渔业资源密度呈持续下降趋势，渔获量以及种类数逐年在减少；渔获物呈现低龄化、小型化等特点，渔获物中优质鱼类比例下降，且多为幼鱼；优势种类在不断减少，传统经济鱼类资源也日益衰竭。

第二节　厦门湾渔业资源群落结构研究

一、渔业生物物种组成

厦门水域地理位置优越，是我国沿海重要的渔港区，海洋生物有近 2 000 种，海洋资源丰富且拥有多种珍稀资源，不仅有文昌鱼、中华白海豚和白鹭等自然保护区，还有红树林生态系统自然保护区等；而且是多种经济鱼类、贝类等生长繁殖、索饵和栖息场所（黄宗国，2006）。厦门湾是中国鲎的主要分布区之一，厦门西港是长毛明对虾的产卵场，南部海域是鳓产卵场，九龙江至大嶝岛海域是鳗鲡苗的主要捕捞场所。对厦门湾的海洋生物研究历史悠久，自达尔文时代开始，记录厦门湾水域物种就有几千种，体现了厦门湾水域生境多样性。而自厦门周围城市填海活动后，围垦面积多达近 200 km²，而且由于厦门港的巨大承载量和船舶汇集，厦门湾还承担油泄漏的风险，轮船相撞或触礁可能导致的石油泄漏会给厦门湾的渔业资源带来很大影响。

根据张雅芝和黄良敏（2009）于 2003—2006 年间对厦门东海域鱼类群落结构的研究结果，鱼类至少有 287 种，属 21 目 87 科 164 属，鲈形目最多，种类丰富，以暖水性暖温性为主，80% 以上为底层和中下层鱼类。钟指挥等（2010）对 2007—2008 年间厦门海域游泳动物的分布进行了研究，渔获种类 236 种，鱼类 153 种，属 16 目 61 科 108 属；甲壳类共 71 种，属 3 目 21 科 35 属；头足类 12 种，属 3 目 4 科 5 属。陈强等于 2006—2007 年间对厦门海域头足类季节变化研究，共捕获头足类 14 种，属 3 目 5 科 5 属。

在 2014 年 5 月至 2016 年 2 月的调查中，主要区域围绕厦门岛，属于人类活动较频繁地区，生境主要有河口区、浅水区和岛礁，底拖网过程可发现大量工业垃圾和建筑垃圾，可能来自填海工程或桥梁建筑等工业废料，对海洋环境造成严重影响。本次调查共采集渔业生物 225 种，其中鱼类 134 种，甲壳类中虾类共 28 种，蟹类共 55 种，头足类共 8 种。渔获种类多为暖温性和暖水性，符合亚热带水域区系的特征。

（一）鱼类种类组成

2014 年 5 月至 2016 年 2 月的调查中，共捕获鱼类 134 种，属 2 纲 16 目 54 科 88 属，占总种数 59.6%。鲈形目种类最多，有 22 科 40 属 62 种，占鱼类总种数 46.3%；其次为鲽形目 4 科 6 属 13 种，鲉形目 5 科 8 属 10 种；其余较多的还有鲀形目、鲱形目、鲻形目和鳗鲡目，其余科目均小于 5 种（表 3 - 10）。暖水性鱼类较多，有 81 种，占鱼类种数的 60.4%，暖温性鱼类 49 种，占 36.6%，冷温性 4 种占 3.0%，未发现冷水性鱼类。

表 3 - 10 厦门海域鱼类物种组成

纲	目	科数	属数	种数
软骨鱼纲 Chondrichthres	须鲨目 Orectolobiformes	1	1	1
	真鲨目 Carcharhinoidei	1	1	1
	鳐形目 Rajiformes	2	2	3
	鲼形目 Myliobatiformes	2	2	7
辐鳍鱼纲 Osteichyhyes	鮟鱇目 Lophiiformes	1	1	3
	鲽形目 Pleuronectiformes	4	6	13
	海蛾鱼目 Pegasiformes	1	1	1
	鲈形目 Perciformes	22	40	62
	鲉形目 Scorpaeniformes	5	8	10
	鲀形目 Tetraodontiformes	2	6	8
	鲱形目 Clupeiformes	2	6	8
	灯笼鱼目 Myctophiformes	1	2	3
	鳗鲡目 Anguilliformes	4	5	6
	鲶形目 Sliuriformes	2	2	2
	刺鱼目 Gasterosteiformes	1	1	1
	鲻形目 Mugiliformes	3	4	5

底层及近底层鱼类主要有条纹斑竹鲨（*Chiloscyllium plagiosum*）、林氏团扇鳐（*Platyrhina limboonkengi*）、何氏鳐（*Raja hollandi*）、斑鳐（*Raja kenojei*）、奈氏虹（*Dasyatis navarrae*）、赤虹（*Dasyatis akajei*）、尖嘴虹（*Dasyatis zygei*）、日本红娘鱼（*Lepidotrigla japonica*）、鲬（*Platycephalus indicus*）、棘线鲬（*Grammoplites scaber*）、丝背细鳞鲀（*Stephanolepis cirrhifer*）、绒纹线鳞鲀（*Arotrolepis sulcatus*）、中华单角鲀（*Monacanthus chinensis*）、横纹东方鲀（*Fugu oblongus*）、少鳞鱚（*Sillago japonica*）、团头叫姑鱼（*Johnius amblycephalus*）、皮氏叫姑鱼（*Johnius belengerii*）等。中上层鱼类主要有高体若鲹（*Caranx equula*）、丽叶鲹（*Caranx kalla*）、静鲾（*Leiognathus insidiator*）、短吻鲾（*Leiognathus brecirostris*）、鹿斑鲾（*Leiognathus ruconius*）、褐篮子鱼（*Siganus fuscescens*）和黄斑篮子鱼（*Siganus oramin*）等。

另据黄良敏（2013）对厦门湾有历史记录以来的资料进行汇总整理，发现共记录有649种鱼类，隶属2纲33目142科358属。软骨鱼纲共7目18科24属34种，占5.24%，其中鲼形目鱼类5科7属13种，真鲨目鱼类3科6属8种，鳐形目鱼类4科4属6种，须鲨目鱼类2科3属3种，电鳐目鱼类2科2属2种，其余2目各1种；辐鳍鱼纲共26目124科334属615种，占94.76%，其中鲈形目鱼类种类数最多，约占该纲鱼类种类数47.64%，有55科150属293种，鲉形目次之，约占7.15%，有7科28属44种，鲱形目、鲤形目、鲽形目和鲀形目各占6.20%左右，其他各目种类较少。在统计的649种鱼类中，暖水性鱼类有465种，占71.65%，暖温性鱼类有180种，占27.73%，冷温性鱼类有4种，占0.62%，未发现冷水性鱼类。黄良敏（2013）还利用流刺网、定置张网和拖网等采样方式，收集了2008—2012年的实际调查资料，认为厦门海域现有鱼类至少共331种，隶属2纲22目90科181属。软骨鱼纲5目9科9属15种，分别为鲼形目、鳐形目、须鲨目、真鲨目和电鳐目，其中，鲼形目鱼类3科3属8种，鳐形目鱼类3科3属4种，其余3目各1种；辐鳍鱼纲共17目81科172属316种，鲈形目鱼类种类数最多，有40科92属169种，占鱼类总种类数51.06%，鲉形目次之，约占8.16%，有6科18属27种，鲱形目、鲤形目、鲽形目和鲀形目各约占6.65%，其他各目种类较少。其中春季共有197种鱼类，隶属2纲17目77科135属，软骨鱼纲共4目7科7属9种，辐鳍鱼纲共13目70科128属188种；夏季共有233种鱼类，隶属2纲18目70科138属，软骨鱼纲共4目5科5属10种，辐鳍鱼纲共14目65科133属223种；秋季共有228种鱼类，隶属2纲20目72科137属，软骨鱼纲共4目6科6属11种，辐鳍鱼纲共16目66科131属217种；冬季共有194种鱼类，隶属2纲20目65科124属，软骨鱼纲共4目5科5属9种，辐鳍鱼纲共16目60科119属185种。

黄良敏（2013）研究还发现，厦门海域现存331种鱼类中，四个季节都出现的鱼类有116种，隶属2纲12目45科83属，占总鱼类种数的35.04%，其中鲈形目的种类有56种，约占48.28%。出现三个季节的鱼类有54种，隶属2纲13目38科，占总鱼类种数的 16.31%，其中鲈形目的种类有 34 种，约占 62.96%。只出现两个季节的种类有 67 种，隶属 14 目 25 科，占总鱼类种数的 20.24%。只出现一个季节的鱼类有 94 种，占总鱼类种数的 28.4%。

（二）甲壳类种类组成

2014—2015 年 8 次调查中共捕获甲壳类 82 种。其中虾类共 28 种，属 2 目 5 科 18 属，其中十足目种类较多，有 4 科 13 属 22 种，占虾类总种数的 78.6%；口足目仅有 6 种，占虾类总种数的 21.4%（表 3 - 11）。蟹类 54 种，属 1 目 12 科 26 属，为十足目，其中梭子蟹科种数最多，有 19 种，占蟹类总种数的 35.19%（表 3 - 12）。

表 3 - 11　厦门海域虾类物种组成

目	科	属	种数
十足目 Decapoda	鼓虾科 Alpheidae	鼓虾属 *Alphens*	4
	蝉虾科 Scyllaridae	蝉虾属 *Scyllarus*	1
	长臂虾科 Palaemonidae	长臂虾属 *Palaemon*	2
		白虾属 *Exopalaemon*	1
	对虾科 Penaeidae	赤虾属 *Metapenaeopsis*	2
		沟对虾属 *Melicertus*	1
		明对虾属 *Fenneropenaeus*	1
		鹰爪虾属 *Trachypenaeus*	1
		管鞭虾属 *Solenocera*	1
		仿对虾属 *Parapenaeopsis*	3
		新对虾属 *Metapenaeus*	2
		对虾属 *Penaeus*	2
		异对虾属 *Atypopenaeu*	1
口足目 Stomatopoda	虾蛄科 Squillidae	口虾蛄属 *Oratosquilla*	2
		网虾蛄属 *Dictyosquilla*	1
		缺角虾蛄属 *Harpiosquilla*	1
		猛虾蛄属 *Harpiosquilla*	1
		绿虾蛄属 *Clorida*	1

虾类种类组成主要有口虾蛄（*Oratosquilla oratoria*）、窝纹网虾蛄（*Dictyosquilla foveolata*）、点斑缺角虾蛄（*Harpiosquilla annandalei*）、哈氏仿对虾（*Parapenaeopsis hardwickii*）、周氏新对虾（*Metapenaeus joyneri*）和刀额新对虾（*Metapenaeus ensis*）等。

表 3-12　厦门海域蟹类物种组成

目	科	属	种数
	关公蟹科 Dorippidae	关公蟹属 Dorippe	5
	长脚蟹科 Goneplacidae	强蟹属 Eucrate	4
		盲蟹属 Typhlocarcinus	2
		青蟹属 Scylla	1
	梭子蟹科 Portunidae	梭子蟹属 Portunus	6
		短桨蟹属 Thalamita	2
		蟳属 Charybdis	10
	虎头蟹科 Orithyedae	虎头蟹属 Orithyinae	1
	玉蟹科 Leucosiidae	五角蟹属 Nursia	1
	绵蟹科 Dromiidae	绵蟹属 Dromia	1
	瓷蟹科 Porcellanidae	豆瓷蟹属 Pisidia	1
	菱蟹科 Parthenopidae	菱蟹属 Parthenope	1
十足目 Decapoda		绒球蟹属 Doclea	3
		互敬蟹属 Hyastenus	1
	蜘蛛蟹科 Majidae	英雄蟹属 Achaeus	1
		矶蟹属 Pugettia	2
		蜘蛛蟹属 Maja	1
		爱洁蟹属 Atergatis	2
		异毛蟹属 Heteropilumnus	1
		精武蟹属 Parapanope	1
	扇蟹科 Xanthidae	鳞斑蟹属 Demania	2
		银杏蟹属 Actaea	1
		静蟹属 Galene	1
		大权蟹属 Macromedaeus	1
	馒头蟹科 Calappidae	馒头蟹属 Calappa	1
	方蟹科 Grapsidae	绒螯蟹属 Eriocheir	1

蟹类种类组成主要有锯缘青蟹（Scylla serrata）、远海梭子蟹（Portunus pelagicus）、矛形梭子蟹（Portunus hastatoides）、红星梭子蟹（Portunus sanguinolentus）、三疣梭子蟹（Portunus trituberculatus）、纤手梭子蟹（Portunus gracilimanus）、善泳蟳（Charybdis natator）、变态蟳（Charybdis cariegata）、锈斑蟳（Charybdis feriatus）和日本关公蟹（Dorippe japonica）等。

（三）头足类种类组成

头足类 8 种，属 3 目 4 科 5 属（表 3-13）。乌贼目和八腕目分别有 3 种，各占 37.5%。其中短蛸全年可见。种类组成有曼氏无针乌贼（Sepiella maindroni）、金乌贼（Sepia esculenta）、中国枪乌贼（Loligo chinensis）、火枪乌贼（Loligo beka）、后耳乌贼（Sepiadarium kochii）、短蛸（Ociopus ocellaius）、真蛸（Ociopus oulgaris）和长蛸（Ociopus variabilis）。

表 3 - 13　厦门海域头足类物种组成

目	科	属	种数
乌贼目 Sepioidea	乌贼科 Sepiidae	无针乌贼属 Sepiella	1
		乌贼属 Sepia	1
	耳乌贼科 Sepiolidae	后耳乌贼属 Sepiadarium	1
枪形目 Teuthoidea	枪乌贼科 oliginidae	枪乌贼属 Loligo	2
八腕目 Octopoda	蛸科（章鱼科）Octopodidae	蛸属（章鱼属）Octopus	3

（四）不同季节渔业资源种类数组成

春季渔获共 66 种，其中鱼类 33 种，虾类 11 种，蟹类 20 种，头足类 2 种。夏季渔获种类 106 种，其中鱼类 57 种，虾类 15 种，蟹类 27 种，头足类 7 种。秋季渔获 90 种，其中鱼类 59 种，虾类 15 种，蟹类 11 种，头足类 5 种。冬季渔获 69 种，其中鱼类 43 种，虾类 12 种，蟹类 11 种，头足类 3 种（图 3 - 1）。

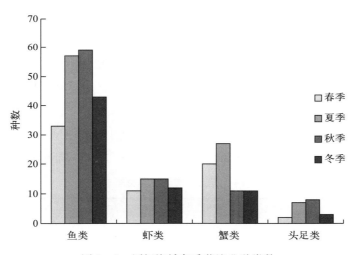

图 3 - 1　厦门海域各季节渔业种类数

二、渔业生物物种时空分布

研究发现，厦门大嶝附近海域 XM06 站渔获种类最多，为 88 种，其次厦门南部海域 XM03 站和东部海域 XM05 站分别为 84 种和 81 种，河口区 XM01 和 XM02 站位种类较少，同安湾口 XM04 站种类最少，为 70 种。

将 6 个站位种类进行比较如图 3 - 2 所示，XM01 站全年共 76 种，其中鱼类 42 种，占种类数 55.3%，其次为虾类 18 种，占种类数的 23.7%，蟹类 12 种，头足类有 4 种；XM02 站共 76 种，鱼类 41 种，占种类数的 53.9%，蟹类 15 种，虾类 17 种，甲壳类占种类数的 42.1%，头足类有 3 种；XM03 站共 84 种，鱼类 54 种，占种类数的 64.3%，虾

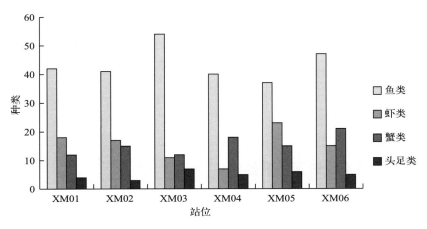

图 3-2 厦门海域渔业种类分布

类、蟹类和头足类分别为 11 种、12 种和 7 种；XM04 站共 70 种，鱼类 40 种，占 57.1%，虾类、蟹类和头足类分别为 7 种、18 种和 5 种；XM05 站共 81 种，鱼类 37 种，占 45.7%，蟹类 15 种，虾类 23 种，头足类 6 种；XM06 站共 88 种，鱼类、虾类、蟹类和头足类分别为 47 种、15 种、21 种和 5 种，鱼类占种类数 53.4%。

6 个站位鱼类渔获种类最多，鱼类为主要渔获物。XM03 站渔获鱼类种类最多（54 种），XM01 站渔获虾类种类最多（18 种），XM05 站渔获蟹类种类最多（23 种），XM03 站渔获头足类种类最多（7 种）。

6 个站位不同季节渔获种类数如表 3-14 所示，其中秋季 XM03 站渔获鱼类种数最多（38 种），其次为夏季 XM01 站（23 种）和 XM02 站（24 种）；虾类种数以夏季 XM05 站

表 3-14 厦门海域渔业种类季节分布

季节	种类	XM01	XM02	XM03	XM04	XM05	XM06
春季	鱼	7	9	7	13	5	14
	虾	7	8	3	5	0	4
	蟹	7	11	6	10	6	7
	头足	0	0	1	1	1	2
夏季	鱼	23	24	20	21	19	19
	虾	8	8	6	3	10	8
	蟹	6	11	9	8	15	10
	头足	2	3	4	3	3	3
秋季	鱼	13	12	38	19	20	21
	虾	10	6	9	4	5	9
	蟹	1	2	6	4	7	7
	头足	2	1	5	4	3	3
冬季	鱼	16	16	16	7	10	18
	虾	3	3	5	0	4	8
	蟹	4	0	1	0	9	7
	头足	2	0	2	0	1	1

（10 种）和秋季 XM01 站（10 种）最多，蟹类以夏季 XM05 站（15 种）种类较多；头足类种数秋季 XM03 站（5 种）最多。冬季 XM04 站未捕获甲壳类和头足类，XM02 站则未捕获蟹类和头足类。鱼类种数的变动范围最大为 XM03 站，变动范围 7～38 种，且鱼类种类资源丰富，XM06 站相对稳定，鱼类变动范围 14～21 种；虾类变动范围最大为 XM05 站，从未捕获到夏季渔获 10 种，蟹类 XM02 站变动范围从未捕获到夏季收获 11 种；头足类种数变化范围较小。

改革开放以来，厦门市经济得到迅速发展，不可避免对周边沿海的水域造成很大的负担，由于污水排放量很大，而厦门湾的海洋流动性相对较差，因此自净能力较弱。高山等（2006）对厦门海域的氮、磷来源进行了研究，认为 1996—2003 年厦门海域中无机氮和活性磷的含量呈上升趋势，且农村排放生活污水和养殖污染是海水中氮、磷的主要来源，提出了农药和养殖等对于水质污染的影响和相应的建议；张络平等（1999）也对农药的使用对厦门海域造成的影响进行了进一步研究，认为有机磷农药的毒性较大，对环境危害较大。本次研究氮、磷含量又出现一定的差异，其中有机磷的含量靠近九龙江河口的站位含量较高，可能因为 5 月份是丰水期，雨水充沛，农药的稀释和降解使水中磷含量降低；而秋季农药的使用增加，九龙江又是枯水期，从而可能造成磷较高，这与李永玉等（2005）对于厦门海域农药污染状况分析的结果相似。靠近九龙江入海口的站点污染物含量均较高，可见厦门近海海域污染物来源主要来源于九龙江，与人类活动有关。欧阳玉蓉等（2014）研究发现，厦门海域的富营养化指数较高。

水环境质量可能对渔获量造成影响，废水排放可能导致富营养化，可能发生赤潮，令有害微生物污染水质，也会造成水体供氧不足，造成生物大量不正常死亡，降低生物资源密度，给渔业捕捞带来损失。廖建基等（2014）对 2012—2013 年厦门同安湾的水质环境检测，并通过历史资料的对比，认为同安湾水质环境改变，污染的加剧，也可能造成资源种类减少，从而造成资源的衰减。环境改变可能不会直接造成资源的改变，由于环境变化的不稳定性和复杂性，研究环境的改变对资源造成的影响困难较大，但加强对水资源的保护，控制污染源，尽可能减轻环境的变化，对渔业资源的保护有积极的作用。

厦门海域表层水温变化范围为 15.1～30.0 ℃，四季更替间季节温度差异达 7 ℃左右。温度差异较大，对游泳动物的群落迁移影响较大。盐度在各季节间变化较缓和，变化范围为 28.6～34.3，盐度最高为冬季 XM05 站。XM01 站和 XM02 站可能由于九龙江径流的影响，盐度较低（图 3 - 3，A）。

pH 变化可能导致水生生物的血液 pH 发生变化，破坏机体的氧运输功能，对幼体影响较大。图 3 - 3 中，厦门海域的 pH 呈现一定的季节性，变化范围 6.4～8.4，冬季 pH 较高，均大于 8，春季和夏季 pH 较低，变化范围为 6.4～7.5（图 3 - 3，A）。影响水体 pH 的原因很多，主要是对 CO_2 在水中溶解度的影响，如水生生物中有光合作用的生物消

耗 CO_2，水生生物的呼吸作用产生 CO_2，水体温度的变化也会造成 CO_2 溶解度的变化，从而造成水体 pH 的变化，海水一般应为弱碱性。厦门海域水质检测的 pH 夏季 XM03 站较低（图 3-3，A），可能由于夏季温度升高，表层水中 CO_2 溶解度相对减小，出现偏酸可能是由于深层水中动植物呼吸或微生物分解作用致使 CO_2 升高，从而影响表层水中酸性气体含量的变化，导致水体 pH 的降低。

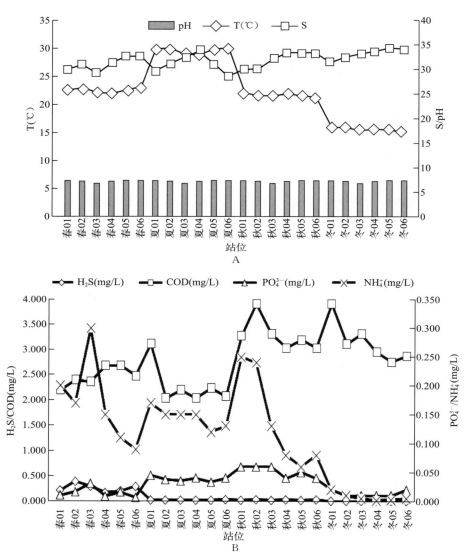

图 3-3 各调查站位主要水环境因子季节变化

A. 温度、盐度、pH　B. 硫化氢、氨氮、活性磷、化学需氧量

氨氮主要污染来源是生活污水或化肥厂等的工业废水，含量过高可能会导致游泳动物死亡。厦门海域氨氮含量变化范围为 0.01～0.30 mg/L，春季 XM03 站和秋季 XM01

站、XM02 站较高，其余站位较低，冬季氨氮含量最低（图 3-3，B），可能是由于九龙江带来的径流污染引起氨氮的变化。

有机磷农药是农业生产中使用最多的一种，可能转化为持久性的有机污染物，对机体产生毒性效应。海水中有机磷的含量一直是沿海地区十分重视的问题，对渔业资源造成的影响也十分严重。厦门海域中可溶性活性磷含量夏季和秋季高于春季和冬季，冬季海水中含量最低，全年最高可达 0.06 mg/L，来自秋季 XM01 站、XM02 站、XM03 站（图 3-3，B），靠近九龙江入海口，可能跟秋季农药使用量较大有关。

硫化物是海洋化学研究中的热点问题，硫化物在海水中存在形式多样，海洋环境中主要有硫酸盐和少量硫化物组成，硫化氢的氧化作用在海洋环境中很重要，尤其在缺氧环境中，可使海洋体系恢复维持正常生存的氧环境。厦门海域的硫化物含量除春季以外，含量都低于 0.05 mg/L，而春季 XM02 站高达 0.39 mg/L，较为严重（图 3-3，B）。

厦门海域的化学需氧量各季节较稳定，但夏季和秋季间变化较大，秋季化学需氧量升高，冬季水平也较高，秋季 XM02 站最高为 3.9 mg/L，全年最低为夏季 XM02 站和 XM04 站，约为 2.04 mg/L。夏季化学需氧量水平最低，XM01 站秋季和冬季水平都较高（图 3-3，B）。

春季各站位渔获种类为 XM04 站（29 种）＞XM02 站（28 种）＞XM06 站（27 种）＞XM01 站（21 种）＞XM03 站（17 种）＞XM05 站（12 种）；夏季渔获种类 XM05 站（47 种）＞XM02 站（46 种）＞XM06 站（40 种）＞XM01 站、XM03 站（39 种）＞XM04 站（35 种）；秋季各站位渔获种类 XM03 站（58 种）＞XM06 站（40 种）＞XM05 站（35 种）＞XM04 站（31 种）＞XM01 站（26 种）＞XM02 站（21 种）；冬季各站位渔获种类 XM06 站（34 种）＞XM01 站（25 种）＞XM03 站（24 种）＞XM05 站（24 种）＞XM02 站（19 种）＞XM04 站（7 种）。XM04 站为厦门岛和金门岛之间的较开阔海域，春季、夏季和秋季的温度均高于 20 ℃，冬季低于 20 ℃，盐度变化不大，冬季 pH 升高，春季、夏季和秋季的渔获种类较多，而冬季种类少。XM05 站较靠近内湾，春季渔获种类较少，而夏季、秋季、冬季的渔获种类丰富，夏季 pH 较低，秋季和冬季 pH 较高。XM01 站和 XM02 站位于九龙江河口下游入海口地区，盐度变化较大。XM01 站渔获种类夏季最多、春季较少，夏季温度较高，盐度较低，春季盐度较高，而冬季温度较低 pH 较高。XM02 站春季和夏季渔获种类较多，温度和盐度高于 XM01 站，春季和秋季 pH 也较高。XM03 站夏季和秋季渔获种类较多，春季和冬季种类较少，盐度和 pH 变化规律相似。XM06 站与外海水交流比较密切，全年渔获种类较稳定和丰富。

三、渔业生物主要优势种

厦门海域游泳动物春季优势种有善泳蟳（*Charybdis natator*）、口虾蛄（*Oratosquilla oratoria*）、强壮菱蟹（*Parthenope validus*），3 个优势种占总渔获量的 17.8%，总数的 27.1%（表 3 - 15）。其中强壮菱蟹总量最大，占总渔获量的 6.8%，其次为口虾蛄（6.3%）、善泳蟳（4.7%）；善泳蟳数量最大，占总数量的 13.2%，其次为口虾蛄（7.5%）、强壮菱蟹（6.4%）。口虾蛄和强壮菱蟹在春季出现 5 次，善泳蟳出现 4 次。春季优势种没有鱼类和头足类，飞海蛾鱼为春季重要种，但不是优势种。春季 6 个站位鱼类出现频率较低，种类和数量都较少。

表 3 - 15　厦门海域游泳动物优势种季节变化

季节	种名	W（%）	N（%）	F（%）	IRI 值
春季	善泳蟳	4.7	13.2	66.7	1 190.7
	口虾蛄	6.3	7.5	83.3	1 150.5
	强壮菱蟹	6.8	6.4	83.3	1 100.7
夏季	皮氏叫姑鱼	13.9	9.4	100.0	2 331.8
	哈氏仿对虾	6.5	16.6	83.3	1 924.0
	中华管鞭虾	2.4	12.5	83.3	1 242.0
	日本蟳	5.4	6.1	100.0	1 148.8
	条纹斑竹鲨	10.5	0.7	100.0	1 124.8
秋季	皮氏叫姑鱼	22.3	26.2	100.0	4 856.7
	条纹斑竹鲨	27.2	4.7	100.0	3 194.2
	日本蟳	8.0	9.0	100.0	1 700.9
冬季	皮氏叫姑鱼	16.4	22.8	83.3	3 263.4
	条纹斑竹鲨	19.4	2.6	100.0	2 204.4
	中华海鲇	14.3	7.0	66.7	1 420.3
	飞海蛾鱼	1.8	17.8	66.7	1 307.0

注：W 是每种游泳动物占渔获总重量的百分比，N 是每种游泳动物占渔获总数量的百分比，F 是该物种出现的频率，IRI 表示相对重要性指数。

夏季优势种有皮氏叫姑鱼（*Johnius belengerii*）、哈氏仿对虾（*Parapenaeopsis hardwickii*）、中华管鞭虾（*Solenocera crassicornis*）、日本蟳（*Charybdis japonica*）和条纹斑竹鲨（*Chiloscyllium plagiosum*）（表 3 - 15）。皮氏叫姑鱼、日本蟳和条纹斑竹鲨在 6 个站位均有收获，皮氏叫姑鱼夏季捕捞量最大，占夏季总重量的 13.9%；其次为条纹斑竹鲨，占夏季总重量的 10.5%；哈氏仿对虾、日本蟳和中华管鞭虾分别占 6.5%、5.4% 和 2.4%。夏季鱼类优势种捕捞量占夏季总重量的 24.4%，主要有皮氏叫姑鱼（13.9%）、条纹斑竹鲨（10.5%）。哈氏仿对虾和中华管鞭虾两种优势种夏季捕捞数量最大，共占 29.1%，其中哈氏仿对虾占 16.6%，中华管鞭虾占 12.5%。

秋季优势种有皮氏叫姑鱼、条纹斑竹鲨和日本蟳，皮氏叫姑鱼和条纹斑竹鲨总重量较大，共占 49.5%，其中条纹斑竹鲨占 27.2%，皮氏叫姑鱼为 22.3%（表 3-15）。皮氏叫姑鱼秋季渔获数量最大，占总数的 26.2%；其次为日本蟳，占 9.0%。皮氏叫姑鱼、条纹斑竹鲨和日本蟳秋季在 6 个站位均有捕获。

冬季优势种有皮氏叫姑鱼、条纹斑竹鲨、中华海鲇和飞海蛾鱼（表 3-15）。冬季优势种均为鱼类，优势种占冬季总渔获的 51.9%，占总数量的 50.2%。冬季渔获量最大优势种为条纹斑竹鲨，占总重量的 19.4%，其次为皮氏叫姑鱼、中华海鲇和飞海蛾鱼，分别占 16.4%、14.3 和 1.8%。数量最大优势种为皮氏叫姑鱼，占冬季渔获总数量的 22.8%，其次为飞海蛾鱼、中华海鲇和条纹斑竹鲨，分别占 17.8%、7.0% 和 2.6%。其中条纹斑竹鲨在 6 个站位均有出现。

根据相对重要性指数（IRI）全年优势度分析结果，皮氏叫姑鱼、鲕、条纹斑竹鲨和日本蟳为全年优势种（表 3-16），皮氏叫姑鱼全年渔获量占总渔获量的 15.14%，占总数的 16.48%；鲕全年渔获量占总渔获量的 36.49%，占总数的 1.12%；条纹斑竹鲨全年渔获占全年总渔获量的 16.85%，占总数的 2.31%；日本蟳占全年总渔获量的 5.49%，占总数的 6.29%。

表 3-16　厦门海域游泳动物全年优势种

种名	重量百分比 W（%）	数量百分比 N（%）	出现频率 F（%）	IRI 值
皮氏叫姑鱼	15.14	16.48	79.17	2 503.41
鲕	36.49	1.12	50.00	1 880.62
条纹斑竹鲨	16.85	2.31	83.33	1 596.65
日本蟳	5.49	6.29	91.67	1 079.70

皮氏叫姑鱼和条纹斑竹鲨是全年优势种，也是夏季、秋季、冬季的优势种，日本蟳既是夏季和秋季的优势种也是全年优势种，而全年优势种鲕则不是季节性优势种。口虾蛄、善泳蟳和强壮菱蟹只有春季为优势种，哈氏仿对虾和中华管鞭虾只有夏季为优势种，中华海鲇和飞海蛾鱼只有冬季为优势种。

2014—2015 年间调查中，厦门海域原有的重要经济种类（如文昌鱼、真鲷、大黄鱼、马鲛鱼和中国鲎等）调查捕获量少或未能捕获，鳓和长毛对虾的渔获量也不大，未能达到优势地位。钟指挥等（2010）对厦门海域种类研究中凤鲚为春季主要优势种，前鳞鲻为冬季优势种，而本次研究凤鲚和前鳞鲻渔获量较小，不属于季节性优势鱼类，这可能与调查站位设置有所差异有关。另外，本研究中除条纹斑竹鲨外的优势种类都属于小型低质种类，重要的大型经济种类渔获量很少，可以认为厦门海域渔业资源趋于小型化和低质化，营养级下降，资源有退化的趋势，应加强对渔业资源重要经济种的保护，同时增殖放流，已达到渔业资源持续利用的目的。

四、渔业生物群落多样性

夏季 6 个站位中种类丰富度指数（D）最高的是 XM02 站，为 4.930，最低的是 XM06 站，为 4.163；Shannon - Wiener 多样性指数（H'）最高为 XM02 站的 3.004，最低为 XM06 站的 2.323；均匀度指数（J'）最高和最低分别为 XM02 站的 0.789 和 XM06 站的 0.634。冬季 D 值最高为 XM06 站，最低为 XM04 站，分别为 3.58、0.702 2；H' 值最高为 XM06 站的 2.427，最低为 XM04 站的 1.006；J' 值最高为 XM02 站，最低为 XM04 站，变化范围为 0.517～0.812。春季 D、H' 较高为 XM02 站（3.465、2.448）和 XM04 站（3.464、2.499），J' 最高为 XM03 站，值为 0.821；D 和 H' 最低的是 XM05 站（1.419、1.813），J' 最低为 XM06 站，值为 0.691。秋季 XM03 站 3 个指数值（D、H' 和 J' 分别为 5.900、2.982 和 0.738）明显高于其他站位，如 XM01 站（D、H' 和 J' 分别为 2.631、1.938 和 0.602），J' 最低的是 XM05 站，值为 0.455。

厦门海域不同季节群落多样性指数平均值变化如图 3 - 4 所示。多样性指数反映群落结构的稳定性，多样性指数和均匀度指数越高，群落结构就越复杂。秋季最高物种数有 57 种，冬季种类数最低有 7 种，夏季和秋季种类数较春季和冬季多，种类丰富度指数夏季最高，冬季最小，变化范围 2.422 ～ 4.489；Shannon - Wiener 多样性指数夏季最大，

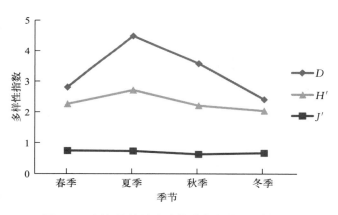

图 3 - 4　厦门海域游泳动物季节多样性指数变化

冬季最小，变化范围为 2.043～2.724；均匀度指数秋季最小，春季最大，变化范围为 0.633～0.754。总体来看，多样性指数夏季、秋季较高，春季、冬季较低，且夏季最高，冬季最低。

群落种类生物量和数量的种类优势度曲线如图 3 - 5 所示，优势度曲线是检验种类组成中优势度的一种方法，依据厦门海域不同季节的种类生物量和尾数制成优势度曲线，其中，秋季最高优势种的生物量和尾数最大，秋季和冬季的优势度曲线高于春季和夏季，冬季的尾数累计曲线最高，前 10 种尾数累计超过 60%，10 种游泳动物分别为皮氏叫姑鱼、飞海蛾鱼、少鳞𩽙、中华海鲇、口虾蛄、日本矶蟹、短蛸、长毛明对虾、条纹斑竹鲨和日本蟳。秋季和冬季前 10 种生物量累计占 60% 以上，秋季前 10 种游泳动物分别为

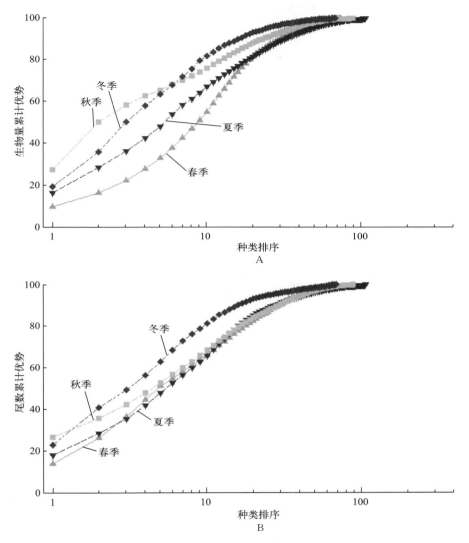

图 3-5 厦门海域游泳动物各季节生物量和数量的优势度曲线

A. 生物量优势度曲线 B. 数量优势度曲线

条纹斑竹鲨、皮氏叫姑鱼、日本蟳、短蛸、尖嘴𫚕、何氏鳐、口虾蛄、海鳗、褐菖鲉和点斑缺角虾蛄，冬季前10种游泳动物分别为条纹斑竹鲨、皮氏叫姑鱼、日本蟳、短蛸、赤𫚕、中华海鲇、长毛明对虾、黄鳍鲷、少鳞鱚和口虾蛄。冬季的优势度较强，春季的优势度较弱，与多样性指数变化趋势相反。

应用 CLUSTER 聚类分析研究厦门海域不同季节的游泳动物群落结构的变化如图 3-6所示，春季与夏季相似性较高，为 46.9%，秋季与冬季相似性较高，为 53.5%，两组间相似性系数仅为 41.5%，而秋、冬季相似性最高且低于 60%，说明厦门海域不同季节间群落结构的变动较大，全年结构不稳定。

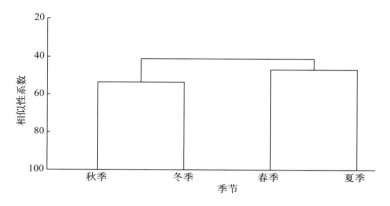

图 3-6 厦门海域游泳动物各季节间群落的聚类分析

厦门海域季节间种类更替明显，各季节间种类更替率较高，本次调查春季同冬季比较（表 3-17）。季节更替率变化范围为 56.76%～69.23%，平均更替率为 64.07%。夏季、秋季种类变化数较大，春季和冬季两个季节种数相近，春季种类更替率最大。

表 3-17 厦门海域游泳动物群落种类季节更替

项目	春季	夏季	秋季	冬季
种数	67	106	90	69
增加数	35	59	42	21
减少数	37	20	58	42
变化数	72	79	100	63
相同数	32	47	48	48
更替率（%）	69.23	62.70	67.57	56.76

群落结构的多样性指数是反应群落结构的重要标志，本次研究不同季节的种类丰富度指数夏季＞秋季＞春季＞冬季，四季温度变化较明显，盐度变化范围不大，厦门近海水域水深较浅，盐度和深度都不是影响群落的主要原因。夏季温度较高，饵料丰富，且多数种类夏季在近岸产卵，种类丰富度指数受温度影响较大，这与夏季渔获种类最多，生物量较大的结果相同。均匀度指数春季＞夏季＞冬季＞秋季，多样性指数夏季＞春季＞秋季＞冬季。多样性指数可用于评价水体受人为影响的程度，参考《水生生物监测手册》将影响程度分为：$H'=0$，受人为影响严重；$0<H'<1$，重度影响；$1<H'<3$，中度影响；$H'>3$，影响较小。本研究四个季节 H' 均属于中度影响，造成污染的因素可能有多方面，污染状况不良。说明厦门近海水域种类多样性水平总体一般，群落结构较复杂。夏季多样性指数和均匀度指数均较高，种类丰富，但种群的均匀度和多样性指数都较高，可能由于优势种所占比例不高，夏秋群落结构较复杂，秋季多样性指数较平稳，

春季均匀度最高，多样性指数较低，说明春季群落相对简单，冬季多样性和均匀度都较低，可能是由于厦门海域属亚热带性水域，以暖温性和暖水性种类占优势，冬季水温较低，鱼类种群中的洄游性鱼类向外海迁移，湾内种类数减少，多样性指数下降。游泳动物的多样性特征与主要种类的优势度有关，与种类的生殖洄游和捕捞活动也有密切的关系，本研究不同季节的多样性指数变化趋势同钟指挥（2010）的研究结果类似。根据聚类分析的结果可得出，秋季和冬季间相似性较大，其次为春季和夏季，群落间相似性系数低于60％，不同季节间群落变动较大。

各季节调查呈现一定的空间异质性，夏季各站位种类丰富度指数均高于4，处于较高水平，站位间均匀度指数变化不大，各站位多样性指数较高，其中XM02站多样性指数为3.004，XM02站位于漳州和厦门岛之间，受到人为影响最大且由于九龙江入海口带来的淡水与海水交汇，使XM02站水环境同其他站位相比变化较大，造成该站点的种群较复杂。聚类分析结果显示，夏季XM01站、XM02站相似性系数较高，相对于其他站位显示较独立，可能由于两个站位位于九龙江入海口，均受到九龙江淡水的冲击，水环境相似。季节间种类更替率反应种类变动，平均更替率为64.07％，群落间相似性低，厦门近海水域的群落结构不稳定，夏季和秋季种类迁移活动频繁，这与群落组成中种类的适温性有密切关系。

第三节　厦门东海域鱼类群落的营养关系

海洋鱼类营养关系是海洋生态学基础理论研究的主要内容之一，它对维持海洋生态系统平衡有重要作用，能保证各生物类群长期生存和保持物种数量的相对平衡。通过对多种海洋鱼类食性类型的综合分析，阐明了食物网营养级的能流途径，可为改造海洋生态系统，提高渔业产量以及合理利用鱼类资源提供科学依据。

本节以厦门东海域定置张网和流刺网渔获的多种鱼类胃含物分析为基础，研究该海域鱼类食性类型，计算各种鱼类营养级，初步探讨该海域鱼类种间的营养关系，旨在为该海域鱼类生态学研究、资源评估、保护及合理利用提供基础资料。

一、材料和方法

本研究中的厦门东海域属于内海，包括同安湾海域，面积约为130 km²。厦门东海域鱼类食性分析的样品，系2005年7月至2006年6月从该海域定置张网和流刺网渔获物中获得，共采用58种鱼类消化道样品1 009个（表3-18）。

表 3-18　厦门东海域鱼类取样数量

序号	种　类	取样尾数	有胃含物尾数	序号	种　类	取样尾数	有胃含物尾数
1	海鲢 *Elops linnaeus*	6	3	30	大黄鱼 *Pseudosciaena crocea*	8	7
2	青鳞小沙丁鱼 *Sardinella zunasi*	388	48	31	黄斑鰏 *Leiognathus bindus*	128	22
3	斑鰶 *Clupanidon punctatus*	141	28	32	鹿斑鰏 *Leiognathus ruconius*	52	13
4	康氏小公鱼 *Anchoviella commersoni*	97	26	33	短吻鰏 *Leiognathus brevirostris*	108	25
5	汉氏棱鳀 *Thrissa hamiltoni*	36	18	34	短棘银鲈 *Gerres lucidus*	43	14
6	赤鼻棱鳀 *Thrissa kammalensis*	96	24	35	二长棘鲷 *Parargyrops edita*	54	24
7	中颌棱鳀 *Thrissa mystax*	12	6	36	黄鳍鲷 *Sparus latus*	157	28
8	黄吻棱鳀 *Thrissa vitirostris*	84	26	37	金线鱼 *Nemipterus virgatus*	9	7
9	多齿蛇鲻 *Saurida tumbil*	7	7	38	鯻 *Therapon theraps*	40	16
10	长蛇鲻 *Saurida elongata*	48	12	39	细鳞鯻 *Hapalogenys jarbua*	12	8
11	龙头鱼 *Harpodon nehereus*	19	10	40	列牙鯻 *Pelates quadrilineatus*	93	25
12	灰康吉鳗 *Conger cinereus*	4	3	41	黄带绯鲤 *Upeneus sulphureus*	89	27
13	中华海鲇 *Arius sinensis*	43	15	42	六带拟鲈 *Parapercis sexfasciata*	52	12
14	白氏银汉鱼 *Allanetta bleekeri*	82	20	43	锯塘鳢 *Prionobutis koilomatodon*	134	22
15	圆颌针鱼 *Tylosurus strongylurus*	7	4	44	纹缟鰕虎鱼 *Tridentiger teigonocephalus*	23	8
16	油魣 *Sphyraena pinguis*	24	14	45	舌鰕虎鱼 *Glossogobius giurus*	46	11
17	前鳞鲻 *Mugil ophuyseni*	43	17	46	犬牙细棘鰕虎鱼 *Acentrogobius caninus*	49	16
18	棱鲛 *Liza carinatus*	159	24	47	拟矛尾鰕虎鱼 *Parachaeturichthys polynema*	156	21
19	六指马鲅 *Polydactylus sextarius*	13	6	48	褐篮子鱼 *Siganus fuscescens*	395	56
20	眶棘双边鱼 *Ambassis gymnocephalus*	80	16	49	带鱼 *Trichiurus haumela*	21	10
21	花鲈 *Lateolabrax japonicus*	11	6	50	康氏马鲛 *Scomberomorus commersoni*	16	8
22	点带石斑鱼 *Epinephelus malabaricus*	5	4	51	褐菖鲉 *Sebasticus marmoratus*	69	34
23	四线天竺鲷 *Apogon quadrifasciatus*	123	32	52	腾头鲉 *Polycaulus uranoscopus*	44	16
24	三斑天竺鲷 *Apogon trimaculatus*	12	8	53	绿鳍 *Chelidonichthys kumu*	18	8
25	多鳞鱚 *Sillago sihama*	52	20	54	贡氏红娘鱼 *Lepidotrigla guntheri*	28	11
26	丽叶鲹 *Caranx（Atule）kalla*	54	14	55	棘线鲬 *Grammoplites scaber*	36	13
27	蓝圆鲹 *Decapterus maruadsi*	23	13	56	鲬 *Platycephalus indicus*	21	10
28	皮氏叫姑鱼 *Johnius belengerii*	531	56	57	棕腹刺鲀 *Gastrophysus spadiceus*	25	12
29	勒氏短须石首鱼 *Umbrina russelli*	86	28	58	横纹东方鲀 *Fugu oblongus*	28	15

　　经种类鉴定和生物学测定之后，将消化器官取出编号，用纱布包好置于10％福尔马林溶液中固定保存。食料生物种类借助生物显微镜或解剖镜进行鉴定。食料生物的残体以不易被消化的器官、肢体或外壳作为鉴定的依据，然后用出现频率百分组成求出其食料组成。出现频率百分组成系指某种食料生物在样品中出现的次数占该种食料生物在样

品中出现的总次数的百分比。

食物网中各营养级的相对量度，参照 Odum 和 Heald 方法（张其永 等，1981）。以 1、2、3、4 值表示，其中 1 级为植食性动物；2 级为摄食植食性动物的肉食性动物；3 级为摄食 2 级肉食性动物的肉食性动物；4 级为摄食 3 级肉食性动物的肉食性动物。营养级计算公式如下：

$$某种鱼类的营养级大小＝该种鱼类混合食料的营养级大小＋1$$
$$某种鱼类混合食料的营养级大小＝\sum（鱼类各种食料生物类群的营养级大小\times$$
$$其出现频率百分组成）$$

二、厦门东海域鱼类食物组成

2005 年 7 月至 2006 年 6 月在厦门东海域共采集到 219 种鱼类，选择其中的 58 种，分析其胃含物的组成：

① 海鲢（*Elops linnaeus*）：仅发现摄食鱼类。

② 青鳞小沙丁鱼（*Sardinella zunasi*）：主要摄食桡足类、糠虾类、樱虾类（毛虾）和甲壳类幼体等。

③ 斑鰶（*Clupanidon punctatus*）：主要摄食硅藻类（圆筛藻）和桡足类，还有少量的长尾类和鱼类幼体等。

④ 康氏小公鱼（*Anchoviella commersoni*）：主要摄食桡足类等。

⑤ 汉氏棱鳀（*Thrissa hamiltoni*）：主要摄食长尾类和鱼类幼体（篮子鱼幼鱼）。

⑥ 赤鼻棱鳀（*Thrissa kammalensis*）：主要摄食樱虾类（毛虾）和桡足类，其次是少量的长尾类和短尾类（幼蟹）。

⑦ 中颌棱鳀（*Thrissa mystax*）：主要摄食樱虾类（毛虾），还有少量桡足类。

⑧ 黄吻棱鳀（*Thrissa vitirostris*）：主要摄食桡足类、磷虾类，其次是短尾类、鱼类幼体（鲚属幼鱼）和虾类残体。

⑨ 多齿蛇鲻（*Saurida tumbil*）：主要摄食鱼类。

⑩ 长蛇鲻（*Saurida elongata*）：主要摄食鱼类，兼食糠虾类和少量毛虾。

⑪ 龙头鱼（*Harpodon nehereus*）：主要摄食鱼类和长尾类。

⑫ 灰康吉鳗（*Conger cinereus*）：主要摄食鱼类（皮氏叫姑鱼幼鱼等）。

⑬ 中华海鲇（*Arius sinensis*）：饵料生物种类较为复杂，主要摄食短尾类、长尾类和鱼类幼体，其次摄食少量口足类和糠虾类。

⑭ 白氏银汉鱼（*Allanetta bleekeri*）：主要摄食桡足类、少量等足类，其次是鱼类幼体（部分胃内残留鱼糜）。

⑮ 圆颌针鱼（*Tylosurus strongylurus*）：仅发现摄食鱼类。

⑯ 油野（*Sphyraena pinguis*）：主要摄食鱼类，在部分胃中发现少量的长尾类残体和水螅类。

⑰ 前鳞鲻（*Mugil ophuyseni*）：主要摄食底栖硅藻，还兼食少量多毛类及一些有机碎屑。

⑱ 棱鲛（*Liza carinatus*）：主要摄食底栖硅藻（圆筛藻）和有机碎屑。

⑲ 六指马鲅（*Polydactylus sextarius*）：主要摄食短尾类和口足类，还有部分鱼类幼体（鰕虎鱼幼鱼）和少量糠虾类。

⑳ 眶棘双边鱼（*Ambassis gymnocephalus*）：主要摄食樱虾类。

㉑ 花鲈（*Lateolabrax japonicus*）：主要摄食鱼类、长尾类和短尾类，偶食海参类、等足类等。

㉒ 点带石斑鱼（*Epinephelus malabaricus*）：主要摄食鱼类（银鲈幼鱼）。

㉓ 四线天竺鲷（*Apogon quadrifasciatus*）：主要摄食鱼类、长尾类。

㉔ 三斑天竺鲷（*Apogon trimaculatus*）：主要摄食鱼类幼体（鲾属、鲷科）、长尾类（鼓虾）、樱虾类（毛虾），还有少量短尾类。

㉕ 多鳞鱚（*Sillago sihama*）：饵料生物种类较多，主要摄食长尾类、短尾类，其次是糠虾类、虾蛄类、多毛类、头足类和鱼类幼体。

㉖ 丽叶鲹［*Caranx（Atule）kalla*］：主要摄食糠虾科、甲壳类幼虫和一部分硅藻（角毛藻）。

㉗ 蓝圆鲹（*Decapterus maruadsi*）：主要摄食樱虾类、糠虾类、长尾类，少量鱼类幼体及甲壳类幼体。

㉘ 皮氏叫姑鱼（*Johnius belengerii*）：饵料生物组成较为复杂，主要摄食鱼类幼体、樱虾类（毛虾）、长尾类、短尾类（三强蟹属）、多毛类及少量的瓣鳃纲（贻贝）、底栖藻类和海葵类。

㉙ 勒氏短须石首鱼（*Umbrina russelli*）：主要摄食短尾类（幼蟹）、长尾类（对虾）、鱼类幼体、多毛类和贝类，其次是甲壳类幼体、虾蛄类、头足类（乌贼）。

㉚ 大黄鱼（*Pseudosciaena crocea*）：主要摄食短尾类以及鱼类。

㉛ 黄斑鲾（*Leiognathus bindus*）：主要摄食浮游藻类、短尾类、糠虾类和少量瓣鳃类。

㉜ 鹿斑鲾（*Leiognathus ruconius*）：以桡足类为主要饵料，也摄食少量浮游藻类和糠虾类。

㉝ 短吻鲾（*Leiognathus brevirostris*）：主要摄食樱虾类（毛虾）、多毛类、桡足类，还发现虾类的残体和少数鱼类幼体。

㉞ 短棘银鲈（*Gerres lucidus*）：主要摄食多毛类、桡足类和端足类。

㉟ 二长棘鲷（*Parargyrops edita*）：主要摄食沙蚕、海葵类、樱虾类和鱼类，此外还

摄食一些短尾类和贝类。

㊱ 黄鳍鲷（*Sparus latus*）：主要摄食瓣鳃类、鱼类（鳀科）、短尾类、腹足类和长尾类。

㊲ 金线鱼（*Nemipterus virgatus*）：主要摄食糠虾类、鱼类和口足类。

㊳ 鯯（*Therapon theraps*）：主要摄食长尾类、糠虾类、口足类和鱼类（发现一尾完整的拟矛尾鰕虎鱼幼鱼以及其他鱼类残体），其次是樱虾类、多毛类、短尾类和水母类。

㊴ 细鳞鯯（*Hapalogenys jarbua*）：主要摄食鱼类和虾类。

㊵ 列牙鯯（*Pelates quadrilineatus*）：主要摄食长尾类、短尾类、糠虾类以及少量鱼类幼体。

㊶ 黄带绯鲤（*Upeneus sulphureus*）：主要摄食鱼类（青鳞小沙丁鱼、皮氏叫姑鱼幼鱼等），此外还有部分短尾类和长尾类。

㊷ 六带拟鲈（*Parapercis sexfasciata*）：主要摄食长尾类、糠虾类。

㊸ 褐篮子鱼（*Siganus fuscescens*）：主要以底栖藻类（绿藻）和有机碎屑为饵料，偶食糠虾类、长尾类和短尾类等幼体。

㊹ 带鱼（*Trichiurus haumela*）：只摄食鱼类。

㊺ 康氏马鲛（*Scomberomorus commersoni*）：主要摄食鱼类（鲹属幼鱼等）和少量虾类。

㊻ 锯塘鳢（*Prionobutis koilomatodon*）：饵料组成较为复杂，主要摄食樱虾类（毛虾）、鱼类（鲬属幼鱼、鰕虎鱼科和鲷科幼鱼）、长尾类（鼓虾）、口足类，以及少量的桡足类、短尾类和磷虾类。

㊼ 舌鰕虎鱼（*Glossogobius giurus*）：主要摄食鱼类和虾类。

㊽ 纹缟鰕虎鱼（*Tridentiger teigonocephalus*）：主要摄食桡足类、鱼类幼体、磷虾类、水螅类和底栖藻类。

㊾ 犬牙细棘鰕虎鱼（*Acentrogobius caninus*）：主要摄食鱼类幼鱼（天竺鲷幼鱼等）、长尾类（鼓虾）、糠虾类。

㊿ 拟矛尾鰕虎鱼（*Parachaeturichthys polynema*）：主要摄食樱虾类、长尾类和鱼类幼体。

51 褐菖鲉（*Sebastiscus marmoratus*）：主要摄食长尾类（鼓虾、对虾）、磷虾类、短尾类、樱虾类、鱼类、口足类和多毛类。

52 騰头鲉（*Polycaulus uranoscopus*）：主要摄食鱼类和短尾类。

53 绿鳍鱼（*Chelidonichthys kumu*）：主要摄食鱼类、短尾类及少量磷虾类。

54 贡氏红娘鱼（*Lepidotrigla guntheri*）：主要摄食鱼类、短尾类和长尾类。

55 棘线鲬（*Grammoplites scaber*）：主要摄食长尾类和鱼类。

⑤ 鲬（*Platycephalus indicus*）：主要摄食长尾类、短尾类和鱼类。

⑤ 棕腹刺鲀（*Gastrophysus spadiceus*）：主要摄食鱼类（鳗鲡科幼鱼、鲬属幼鱼以及其他幼鱼）、长尾类、磷虾类和头足类。

⑤ 横纹东方鲀（*Fugu oblongus*）：主要摄食瓣鳃类、短尾类、鱼类（鲬属幼鱼及鰕虎鱼幼鱼）。

三、厦门东海域鱼类食性类型

对厦门东海域的 58 种鱼类的食料组成进行分析，其生态类群的出现频率百分组成列于表 3-19。依其食料生物的生态类群，这 58 种鱼类可分为 5 种食性类型。

表 3-19　厦门东海域鱼类食性的生态类群

序号	种　　类	出现频率百分比（%）		
		浮游生物	底栖生物	游泳动物
1	海鲢 *Elops linnaeus*	0	0	100
2	青鳞小沙丁鱼 *Sardinella zunasi*	41.8	23.9	34.3
3	斑鰶 *Clupanidon punctatus*	65.7	14.3	20.0
4	康氏小公鱼 *Anchoviella commersoni*	70.4	0	29.6
5	汉氏棱鳀 *Thrissa hamiltoni*	0	52.4	47.6
6	赤鼻棱鳀 *Thrissa kammalensis*	60.7	39.3	0
7	中颌棱鳀 *Thrissa mystax*	100	0	0
8	黄吻棱鳀 *Thrissa vitirostris*	50	26.3	23.7
9	多齿蛇鲻 *Saurida tumbil*	0	0	100
10	长蛇鲻 *Saurida elongata*	8.3	23.5	68.2
11	龙头鱼 *Harpodon nehereus*	0	53.8	46.2
12	灰康吉鳗 *Conger cinereus*	0	0	100
13	中华海鲇 *Arius sinensis*	0	64.7	35.3
14	白氏银汉鱼 *Allanetta bleekeri*	48.1	26.0	25.9
15	圆颌针鱼 *Tylosurus strongylurus*	0	0	100
16	油鲆 *Sphyraena pinguis*	0	31.3	68.7
17	前鳞鲻 *Mugil ophuyseni*	5.9	94.1	0
18	棱鮻 *Liza carinatus*	0	100	0
19	六指马鲅 *Polydactylus sextarius*	0	75.0	25.0
20	眶棘双边鱼 *Ambassis gymnocephalus*	100	0	0
21	花鲈 *Lateolabrax japonicus*	0	66.7	33.3
22	点带石斑鱼 *Epinephelus malabaricus*	0	0	100
23	四线天竺鱼 *Apogon quadrifasciatus*	0	60.0	40.0
24	三斑天竺鲷 *Apogon trimaculatus*	22.2	33.3	44.5
25	多鳞鱚 *Sillago sihama*	0	59.3	40.7
26	丽叶鲹 *Caranx (Atule) kalla*	52.6	47.4	0

（续）

序号	种　类	出现频率百分比（%）		
		浮游生物	底栖生物	游泳动物
27	蓝圆鲹 Decapterus maruadsi	28.6	28.6	42.8
28	皮氏叫姑鱼 Johnius belengerii	8.3	63.3	28.4
29	勒氏短须石首鱼 Umbrina russelli	12.8	61.5	25.7
30	大黄鱼 Pseudosciaena crocea	0	87.5	12.5
31	黄斑鲾 Leiognathus bindus	51.4	48.6	2.1
32	鹿斑鲾 Leiognathus ruconius	73.3	26.7	0
33	短吻鲾 Leiognathus brevirostris	51.4	31.4	17.2
34	短棘银鲈 Gerres lucidus	0	100	0
35	二长棘鲷 Parargyrops edita	27.5	50.0	22.5
36	黄鳍鲷 Sparus latus	0	74.3	25.7
37	金线鱼 Nemipterus virgatus	0	50.0	50.0
38	鲗 Therapon theraps	12.5	54.2	33.3
39	细鳞鲗 Hapalogenys jarbua	0	12.5	87.5
40	列牙鲗 Pelates quadrilineatus	9.4	68.8	21.8
41	黄带绯鲤 Upeneus sulphureus	0	37.5	62.5
42	六带拟鲈 Parapercis sex fasciata	0	100	0
43	褐篮子鱼 Siganus fuscescens	0	86.2	13.8
44	带鱼 Trichiurus haumela	0	0	100
45	康氏马鲛 Scomberomorus commersoni	0	20.0	80.0
46	锯塘鳢 Prionobutis koilomatodon	36.4	27.2	36.4
47	舌鰕虎鱼 Glossogobius giurus	0	66.7	32.3
48	纹缟鰕虎鱼 Tridentiger teigonocephalus	50.0	25.0	25.0
49	犬牙细棘鰕虎鱼 Acentrogobius caninus	0	61.9	38.1
50	拟矛尾鰕虎鱼 Parachaeturichthys polynema	16.0	52.0	32.0
51	褐菖鲉 Sebastiscus marmoratus	23.1	46.2	30.7
52	膆头鲉 Polycaulus uranoscopus	0	47.4	52.6
53	绿鳍鱼 Chelidonichthys kumu	28.6	28.6	42.8
54	贡氏红娘鱼 Lepidotrigla guntheri	0	43.8	56.2
55	棘线鲬 Grammoplites scaber	0	58.8	41.2
56	鲬 Platycephalus indicus	0	72.7	27.3
57	棕腹刺鲀 Gastrophysus spadiceus	35.0	20.0	45.0
58	横纹东方鲀 Fugu oblongus	0	62.5	37.5

注：①浮游生物类群包括浮游藻类、水母类、桡足类、磷虾类、樱虾类（毛虾属、莹虾属）、介形类、浮游端足类（RONG 亚目）、毛颚类、浮游腹足类（翼足类、异足类）、甲壳类幼体、鱼卵等；②底栖生物类群包括底栖藻类、海绵类、水螅类、珊瑚类、海葵类、多毛类、星虫类、苔藓类、腹足类、掘足类、瓣鳃类、蔓足类、涟虫类、底栖端足类（钩虾亚目、麦秆虫亚目）、糠虾类、等足类、口足类、长尾类、歪尾类、短尾类、蛇尾类、海胆类、海百合类、海参类等；③游泳动物类群包括鱼类和头足类（十腕目、八腕目）（张其永 等，1981）。

（1）浮游生物食性　以浮游生物为主要摄食对象，有青鳞小沙丁鱼、斑鰶、康氏小公鱼、赤鼻棱鳀、中颌棱鳀、黄吻棱鳀、白氏银汉鱼、眶棘双边鱼等。

（2）底栖生物食性　以底栖生物为主要摄食对象，该类型主要有棱鲛、前鳞鲻、六指马鲅、多鳞鱚、短棘银鲈、二长棘鲷、黄鳍鲷、鲗、褐篮子鱼、列牙鯻和六带拟鲈等。

（3）游泳动物食性　以鱼类和头足类为主要摄食对象，该类型主要有海鳗、多齿蛇鲻、长蛇鲻、灰康吉鳗、圆颌针鱼、油鲟、点带石斑鱼、康氏马鲛和带鱼等。

（4）底栖生物和浮游生物食性　以底栖生物和浮游生物为主要摄食对象，该类型鱼类有丽叶鲹、蓝圆鲹、黄斑鲾、鹿斑鲾和短吻鲾等。

（5）底栖生物和游泳动物食性　以底栖生物和游泳动物为主要摄食对象，该类型有汉氏棱鳀、龙头鱼、中华海鲇、花鲈、四线天竺鲷、三斑天竺鲷、皮氏叫姑鱼、勒氏短须石首鱼、大黄鱼、金线鱼、细鳞鲗、黄带绯鲤、锯塘鳢、舌鰕虎鱼、纹缟鰕虎鱼、犬牙细棘鰕虎鱼、拟矛尾鰕虎鱼、褐菖鲉、䲁头鲉、绿鳍鱼、贡氏红娘鱼、棘线鲬、鲬、棕腹刺鲀和横纹东方鲀等。

根据厦门东海域鱼类胃含物食料生物组成，可以把厦门东海域鱼类大体上分为几个不同的捕食类群：①以鲻类、篮子鱼类为代表的类群，主要摄食底栖硅藻；②以鳀科鱼类为代表，主要摄食樱虾类；③以鲾科鱼类为代表，主要摄食浮游藻类和桡足类，这三个类群与其他捕食类群在食物竞争上不激烈；④以鲷科、鲗科为代表，主要摄食瓣鳃类、短尾类、长尾类、鱼类等；⑤以蛇鲻类、石斑鱼类、海鳗、鳗鲡目为代表，主要捕食鱼类，该类群与第④类群在摄食鱼类方面存在着种间竞争。

四、厦门东海域鱼类营养级

按照张其永等（1981）的划分方法，海洋植物为第一营养级（0级），植食性动物和杂食性动物（1.4～1.9级）为第二营养级，低级肉食性动物（2.0～2.8级）和中级肉食性动物（2.9～3.4级）为第三营养级，高级肉食性动物（大于3.5级）为第四营养级。对厦门东海域58种鱼类营养级的计算结果，杂食性鱼类有7种，即摄食藻类，也摄食多毛类、枝角类等动物；低级肉食性鱼类主要摄食植食性和杂食性动物，有37种；中级肉食性鱼类有8种，高级肉食性鱼类有6种，见表3-20。

表3-20　厦门东海域主要鱼类的营养级

种　　类	营养级	种　　类	营养级
棱鲛 *Liza carinatus*	1.4	前鳞鲻 *Mugil ophuyseni*	1.6
丽叶鲹 *Caranx (Atule) kalla*	1.6	褐篮子鱼 *Siganus fuscescens*	1.7

（续）

种　类	营养级	种　类	营养级
斑鰶 *Clupanidon punctatus*	1.8	中华海鲇 *Arius sinensis*	2.5
青鳞小沙丁鱼 *Sardinella zunasi*	1.8	黄带绯鲤 *Upeneus sulphureus*	2.5
白氏银汉鱼 *Allanetta bleekeri*	1.8	犬牙细棘鰕虎鱼 *Acentrogobius caninus*	2.5
黄吻棱鳀 *Thrissa vitirostris*	2.0	鲬 *Platycephalus indicus*	2.5
拟矛尾鰕虎鱼 *Parachaeturichthys polynema*	2.0	四线天竺鲷 *Apogon quadrifasciatus*	2.6
短吻鲾 *Leiognathus brevirostris*	2.0	多鳞鱚 *Sillago sihama*	2.6
赤鼻棱鳀 *Thrissa kammalensis*	2.1	大黄鱼 *Pseudosciaena crocea*	2.6
眶棘双边鱼 *Ambassis gymnocephalus*	2.1	鯻 *Therapon theraps*	2.6
鹿斑鲾 *Leiognathus ruconius*	2.1	褐菖鲉 *Sebastiscus marmoratus*	2.6
黄斑鲾 *Leiognathus bindus*	2.1	黄鳍鲷 *Sparus latus*	2.8
二长棘鲷 *Parargyrops edita*	2.1	蓝圆鲹 *Decapterus maruadsi*	2.8
纹缟鰕虎鱼 *Tridentiger teigonocephalus*	2.1	贡氏红娘鱼 *Lepidotrigla guntheri*	2.8
康氏小公鱼 *Anchoviella commersoni*	2.2	六指马鲅 *Polydactylus sextarius*	2.8
勒氏短须石首鱼 *Umbrina russelli*	2.3	三斑天竺鲷 *Apogon trimaculatus*	3.0
绿鳍鱼 *Chelidonichthys kumu*	2.3	油魣 *Sphyraena pinguis*	3.1
棕腹刺鲀 *Gastrophysus spadiceus*	2.3	舌鰕虎鱼 *Glossogobius giurus*	3.1
横纹东方鲀 *Fugu oblongus*	2.3	康氏马鲛 *Scomberomorus commersoni*	3.2
汉氏棱鳀 *Thrissa hamiltoni*	2.4	长蛇鲻 *Saurida elongata*	3.2
中颌棱鳀 *Thrissa mystax*	2.4	细鳞鯻 *Hapalogenys jarbua*	3.2
列牙鯻 *Pelates quadrilineatus*	2.4	花鲈 *Lateolabrax japonicus*	3.4
短棘银鲈 *Gerres lucidus*	2.4	点带石斑鱼 *Epinephelus malabaricus*	3.4
六带拟鲈 *Parapercis sexfasciata*	2.4	海鲢 *Elops Linnaeus*	3.5
锯塘鳢 *Prionobutis koilomatodon*	2.4	圆颌针鱼 *Tylosurus strongylurus*	3.5
瞻头鲉 *Polycaulus uranoscopus*	2.4	多齿蛇鲻 *Saurida tumbil*	3.5
棘线鲬 *Grammoplites scaber*	2.4	灰康吉鳗 *Conger cinereus*	3.6
皮氏叫姑鱼 *Johnius belengerii*	2.5	金线鱼 *Nemipterus virgatus*	3.6
龙头鱼 *Harpodon nehereus*	2.5	带鱼 *Trichiurus haumela*	3.6

注：各种食料生物类群的营养级大小（部分是根据 Odum 和 Heald 的数据）：海洋植物为 0 级；苔藓类、介形类、涟虫类、等足类、糠虾类、樱虾类以及甲壳类幼体均为 1.1 级；珊瑚类、腹足类和瓣鳃类为 1.2 级；端足类、掘足类和翼足类为 1.3 级；海绵类、海葵类、星虫类、多毛类、海胆类、海百合类、蛇尾类和海参类为 1.4 级；水螅类、水母类、歪尾类和桡足类为 1.5 级；口足类和短尾类为 1.6 级；长尾类为 1.8 级；头足类为 2.5 级；鱼类为 2～3 级（张其永 等，1981）。

表 3-21 列举了厦门东海域、闽南—台湾浅滩渔场、东山湾、长江口、渤海和黄海等各海区部分鱼类的营养级，从结果可以看出厦门东海域与闽南—台湾浅滩渔场及东山湾的鱼类营养级差异不大，说明某些种类在不同的海区，其食性基本上相似，反映了其物种的固有特性，而与渤海和黄海差异则较大，营养级明显低于黄海、渤海，尤其是长蛇鲻。长蛇鲻的营养级差异很大，在厦门东海域属于中级营养级，而在长江口、渤海和黄海属于高级营养级，原因之一可能是厦门东海域属于内海海区，其摄食等级偏低，而后者的海区靠近外海，故其摄食等级会相对较高。

表 3-21　不同中国海区鱼类营养级比较

种类	厦门东海域	闽南—台湾浅滩渔场	东山湾	长江口	渤海	黄海
多鳞鱚	2.6（低级）	2.5（低级）	2.4（低级）	3.6（高级）	3.8（高级）	2.4（低级）
皮氏叫姑鱼	2.5（低级）	2.8（低级）	2.5（低级）	—	4.2（高级）	2.7（低级）
黄吻棱鳀	2.0（低级）	—	2.3（低级）	—	—	—
赤鼻棱鳀	2.1（低级）	—	2.3（低级）	3.2（中级）	3.2（中级）	2.2（低级）
长蛇鲻	3.2（中级）	—	3.2（中级）	4.3（高级）	4.6（高级）	3.8（高级）
黄鳍鲷	2.8（低级）	—	2.6（低级）	—	3.4（中级）	—
中华海鲇	2.5（低级）	—	2.6（低级）	—	—	—
细鳞鲫	3.3（中级）	—	3.0（中级）	—	—	—
舌鰕虎鱼	3.1（中级）	—	3.2（中级）	—	—	—
褐菖鲉	2.6（低级）	2.7（低级）	2.6（低级）	—	—	—

此外，和闽南—台湾浅滩渔场、东山湾、渤海和黄海相比，厦门东海域鱼类食物网中，各捕食类群所占的比例差别比较大，如高级肉食性鱼类，厦门东海域占 10.35%，渤海、黄海和闽南—台湾浅滩渔场的高级肉食性鱼类分别占 19.61%、21.79% 和 12.12%；而和东山湾比较而言，两者的各捕食类群所占比例相对比较接近（表 3-22）。

表 3-22　不同中国海区鱼类捕食类群的比较

海区	杂食性鱼类		低级肉食性鱼类		中级肉食性鱼类		高级肉食性鱼类		总种数
	种数	（%）	种数	（%）	种数	（%）	种数	（%）	
厦门东海域	7	12.07	37	63.79	8	13.79	6	10.35	58
东山湾	6	7.06	58	68.24	19	22.35	2	2.35	85
闽南—台湾浅滩渔场	0	0	42	63.64	16	24.24	8	12.12	66
渤海	0	0	22	43.14	19	37.25	10	19.61	51
黄海	0	0	33	42.31	28	35.90	17	21.79	78

导致不同海区鱼类营养级和鱼类捕食类群的差异，可能有两个原因：①饵料生物种群因素，不同海区的饵料生物群落结构不同，因为在某一海区中，该海区的消费者只能摄食利用当地的特定饵料生物群落，从而导致了不同海区其营养结构不同，如东山湾鱼类的食料组成以小公鱼、犀鳕、细螯虾、糠虾类、桡足类、寻氏肌蛤、毛虾、磷虾类和底栖硅藻为主要类群，而厦门东海域的食料组成以桡足类、糠虾类、樱虾类（毛虾）、磷虾类、短尾类、口足类、多毛类和底栖硅藻为主，两者相比较可以看出，即使同为内海海区其饵料生物群落组成依然存在差别。②地理纬度气候因素，黄渤海区属于北方海区，靠近外海，为温带及亚热带气候，而厦门东海域、闽台浅滩渔场和东山湾则属于南方内海海区，为热带及亚热带气候，不同的地理纬度以及气候，都会导致生长在这些海区饵料生物群落的不同，进而致使营养结构的差异。

五、厦门东海域鱼类食物网及能量流动途径

食物关系是海洋生物种间关系的主要表现形式，每种动物都可摄食多种生物，同时也被多种动物所捕食，这样就形成了一个由许多链状的摄食关系所组成的食物网。厦门东海域鱼类食物网的能量流动相对比较简单，可大致归纳为以下 4 种途径。

① 底栖藻类→杂食性鱼类（如青鳞小沙丁鱼）→低级肉食性鱼类（如黄带绯鲤）→中级肉食性鱼类（如康氏马鲛）。

② 浮游植物→植食性无脊椎动物→低级肉食性鱼类（如康氏小公鱼）→中级肉食性鱼类（如康氏马鲛）。

③ 有机碎屑→碎屑食性无脊椎动物（如多毛类）→低级肉食性鱼类（如多鳞鳝）→中级肉食性鱼类（如点带石斑鱼）。

④ 浮游植物→植食性无脊椎动物→低级肉食性鱼类（如康氏小公鱼）→中级肉食性鱼类（如细鳞鲥）→高级肉食性鱼类（如多齿蛇鲻）。

厦门东海域鱼类的食料生物种类很多，其中桡足类、糠虾类、樱虾类（毛虾）、磷虾类、短尾类及口足类、多毛类、底栖硅藻等在厦门东海域鱼类食物网中起重要作用。桡足类、磷虾类、樱虾类是中上层小型鱼类（如青鳞小沙丁鱼、棱鳀、康氏小公鱼等）的主要饵料；糠虾类、短尾类、多毛类是中下层和底层鱼类的捕食对象。小公鱼属又被多种经济鱼类（如长蛇鲻、长颌棱鳀、鲷科鱼类、蓝圆鲹等）所捕食。厦门东海域主要鱼类与优势饵料生物的营养关系见图 3-7。

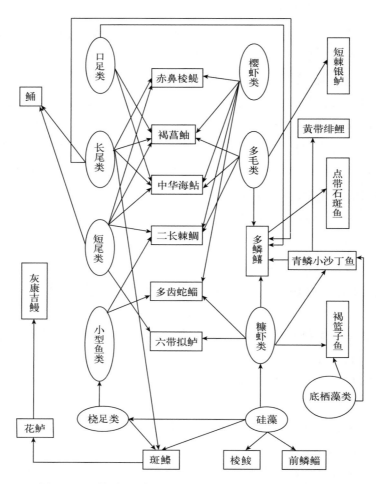

图 3-7 厦门东海域优势饵料生物与主要鱼种的营养关系

第四章
厦门湾九龙江河口区鱼类资源

河口是淡水和海水混合的水域，受到河流侵蚀等多种因素相互作用和影响的区域，是全球性物质和能量循环非常重要的渠道，有复杂的物理、化学条件与生物群落，是全球生态研究的热点领域。河口是非常典型的近岸海洋生态系统之一，是一个结构复杂、功能独特的生态系统，是许多鱼类和海洋甲壳类动物和其他重要经济生物产卵、育苗和饲养的主要场所，在国际上被称为"海洋育苗场"，具有非常重要的生态价值和经济价值。河口鱼类生物类群的作用非常重要，是水生生物食物链的重要组成部分，生物量变化对河口生态系统的结构和功能与渔业资源有显著影响，丰富的生物饵料和良好的生态环境有利于鱼类的生长和繁殖。复杂的河口环境是鱼类长期的栖息地，繁殖育苗场所、越冬地和迁徙鱼类洄游路线或目的地。此外，河口具有很高的初级生产力与丰富的生物多样性，对于人类生存和发展有着非常重要的意义。

九龙江河口区是厦门湾的一部分，是一受河流和潮汐等多种因素相互作用和影响的区域，典型的亚热带河口海湾，其生态系统物种丰富、结构复杂、功能独特，是许多海洋生物重要的产卵、肥育和生息的主要场所，具有非常重要的生态价值和经济价值。其入海口注入厦门湾，是厦门市和龙海市重要的渔业基地。以往的研究资料显示，由于自然与人类活动的影响，九龙江河口生态系统的环境日益恶化，由于工农业以及人类的各种活动所引发的水质污染日益严重，重金属以及氮、磷等营养盐大量吸附沉淀于水体中，造成水域富营养化，甚至导致赤潮的发生，使大量鱼类由于缺氧而死亡，甚至有些鱼类出现种群消失现象。渔获物中经济幼鱼所占比例相对较大，出现鱼类低龄化、小型化以及性早熟现象，导致目前该海域鱼类种群出现结构简单，海域生态系统功能降低，对该海域的渔业资源状况、鱼类多样性以及群落结构等造成严重破坏。此外，厦门港、漳州港的建设以及河口两侧的填海工程等，使得河口区的生态环境出现变化，使河流受到一定的阻隔，部分洄游性鱼类的洄游通道受到阻碍，以上种种原因都可能导致九龙江河口海域鱼类资源量的下降。为了进一步保护九龙江河口海域海洋生态系统环境、鱼类群落的多样性及其渔业资源，需要进一步加大对其生态系统环境条件、鱼类群落结构和功能以及渔业资源状况的研究力度。从2010年9月至2013年8月，集美大学课题组对九龙江河口区鱼类群落结构、鱼类资源现状等进行了36个月较系统的研究，以期为该海域的鱼类物种多样性保护、渔业资源保护和可持续开发利用提供科学依据。

第一节　厦门湾九龙江河口区鱼类群落结构研究

一、调查分析方法

2010年9月至2013年8月连续36个月在九龙江河口紫泥附近水域（S1）、浮宫附近水域（S2）和岛美附近水域（S3）三个站位采样，紫泥（淡水水域）位于九龙江河口内段，水深约为 5 m，高潮时盐度在 0.5 左右；浮宫（半咸水水域）位于九龙江河口中段，水深约为 8 m，高潮时盐度 10～15；岛美（海水水域）位于九龙江河口外段，水深约为 12 m，高潮时盐度大于 25。

利用群众流刺网和定置张网生产渔船，所采用的流刺网和定置张网均具有特定的规格，其中所采用流刺网的外网衣网目尺寸和内网衣网目尺寸分别为 200 mm 和 40 mm；流刺网的网列长度在 120～600 m，一般在 240 m 左右。定置张网上纲长度 34 m，网口高5～6 m，网囊网目的尺寸是 10 mm。采用定点、定人和定船的方法，在每月农历大潮期间即初一或十五，于每月进行一次或两次采集捕获样本，采样海域水深在 5～30 m。本次研究的采样量根据其渔获量的不同，单网捕获量大于 30 kg 的只取 30 kg 作为样品，10～30 kg 的样品全部取样，少于 10 kg 的则取 2～3 网，以一网进行标准化。所捕捞的渔获物样品先在当地进行冷冻处理，然后带回实验室进行冷冻保存。

室内分析时将样品进行解冻，生物学测定以及记录均分站位进行。按照纳尔逊分类系统对所采集的鱼类样品进行分类，并参考《鱼类分类学》以及《福建鱼类志》；依据海洋调查规范对其生物学特征（如鱼类的体长、全长、纯重、性腺的重量和性腺的成熟度以及胃饱满度等）进行测定和记录；对胃含物饵料生物种类进行了种类鉴定。

以 Pinkas 等（1971）所提出的关于相对重要性指数（IRI）分析鱼类的优势种。

$$IRI=（N+W）\times F\times 10^4$$

式中，N 是每种鱼类数量占渔获总数量的百分比，W 是每种鱼类重量占渔获总重量的百分比，F 是该物种的出现频率。本研究将 IRI 值大于 1 000 的种类定义为优势种，500～1 000 的种类定义为重要种，10～500 定义为常见种，1～10 定义为少见种，小于 1 的种类定义为偶见种。

二、鱼类种类组成

通过 2010 年 9 月至 2013 年 8 月对于九龙江河口海域定置张网和流刺网所捕捞的鱼类进行调查分析知道，共捕获 247 种鱼类，隶属 2 纲 19 个目 82 科 170 属（表 4-1），其中辐鳍鱼纲的鱼类种类数最高达 244 种，约占全部捕捞种类数的 98.79%。另外，辐鳍鱼纲中鲈形目（133 种）、鲤形目（22 种）、鳗鲡目（19 种）、鲱形目（18 种）、鲽形目（14 种）、鲇形目（9 种）、鲀形目（7 种）以及鲻形目（5 种）鱼类占较大比例，占辐鳍鱼纲全部捕获鱼类种类数的 93.03% 左右。鲈形目（133 种）占重要地位，约为该海域全部捕捞总种数的 53.85%；鲤形目约为该海域全部捕捞种类数的 8.91%；其他 6 个目的鱼类种类数均在 5～19 种，均属于辐鳍鱼纲所占比例较大的目；而辐鳍鱼纲其他各目鱼类种类数

表4-1 九龙江河口区鱼类各目物种数

纲	目名	种数
软骨鱼纲 Chondrichthres	须鲨目 Orectolobiformes	1
	鲼形目 Myliobatiformes	1
	鳐形目 Rajiformes	1
辐鳍鱼纲 Actinopterygii	海鲢目 Elopiformes	2
	鲱形目 Clupeiformes	18
	鲑形目 Salmoniformes	1
	仙鱼目 Aulopiformes	2
	鳗鲡目 Anguilliformes	19
	鲤形目 Cypriniformes	22
	鲇形目 Siluriformes	9
	鳉形目 Cyprinodontiformes	5
	银汉鱼目 Atheriniformes	2
	刺鱼目 Gasterost eiformes	4
	鳕形目 Gadiformes	1
	鲈形目 Perciformes	133
	鲉形目 Scorpaeniformes	4
	鲽形目 Pleuronectiformes	14
	鲀形目 Tetraodontiformes	7
	海蛾鱼目 Pegasiformes	1

相对较少，均在5种以下。软骨鱼纲仅包括三个目：须鲨目、鳐形目和鲼形目，而且三个目均仅包括一种鱼类，所占比例较少，仅占全部捕捞总种类数的1.21%。

将辐鳍鱼纲中鲈形目、鲤形目、鲱形目、鳗鲡目、鲇形目、鲽形目、鳉形目和鲀形目进一步从科级水平来分析，按照鱼类种类的数量依次为鰕虎鱼科（Gobiidae，23种）、鲤科（Cyprinidae，20种）、鳀科（Engraulidae，10种）、石首鱼科（Sciaenidae，10种）、舌鳎科（Cynoglossidae，9种）、鲱科（Clupeidae，8种）、鲹科（Carangidae，8种）、鮨科（Serranidae，6种），这8个科渔获鱼类种类数较多有6～20种，约占该海域全部捕捞种类数的38.06%（图4-1）。

从属级水平来分析，可以对九龙江河口所占比例较大的

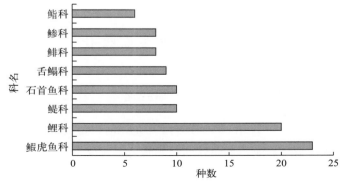

图4-1 九龙江河口鱼类主要科物种数

鱼类种群有更加明确的了解，以便制订合理的渔业管理模式，有利于发挥其海域优势，使优势种经济型鱼类达到最高的开发利用以及经济效益。舌鳎属（*Cynoglossus*）有 9 种，鲾属（*Leiognathus*）、棱鳀属（*Thrissa*）均有 5 种；其余各属所包含鱼类种类数均小于 5 种，且其中 126 种鱼类为一属一种的物种，所占比例较高，约占全部捕捞鱼类的 51.01%。

九龙江河口的鱼类种类数较多，大型鱼类、中型鱼类和小型鱼类均有存在，其中沿岸的中小型底层的鱼类以及近底层的鱼类在该海域全部捕获鱼类中占较大比重，并且在不同月份均占有较高的比例。这种现象符合所记载的大部分海洋小型鱼类在具有较高生产力的近海浅水区广泛分布的特征。

鱼类区系是生存于某一水域的地理条件下，不同鱼类种群之间相互联系与其周围环境条件长期作用而逐渐形成的。九龙江河口区鱼类区系包括暖水性亚热带种类、暖温性种类以及冷温性种类三类，未发现冷水性种类。其中，暖水性亚热带种类有 160 种，约占本海域全部捕捞鱼类种类数的 64.78%，比例较大；暖温性种类有 83 种，约占本海域全部捕捞鱼类种类数的 33.6%；冷温性种类（寡鳞飘鱼、长须鳅鮀、中华鳈鲏以及光泽黄颡鱼）仅有 4 种，约占本海域全部捕捞鱼类种类数的 1.62%，所占比例较低，该水域的鱼类区系为亚热带性质，与印度—西太平洋区的中日亚区相符合（图 4-2）。但是洪惠馨等（2004）在福建九龙江河口近海定置作业渔获物组成及其

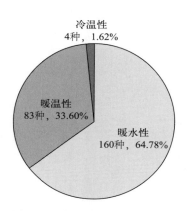

图 4-2　九龙江河口区暖水种、暖温种及冷温种鱼类组成比例

数量变动的调查研究中没有发现冷温性种以及冷水性种鱼类，主要是因为洪惠馨等对于九龙江河口鱼类的调查主要采用定置张网在浯屿和青礁两岛间采集渔获物，没有采用流刺网对鱼类样品进行采集，采样地点也没有涉及淡水水域，仅渔获鱼类 65 种，并不能完全反映出九龙江河口鱼类群落的整体面貌。

三、鱼类群落结构的年际变化

（一）鱼类种类数的年际变化

2010 年 9 月至 2013 年 8 月九龙江河口鱼类群落生物量的变化情况如图 4-3 所示。本次调查结果表明，九龙江河口水域在三个年度的鱼类种类数有些差异，其中 2010—2011 年度在该海域共捕获鱼类有 203 种，隶属于 19 目 72 科 136 属。2011—2012 年度在该海域共捕获鱼类有 161 种，隶属于 14 目 64 科 119 属。2012—2013 年度在该海域共捕获鱼

类有171种，隶属于16目57科112属，三个年度波动较大。三个年度鲈形目均为第一大目，分别为108种、82种、72种，分别占该年度全部捕获鱼类种类数的53.2%、50.9%、42.1%，与我国的海洋性鱼类区系中以鲈形目属于优势目占较大比重相符，但其捕获种类数以及在全部捕获种类数中所占比例呈逐年降低的趋势。三个年度的第二大目分别为2010—2011年度鲤形目20种，2011—2012年度鳗鲡目16种，2012—2013年度鲱形目15种。三个年度中鲈形目的鰕虎鱼科为第一大科，分别捕获鱼类种类数22种、15种、13种，分别占该年度捕获鲈形目鱼类种类数的20.37%、18.29%、18.05%，与海洋性鱼类区系中鲈形目的鰕虎鱼科为鱼类种类数最多的一个科相符；虽然三个年度鲈形目的鰕虎鱼科均为第一大科，但其种类数以及在该年度捕获鲈形目鱼类种类数中所占比例同样呈逐年降低的趋势。三个年度鲤形目的鲤科均为第二大科，分别捕获鱼类种类数18种、13种、9种。另外，三个年度属于一种一属的鱼类，在全部渔获鱼类种类数中所占比例分别为48.8%、55.9%、42.69%，在全部渔获鱼类中占有较高比例。由此可见，九龙江河口区具有我国其他海洋性海域所共有的特征，其鱼类生物群落的种类组成也符合河口区鱼类群落的普遍特征。

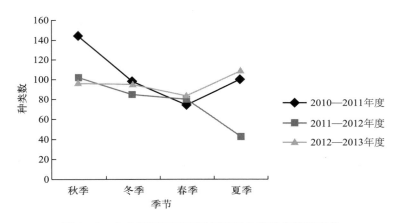

图4-3　九龙江河口区不同年际间鱼类种类数的变化

（二）鱼类个体数的年际变化

利用定置张网分析2010—2011年度、2011—2012年度、2012—2013年度三个年度九龙江河口区鱼类群落个体数的年际变化，可知：2010—2011年度秋季（9—11月）为86 515.02尾，2011—2012年度秋季为119 575.21尾，而2012—2013年度秋季有27 334.14尾；2010—2011年度夏季（6—8月）有88 890.10尾，2011—2012年度夏季有45 412.00尾，2012—2013年度夏季31 075.10尾；2010—2011年度冬季（12月至次年2月）有9 924.40尾，2011—2012年度冬季有12 705.01尾，2012—2013年度冬季5 085.57尾；2010—2011年度春季（3—5月）有6 542.99尾，2011—2012年度春季为

4 650.29 尾，2012—2013 年度春季为 5 120.94 尾。2010 年 9 月至 2013 年 8 月三年间九龙江河口鱼类群落个体数的变化情况如图 4-4 所示。从图 4-4 可以看出，2010—2011 年度夏季鱼类群落个体数最高，春季鱼类群落个体数最低；2011—2012 年度秋季鱼类群落个体数最高，春季鱼类群落个体数最低；2012—2013 年度夏季鱼类群落个体数最高，冬季鱼类群落个体数最低；本次调查分析的三个年际间均为夏季和秋季的鱼类群落个体数较高，春季和冬季鱼类群落个体数较低。

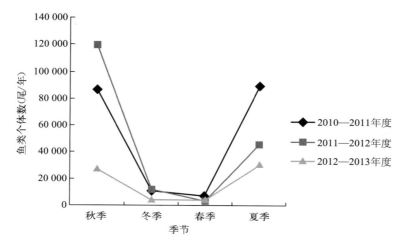

图 4-4　九龙江河口鱼类群落个体数的年际变化

（三）鱼类生物量的年际变化

利用定置张网分析 2010—2011 年度、2011—2012 年度、2012—2013 年度三个年度九龙江河口区鱼类群落生物量的年际变化，可知：2010—2011 年度秋季（9—11 月）为 128 674.84 g，2011—2012 年度秋季为 191 534.56 g，而 2012—2013 年度秋季为 111 327.00 g；2010—2011 年度夏季（6—8 月）为 194 554.59 g，2011—2012 年度夏季为 83 066.17 g，2012—2013 年度夏季为 52 963.76 g；2010—2011 年度冬季（12 月至次年 2 月）为 52 278.01 g，2011—2012 年度冬季为 62 968.72 g，2012—2013 年度冬季为 10 613.36 g；2010—2011 年度春季（3—5 月）为 72 789.37 g，2011—2012 年度春季为 37 597.99 g，2012—2013 年度春季为 37 186.59 g。2010 年 9 月至 2013 年 8 月三年间九龙江河口鱼类群落生物量的变化情况如图 4-5 所示。从图中可以看出，2010—2011 年度夏季鱼类群落生物量最高，冬季鱼类群落生物量最低；2011—2012 年度秋季鱼类群落生物量最高，春季鱼类群落生物量最低；2012—2013 年度秋季鱼类群落生物量最高，冬季鱼类群落生物量最低；本次调查分析的三个年际间均为夏季和秋季的鱼类群落生物量较高，春季和冬季鱼类群落生物量较低。

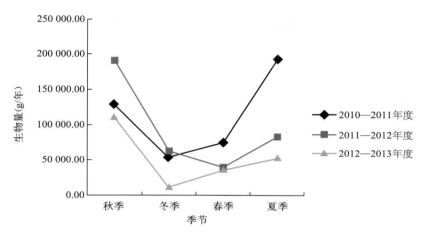

图 4-5　九龙江河口鱼类群落生物量的年际变化

综上分析，九龙江河口鱼类群落种类数、生物量和个体数的变化情况在三个年际间变化趋势基本相同，其季节变化均为秋季和夏季差异较大，冬季和春季差异不明显。

（四）鱼类主要优势种及其年际变化

2010—2011 年度的重要种类共有 9 种，分别为斑鰶、赤鼻棱鳀、红狼牙鰕虎鱼、前鳞鲻、眶棘双边鱼、青鳞小沙丁鱼、中华小公鱼、棱鲅和花鰶；2011—2012 年度重要种类有斑鰶、眶棘双边鱼、前鳞鲻、七丝鲚、中华小公鱼和青鳞小沙丁鱼 6 种；2012—2013 年度重要种类有斑鰶、红狼牙鰕虎鱼、前鳞鲻、眶棘双边鱼、康氏小公鱼、中华海鲇和青鳞小沙丁鱼 7 种。2010—2011 年度每网优势种的累计渔获量为 274 848.3 g 和 132 698.8 尾，分别占鱼类全部生物量和个体数的 61.31％和 69.16％。2011—2012 年度每网优势种的累计渔获量为 216 894.3 g 和 141 347.36 尾，分别占鱼类全部生物量和个体数的 57.81％和 77.52％。2012—2013 年度每网优势种的累计渔获量为 114 075.584 g 和 40 556.324 尾，分别占鱼类全部生物量和个体数的 53.79％和 59.11％。同 2010—2011 年度比较，2011—2012 年度青鳞小沙丁鱼的比例相对提高，成为第二大优势种。而中华小公鱼由优势种降为重要种，两个年度眶棘双边鱼均为第一优势种。同 2010—2011 年度比较，2012—2013 年度青鳞小沙丁鱼和康氏小公鱼的比例相对提高，分别跃居于第一、第三大优势种。同 2011—2012 年度比较，2012—2013 年度斑鰶和康氏小公鱼的比例相对提高，分别跃居于第二、第四大优势种。三个年度的优势种类对于九龙江河口区域渔业资源的生产力输出过程有非常重要的作用，可以代表九龙江河口区域生物群落结构的基本特征（表 4-2）。

表 4-2　各年度鱼类优势种类组成

种类	2010—2011 年度				2011—2012 年度				2012—2013 年度			
	N (%)	W (%)	F (%)	IRI	N (%)	W (%)	F (%)	IRI	N (%)	W (%)	F (%)	IRI
斑鰶	1.96	18.78	100	2 073.60	1.02	9.96	100	1 097.60	3.31	13.41	100	1 672.20
赤鼻棱鳀	1.28	4.66	100	593.60	—	—	—	—	—	—	—	—
红狼牙鰕虎鱼	1.23	4.17	100	539.70	—	—	—	—	3.20	5.84	100	903.40
花鰶	0.51	3.89	67	294.87	—	—	—	—	—	—	—	—
眶棘双边鱼	20.78	8.83	100	2 961.00	27.60	10.56	100	3 815.80	5.63	2.24	100	786.60
棱鮻	1.25	7.04	100	828.70	—	—	—	—	—	—	—	—
七丝鲚	—	—	—	—	1.50	6.64	100	813.40	—	—	—	—
前鳞鲻	3.28	17.03	100	2 030.99	3.41	19.66	100	2 306.60	3.29	9.80	100	1 308.70
青鳞小沙丁鱼	3.50	4.11	67	510.00	16.82	24.13	67	2 743.72	8.78	26.85	67	2 387.01
中华小公鱼	20.02	2.90	67	1 535.57	7.90	1.12	67	604.34	—	—	—	—
康氏小公鱼	—	—	—	—	—	—	—	—	14.07	1.31	67	1 029.86
中华海鲶	—	—	—	—	—	—	—	—	2.77	8.54	67	757.44

　　注：N 表示某一种类的数量在渔获物总数量中所占百分比；W 表示某一种类的重量在渔获物总重量中所占百分比；F 表示物种出现频率；IRI 表示相对重要性指数；—表示该种类在该年度为非优势种。

　　当前人类对该水域鱼类捕捞强度大，使一些大型鱼类以及一些肉食性鱼类逐渐较少，而小型鱼类逐渐发展成优势种鱼类。2010—2013 年，斑鰶、眶棘双边鱼、前鳞鲻、中华小公鱼和青鳞小沙丁鱼属于相对稳定的重要种；而前鳞鲻属于相对稳定的优势种。从三个年度的重要种类在全部捕捞鱼类中生物量和个体数的所占比重可以看出每年度重要种和优势种所占比例波动较大，可能是由于生物因素和非生物因素的相互作用，非生物因素主要是指水环境因子的变化引起鱼类种类数的变动，如温度和盐度对于九龙江河口海域鱼类群落结构的影响最为明显，温度和盐度的变化使鱼类生活在适宜的水体环境内，会发生自身的迁移活动，尤其对季节性和洄游性鱼类的影响尤为明显，而九龙江河口区域季节性鱼类和洄游性鱼类占较大比重，因此鱼类种类数的变动也较为明显。

　　九龙江河口区域是人类活动的密集区，人类以及工农业污水的大量排放，都会对该海域的水体环境造成影响，使水体富营养化，甚至导致赤潮的发生，导致鱼类的死亡；伴随人类生活水平的提高，人类对于水产品的需求不断加大，渔民等养殖人员为了获得较高的经济利益，不断加大对于该海域鱼类的捕捞，过度开发导致该海域鱼类种类数降低，尤其是对于一些产卵型鱼类的大力捕捞，对该海域鱼类资源的影响更为严重。因此，为了保护该海域的群落结构以及资源状况良好，实现其增值以及可持续开发和利用，在保护水体环境不受污染的前提下，减少该海域鱼类的捕捞压力刻不容缓。1985 年 5 月和 10 月福建省海岸带游泳生物调查在九龙江河口两次拖网调查中共鉴定出鱼类 37 种，其中优势种为小眼魟、龙头鱼、赤魟和丁氏双鳍电鳐；而杜建国等关于 2009 年 5 月和 11 月九龙江河口渔业资源的两次拖网调查共鉴定鱼类 35 种，优势种为中华海鲇、凤鲚、皮氏叫姑鱼和红狼牙鰕虎鱼；本次调查优势种有斑鰶、睦棘双边鱼、前鳞鲻、中华小公鱼、青鳞小沙丁鱼和康氏小公鱼。由此可见，鲱形目、鲈形目等一些大型肉食性种类的数量急剧下降，九龙江河口的鲻属于生命周期较长且资源补充量少的优质种类，但目前资源量很低，应加以重点保护。在努力发展经济、不断满足人类对于水产品需求的同时，应全面做好保护渔业生态系统和物种资源工作，保证渔业持续稳定协调的发展。

九龙江河口区、珠江口、长江口以及闽江口各个河口区系的差异性可能是由地理位置以及水体生态系统的不同引起的，正是由于各个海域之间不同的区系特征使生态类型群落出现不同，从而使我国海洋性鱼类的生态类型更加多样化。黄良敏（2013）曾对我国东南沿海几个主要河口区及附近海域鱼类组成进行分析，结果表明鱼类种类数从北到南的物种丰富度明显增加，其中鲈形目所占比重增加明显。长江口及附近海域鱼类发现有 339 种，2 纲 28 目 106 科 223 属，其中软骨鱼纲共 5 目 12 科 14 属 23 种，硬骨鱼纲共23 目 94 科 209 属 316 种；闽江口及附近海域鱼类共有 535 种，隶属 2 纲 31 目 142 科 323属，软骨鱼纲 7 目 16 科 20 属 37 种，硬骨鱼纲共 24 目 126 科 303 属 498 种；九龙江河口及附近海域鱼类共 803 种，隶属 2 纲 32 目 162 科 419 属，其中软骨鱼纲 7 目 19 科 31 属49 种，硬骨鱼纲共 25 目 143 科 388 属 754 种；珠江口及附近海域鱼类共 1 021 种，隶属 2纲 28 目 164 科 472 属，其中软骨鱼纲共 6 目 20 科 28 属 47 种，硬骨鱼纲共 22 目 144 科444 属 974 种。统计的结果中包含少数淡水鱼类。研究的四个海域由北向南鱼类群落组成平均分类差异变异指数基本呈逐渐减小趋势，但分类学等级多样性指数差异并不大，鱼类区系关系较密切，可视为是同一动物地理区系（印度—马来区系）。闽江口海域与九龙江河口海域的鱼类种类组成相似度最高，其鱼类组成与处于南海和东海交汇的特殊地理位置相符，并受南下的闽浙沿岸流及北上的南海暖流影响明显。

（五）鱼类多样性指数的年际变化

九龙江河口区三个年度鱼类的物种丰富度（D）、均匀度指数（J'）和多样性指数（H'），见表 4-3。三个年度四个季节 D 的平均值分别为 23.949、22.865、23.421；三个年度 J' 的平均值分别为 0.643、0.677 和 0.686；三个年度 H' 的平均值分别为 3.608、3.747 和 3.806。通过分析可以看出：2010—2011 年度和 2011—2012 年度比较，2011—2012 年度的物种丰富度较低，均匀度指数以及多样性指数均较高。2010—2011 年度和2012—2013 年度比较，2012—2013 年度的物种丰富度较低，均匀度指数以及多样性指数均较高。2011—2012 年度和 2012—2013 年度比较，2012—2013 年度的物种丰富度、均匀度指数以及多样性指数均较高。群落多样性指数是描述群落结构的重要指标，从表 4-3可见，九龙江河口水域鱼类群落具有较高的多样性，而且多样性指数随季节发生变化，由此可以看出水温是影响鱼类群落结构和多样性的重要因素。温度较高有利于鱼类所捕食生物饵料的增长，生物饵料丰富度较高，有利于鱼类进行摄食，供其生长以及繁殖等活动，多数鱼类开始在河口区域进行产卵使夏季和秋季鱼类的生物量和种类数均达到较高水平，但鱼类自身所能适应的温度范围是有限的，并非温度越高，生物量和种类数就越多，在一定范围内，该海域的水体温度和本海域的生物量以及种类数呈现正相关，如果超过鱼类所能承受的最高温度，鱼类便会迁移到温度适宜的海域，均会使该海域鱼类的生物量和种类数降低；而冬季和春季的水体温度相对较低，产卵鱼类数量明显减少，生物饵料明显减少，使鱼类种间和种内竞争非常激烈，有些中小型鱼类会被大型的凶猛动物所摄食，另外一些洄游性鱼类会迁移到其他海域进行越冬，都会使本海域鱼类的生物量和种类数明显减少。从物种丰富度、均匀度指数以及多样性指数可以看出，该海域鱼类群落的物种数和总的生物量以及个体数量是影响鱼类群落多样性水平的重要因素。

表 4－3　九龙江河口区 2011 年 9 月至 2013 年 8 月鱼类种类多样性指数

年度	季节	D	J′	H′
2010—2011	秋季	28.474	0.632	3.679
	冬季	26.785	0.693	3.936
	春季	17.954	0.649	3.447
	夏季	22.581	0.599	3.368
2011—2012	秋季	27.302	0.598	3.470
	冬季	23.710	0.710	3.955
	春季	20.409	0.675	3.628
	夏季	20.040	0.725	3.934
2012—2013	秋季	24.009	0.702	3.958
	冬季	24.025	0.708	3.944
	春季	21.285	0.708	3.837
	夏季	24.363	0.624	3.486

物种多样性指数受到物种丰富度与均匀度的共同影响，影响鱼类群落的种类多样性水平的因素主要包括该海域群落的物种数和各个物种的个体数量，总的来说多样性指数和均匀度指数越高，其种类多样性水平也会相应较高，说明该海域的群落结构也就越复杂。该海域三个年度的鱼类种类多样性均处于较高水平，主要是由于九龙江河口是典型的亚热带河口海湾，生态环境属亚热带海洋性季风气候，水域的水体环境稳定，生物品种更加多样；大部分九龙江河口鱼类在低营养级层次，而且该海域的大型肉食性鱼类的种类数并不多，对中小型鱼类的捕食压力较小。因此，处于低营养级水平的鱼类物种分布较均匀，使其优势度表现并不突出，多样性水平较高，有利于维持该海域鱼类群落的稳定性；另外，处于低营养级水平的鱼类物种分布不平衡时，使其优势度表现较为突出，多样性水平降低，会对该海域鱼类群落的稳定性造成影响，但营养级较高的鱼类只有少

数种类，对该海域的鱼类群落稳定性影响不大。目前对九龙江河口鱼类群落结构的稳定性有较大影响的因素主要是捕捞压力及栖息环境的破坏。

四、不同盐度水域鱼类群落结构变化

（一）不同盐度水域的鱼类个体数量变化

2010—2011 年度岛美总渔获个体数为 36 900.00 尾/网，浮宫总渔获个体数为 80 464.75尾/网，紫泥总渔获个体数为 15 617.66 尾/网；2011—2012 年度岛美总渔获个体数为 26 546.62 尾/网，浮宫总渔获个体数为 30 100.65 尾/网，紫泥总渔获个体数为 9 725.10尾/网；2012—2013 年度岛美总渔获个体数为 19 993.76 尾/网，浮宫总渔获个体数为 66 505.93 尾/网，紫泥总渔获个体数为 14 078.73 尾/网。2010—2011 年度岛美月平均渔获个体数为 3 075 尾/网，浮宫月平均渔获个体数为 6 705.40 尾/网，紫泥月平均渔获个体数为 1 301.47 尾/网；2011—2012 年度岛美月平均渔获个体数为 2 212.22 尾/网，浮宫月平均渔获个体数为 2 508.39 尾/网，紫泥月平均渔获个体数为 810.43 尾/网；2012—2013 年度岛美月平均渔获个体数为 1 666.15 尾/网，浮宫月平均渔获个体数为 5 542.16 尾/网，紫泥月平均渔获个体数为 1 173.23 尾/网。

（二）不同盐度水域的鱼类生物量变化

表 4-4 为 2010 年 9 月至 2013 年 8 月各采样站点不同月份的渔获量。2010—2011 年度岛美月平均渔获量为 2 703.61 g/网，浮宫月平均渔获量为 28 154.68 g/网，紫泥月平均渔获量为 6 217.17 g/网；2011—2012 年度岛美月平均渔获量为 4 234.49 g/网，浮宫月平均渔获量为 22 287.26 g/网，紫泥月平均渔获量为 9 101.98 g/网；2012—2013 年度岛美月平均渔获量为 3 153.32 g/网，浮宫月平均渔获量为 11 229.28 g/网，紫泥月平均渔获量为 7 399.277 g/网。

本次调查盐度因素是该海域最显著的空间梯度，盐度含量从下游到上游逐渐降低为淡水区。海域中生物的生长均在一定盐度含量的基础上，即生物均生长在自身所能适应的盐度范围区域，所以生长在淡水区、半咸水区以及咸水区的鱼类种类可以直接反映出鱼类的生活习性。相同月份不同调查站位间的盐度差异较大，其中岛美的盐度最高，浮宫次之，紫泥最低；岛美和紫泥的盐度随月份的变化差异较小，而浮宫随月份的变化差异较大。九龙江河口海域全年径流量约为 1.17×10^{10} m³，其中陆源径流携带大量营养盐进入河口，是九龙江河口海域营养盐的主要来源。按三个站点的地理位置环境条件的差异：岛美是海水区，年平均盐度 30 左右；浮宫是咸淡水混合区，年平均盐度 4.45 左右，基本上低于 7；紫泥基本上是纯淡水区，年平均盐度为 0.5 左右。

表 4 - 4　九龙江河口鱼类群落不同盐度水域的渔获量

采样时间	岛美	浮宫	紫泥
	渔获量（g/网）	渔获量（g/网）	渔获量（g/网）
2010 年 9 月	10 951.94	12 708.15	6 806.60
2010 年 10 月	3 473.26	33 198.61	8 124.57
2010 年 11 月	1 084.38	46 671.90	8 198.14
2010 年 12 月	3 220.99	18 078.06	3 995.38
2011 年 1 月	1 192.84	11 694.61	3 367.45
2011 年 2 月	849.48	7 933.30	2 112.76
2011 年 3 月	1 224.64	33 539.33	5 550.74
2011 年 4 月	1 378.57	12 563.74	3 232.85
2011 年 5 月	2 745.30	3 310.00	7 455.65
2011 年 6 月	1 626.78	7 798.37	12 580.34
2011 年 7 月	2 845.70	97 898.65	5 120.92
2011 年 8 月	1 849.42	52 461.47	8 060.69
2011 年 9 月	3 681.83	59 167.36	8 146.80
2011 年 10 月	4 370.44	50 947.73	11 583.43
2011 年 11 月	1 702.79	35 524.43	5 807.51
2011 年 12 月	2 293.06	21 776.84	7 617.57
2012 年 1 月	823.59	8 525.43	10 354.84
2012 年 2 月	3 444.05	5 227.51	3 457.56
2012 年 3 月	2 721.38	1 257.04	6 785.19
2012 年 4 月	5 297.00	19 529.94	4 577.90
2012 年 5 月	2 847.90	9 832.24	12 904.10
2012 年 6 月	2 285.00	8 786.53	9 159.30
2012 年 7 月	11 062.12	20 466.49	9 600.00
2012 年 8 月	10 284.71	26 405.54	19 229.55
2012 年 9 月	5 525.18	10 741.19	39 824.87
2012 年 10 月	2 640.31	16 389.67	10 683.42
2012 年 11 月	4 633.07	11 281.45	9 642.84
2012 年 12 月	1 430.97	12 122.36	3 515.64
2013 年 1 月	1 211.88	13 312.87	3 263.10
2013 年 2 月	1 250.15	15 736.76	2 623.23
2013 年 3 月	957.72	10 836.17	2 849.64
2013 年 4 月	956.51	7 846.96	4 905.87
2013 年 5 月	1 436.56	7 903.44	4 896.88
2013 年 6 月	2 109.43	5 989.84	2 744.79
2013 年 7 月	11 819.81	15 584.07	2 850.90
2013 年 8 月	3 868.24	7 006.53	990.14

对不同海域鱼类的个体数和生物量进行分析，可以看出浮宫站点的鱼类渔获生物量、个体数均最多，其次为岛美站点，紫泥站点最少，所捕获鱼类生物量、个体数伴随盐度梯度的不同呈现一定的变化规律，半咸水区、淡水区、咸水区渔获鱼类生物量、个体数呈递增的趋势，处于半咸水区渔获鱼类生物量、个体数最多，其次为淡水区，最后为咸水区，这一变化规律与以往调查研究资料相符。不同站点之间捕获鱼类生物量、个体数存在差异的原因是各站点之间盐度梯度的不同。不同站点间均以夏季和秋季的个体数和生物量较多，说明夏季和秋季有利于鱼类所捕食的生物饵料的生长，利于鱼类的各种生命活动以及产卵型鱼类进行繁殖。三个站点春季和冬季的个体数和生物量较低，主要原因是因为温度较低，鱼类所摄食生物饵料数量减少，一些洄游性鱼类的迁移活动，对鱼类渔获量的变化有较为显著的影响。

由表4-4可知，位于九龙江河口地区不同盐度水域鱼类的种类、个体数和生物量都存在明显的时空变化。在不同的季节之间鱼类的生物量、个体数的分布也存在较为明显的差异，造成这种季节性差异的原因是多样性的，本次研究九龙江河口海域春季、夏季、秋季和冬季的平均水温分别为18.5℃、26.7℃、24.7℃和16.3℃，由此可以看出夏季的年平均水体温度最高，秋季的年平均水体温度仅次于夏季，而春季和冬季的年平均水体温度相对较低，其中冬季水温最低。本次调查结果表明2010—2011年度夏季鱼类群落个体数最高，春季鱼类群落个体数最低，夏季鱼类群落生物量最高，冬季鱼类群落生物量最低；2011—2012年度秋季鱼类群落个体数最高，春季鱼类群落个体数最低，秋季鱼类群落生物量最高，春季鱼类群落生物量最低；2012—2013年度夏季鱼类群落个体数最高，冬季鱼类群落个体数最低，秋季鱼类群落生物量最高，冬季鱼类群落生物量最低。九龙江河口海域夏季和秋季的生物量和个体数较多，春季和冬季的个体数和生物量较少，与一般河口地区的特征类似。

（三）不同盐度水域的鱼类优势种变化

根据 IRI 值所处范围进行划分，岛美站点鱼类的优势种为青鳞小沙丁鱼、康氏小公鱼、皮氏叫姑鱼以及中华小公鱼，占鱼类总渔获生物量的45.25%，占总渔获个体数的45.03%，其中青鳞小沙丁鱼的渔获生物量为18 310.80 g/网，渔获个体数为5 067.84 尾/网；康氏小公鱼的渔获生物量为15 156.21 g/网，渔获个体数为20 481.36 尾/网；皮氏叫姑鱼的渔获生物量为12 389.26 g/网，渔获个体数为571.72 尾/网；中华小公鱼的渔获生物量为8 934.38 g/网，渔获个体数为11 454.33 尾/网。

浮宫站点鱼类的优势种为斑鰶、青鳞小沙丁鱼、眶棘双边鱼、前鳞鲻和中华小公鱼，占鱼类总渔获生物量的74.23%，占总渔获个体数的75.15%，其中斑鰶的渔获生物量为133 451.86 g/网，渔获个体数为6 876.25 尾/网；青鳞小沙丁鱼的渔获生物量为107 033.7 g/网，渔获个体数为28 462.34 尾/网；眶棘双边鱼的渔获生物量为

78 149.05 g/网，渔获个体数为 54 649.69 尾/网；前鳞鲻的渔获生物量为 208 314.1 g/网，渔获个体数为 14 190.33 尾/网；中华小公鱼的渔获生物量为 22 412.43 g/网，渔获个体数为 28 895.67 尾/网。

紫泥站点鱼类的优势种为罗非鱼、眶棘双边鱼、鲢、七丝鲚、中华海鲇和红狼牙鰕虎鱼，占鱼类总渔获生物量的 56.71%，占总渔获个体数的 68.41%。其中，罗非鱼的渔获生物量为 53 167.02 g/网，渔获个体数为 2 135.25 尾/网；眶棘双边鱼的渔获生物量为 7 371.69 g/网，渔获个体数为 12 530.71 尾/网；鲢的渔获生物量为 27 235.56 g/网，渔获个体数为 21.87 尾/网；七丝鲚的渔获生物量为 28 430.81 g/网，渔获个体数为 6 250.36 尾/网；中华海鲇的渔获生物量为 22 106.1 g/网，渔获个体数为 3 317.53 尾/网；红狼牙鰕虎鱼的渔获生物量为 16 302.59 g/网，渔获个体数为 2 710.78 尾/网。

不同海域的优势种之间存在一定差异，其中岛美和浮宫站点共同优势种有青鳞小沙丁鱼和中华小公鱼，而浮宫站点这两种鱼的渔获生物量和个体数均多于岛美站点；紫泥和浮宫站点共同优势种仅有眶棘双边鱼一种，浮宫站点的渔获生物量和个体数均多于紫泥站点；岛美站点和紫泥站点之间没有共同优势种存在。不同海域鱼类优势种渔获量的不同主要是由盐度的不同引起的，罗非鱼和白鲢比较适宜生活在淡水区域；中华小公鱼和青鳞小沙丁鱼适宜生长在淡水区和半咸水区域；斑鰶、前鳞鲻是半咸水区域的优势种；眶棘双边鱼适宜生长在盐度较高的半咸水区和咸水区域；皮氏叫姑鱼、康氏小公鱼、七丝鲚、中华海鲇和红狼牙鰕虎鱼等是咸水区的优势鱼种。

鱼类物种的丰度在不同深度和不同调查面积下都具有差异，随着面积和深度增加，物种丰富度采集的样品会逐渐增加，而选择不同规格的定置张网和流刺网在调查中也有影响力，如一些行为速度快、大型个体和珍稀鱼类往往难以被捕获。为了更准确地调查某些水域鱼类的丰富度和物种多样性，应采用不同的调查和分析方法相结合进行。

第二节　厦门湾九龙江河口区鱼类资源量及其年际变化

一、调查分析方法

定置张网调查站位与室内分析方法同本章第一节。

其资源密度（生物量、尾数）的计算公式为：

$$V = \frac{c}{vtaq}$$

式中：V——调查水域资源密度，单位为尾/千米^2（尾/km^2）或千克每千米^2（kg/km^2）；

　　　c——单位网次平均渔获量，单位为尾或千克（kg）；

　　　a——迎流网口面积，单位为千米^2（km^2）；

　　　t——有效作业时间，取大潮期 6 h，单位为小时（h）；

　　　v——平均流速，单位为千米每时（km/h），本文取丰水期（4—9 月）为 2.52 km/h；枯水期（10 月至翌年 3 月）为 2.88 km/h；

　　　q——捕捞效率，本文取 0.5。

二、鱼类资源平均密度的年际变化

（一）平均数量密度的年际变化

2010 年 9 月至 2013 年 8 月三年间九龙江河口海域不同月份鱼类资源数量密度的变化情况如表 4-5 所示。

表 4-5　九龙江河口海域不同月份鱼类资源数量密度的变化情况

月份	2010—2011 年度	2011—2012 年度	2012—2013 年度
	数量密度（尾/km^2）	数量密度（尾/km^2）	数量密度（尾/km^2）
9	76 930.07	67 370.10	72 175.01
10	81 009.22	73 250.77	52 215.50
11	69 342.53	51 925.44	49 041.94
12	43 213.53	43 949.06	34 468.59
1	7 559.37	37 816.20	34 185.94
2	7 271.72	16 988.06	28 548.18
3	9 317.89	18 875.91	40 189.42
4	9 927.12	37 850.56	34 488.15
5	7 684.21	47 720.98	47 947.79
6	7 914.29	51 677.20	25 924.28
7	16 833.17	61 126.00	51 113.29
8	34 016.20	70 478.67	78 072.00

2010 年 9 月至 2013 年 8 月三年间九龙江河口海域鱼类资源数量密度的变化情况如图 4-6 所示。从图中可以看出，该海域不同年际和不同月份的鱼类资源数量密度的差异较为明显，本次调查分析的三个年际间均为秋季和夏季鱼类资源的数量密度较高，春季和冬季鱼类资源的数量密度较低。

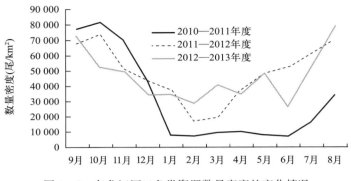

图 4-6　九龙江河口鱼类资源数量密度的变化情况

（二）平均生物量密度的年际变化

2010 年 9 月至 2013 年 8 月三年间九龙江河口海域不同月份鱼类资源生物量密度的变化情况如表 4-6 所示。

表 4-6　九龙江河口海域不同月份鱼类资源生物量密度的变化情况

月份	2010—2011 年度	2011—2012 年度	2012—2013 年度
	生物量密度（kg/km²）	生物量密度（kg/km²）	生物量密度（kg/km²）
9	711.18	1 332.71	826.25
10	714.21	1 230.60	744.65
11	672.19	993.89	596.69
12	591.76	432.66	397.62
1	380.07	458.02	415.91
2	250.53	281.66	458.52
3	480.64	246.00	443.47
4	554.71	370.01	391.91
5	506.49	353.56	380.44
6	631.82	693.31	289.78
7	874.72	1 102.36	808.48
8	835.34	1 356.36	317.06

2010 年 9 月至 2013 年 8 月三年间九龙江河口海域鱼类资源生物量密度的变化情况如图 4-7 所示。从图中可以看出，该海域不同年际和不同月份的鱼类资源生物量密度的差异较为明显，本次调查分析的三个年际间均为秋季和夏季鱼类资源的生物量密度较高，春季和冬季鱼类资源的生物量密度较低。

2010 年 9 月至 2013 年 8 月期间九龙江河口鱼类渔获生物量、个体数出现了较为明显

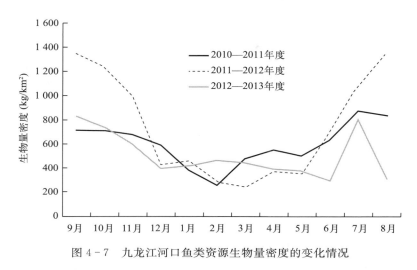

图 4-7　九龙江河口鱼类资源生物量密度的变化情况

的变化，主要是由不同鱼类种类对水体环境以及外部人为因素的适应性不同引起的。三个年度的渔获生物量和个体数均差异明显，渔获物基本上由当龄鱼、低龄鱼组成，这些现象表明九龙江河口海域渔业资源呈现衰退趋势。三个年度均以夏季和秋季所捕获的鱼类生物量、个体数均较多，原因是夏季、秋季温度适宜和食物丰富，利于鱼类的生长和产卵型鱼类的繁殖；而春季和冬季所捕获的鱼类种类数、生物量、个体数均较少，主要原因是春季和冬季的气温相对较低，不利于鱼类所摄食生物饵料的生长，饵料生物的丰富度较低，对鱼类的生长、行为以及繁殖均产生不利影响，另外一些洄游性的鱼类因为不能适应其周围温度的变化迁移到温度适宜的海域等，都会造成春季和冬季所捕捞鱼类个体数和生物量的降低。本次调查研究所捕获的 247 种鱼类中，一年中大多数月份均有出现的鱼类所占比例较大，在全部捕获鱼类样品中出现 30 种，四季都有出现或是春、夏、秋均有出现，占全部捕捞渔获物的 12.15％；季节性的鱼类即一年中仅有单个季节出现或是海域环境变化不明显的相邻季节出现的鱼类所占数目较高，高达 97 种，占全部捕捞渔获物的 39.27％。通过聚类分析发现季节之间的相似度并不高，三个年度不同季节之间均不高于 60％。这种现象表明九龙江河口的鱼类多为季节性鱼类或是洄游性的鱼类，因为九龙江河口的环境条件随季节变化较大，导致部分鱼类进行迁移活动，同时又伴随另一部分新种类迁入本河口，这种现象在其他河口（如长江河口）区中也有出现。

　　三个年度九龙江河口的年平均鱼类生物量密度分别为 600.30 kg/km²、737.59 kg/km²、505.90 kg/km²；三个年度的年平均鱼类数量密度分别为 30 918.28 尾/km²、48 252.41 尾/km²、45 697.51 尾/km²；三个年度的年平均生物量密度和年平均数量密度波动均较大。本次调查九龙江河口海域鱼类年平均生物量密度与其他海域进行比较，三个年度九龙江河口海域的鱼类资源密度（614.60 kg/km²）与厦门海域鱼类年平均资源密度

（720.94 kg/km²）（黄良敏 等，2010）相近，均高于渤海近岸鱼类年平均资源密度（275.30 kg/km²），略低于东海海域鱼类年平均资源密度（884.72 kg/km²），均低于闽江口及附近海域（997.36 kg/km²），也明显低于黄海（2 323.57 kg/km²）。与其他海域相比，九龙江河口的鱼类资源密度处于中等水平。九龙江河口海域渔业资源密度的变化与海洋表层水温的变化基本吻合，即夏季和秋季水温较高，资源密度也较高；春季和冬季水温较低，资源密度亦较低。

三、鱼类主要优势种资源密度的年际变化

2010—2011 年度主要优势种斑鰶渔获生物量密度为 112.73 kg/km²，渔获数量密度为605.07 尾/km²；眶棘双边鱼渔获生物量密度为 53.01 kg/km²，渔获数量密度为6 424.83 尾/km²；前鳞鲻渔获生物量密度为 102.23 kg/km²，渔获数量密度为 1 014.09 尾/km²；中华小公鱼渔获生物量密度为 8.28 kg/km²，渔获数量密度为 3 810.49 尾/km²。2011—2012 年度优势种眶棘双边鱼渔获生物量密度为 77.87 kg/km²，渔获数量密度为 13 317.67 尾/km²；前鳞鲻渔获生物量密度为 145.00 kg/km²，渔获数量密度为 1 644.64 尾/km²；青鳞小沙丁鱼渔获生物量密度为 177.99 kg/km²，渔获数量密度为 8 116.06 尾/km²，斑鰶渔获生物量密度为 73.47 kg/km²，渔获数量密度为 489.76 尾/km²。2012—2013 年度优势种斑鰶渔获生物量密度为 67.84 kg/km²，渔获数量密度为 1 513.50 尾/km²；青鳞小沙丁鱼渔获生物量密度为 135.83 kg/km²，渔获数量密度为 4 010.87 尾/km²；前鳞鲻渔获生物量密度为 49.59 kg/km²，渔获数量密度为 1 501.16 尾/km²；康氏小公鱼渔获生物量密度为 6.60 kg/km²，渔获数量密度为 6 427.81 尾/km²。三个年度优势种之间的渔获生物量密度和数量密度均存在一定的差异性。

2010—2011 年度、2011—2012 年度和 2012—2013 年度的共同优势种前鳞鲻的资源密度呈逐年降低的趋势。2010—2011 年度和 2011—2012 年度的共同优势种眶棘双边鱼的生物量密度进行比较，2011—2012 年度的生物量密度较低；2010—2011 年度和 2012—2013年度的共同优势种斑鰶的资源密度进行比较，2012—2013 年度的资源密度较低；2011—2012 年度和 2012—2013 年度的共同优势种青鳞小沙丁鱼的资源密度进行比较，2012—2013 年度的资源密度较低；由此可以看出九龙江河口海域优势种鱼类的资源密度有呈逐年降低的趋势。鱼类优势种分析结果显示，九龙江河口海域以小型鱼类、近岸以及内湾性种类为主，以热带和亚热带暖水性种类为主，作为优势种鱼类在该海域的渔获量中占绝对优势，这与本海域属于亚热带的内湾这一生态环境相吻合；而三个年度优势种鱼类资源密度的变化主要与该海域水环境的变化相关。随着捕捞力度的加大，大型和肉食性鱼类日趋减少，小型鱼类逐渐成为优势种鱼类。

四、不同盐度水域的鱼类资源密度分析

（一）平均数量密度差异

2010 年 9 月至 2013 年 8 月三年间九龙江河口海域岛美、浮宫、紫泥三个站点的鱼类资源不同月份的数量密度的变化情况如表 4 - 7 所示。

表 4 - 7　不同盐度水域鱼类数量密度的月变化及年际变化

采样时间	岛美 数量密度 （尾/km²）	浮宫 数量密度 （尾/km²）	紫泥 数量密度 （尾/km²）
2010 年 9 月	83 985.20	94 562.73	52 242.27
2010 年 10 月	77 537.56	86 543.60	78 946.50
2010 年 11 月	40 040.02	94 332.10	73 655.47
2010 年 12 月	38 560.08	67 623.40	23 457.10
2011 年 1 月	5 290.17	12 154.10	5 233.84
2011 年 2 月	4 546.86	11 625.10	5 643.21
2011 年 3 月	4 436.73	15 287.10	8 229.83
2011 年 4 月	7 471.77	12 433.10	9 876.50
2011 年 5 月	5 683.42	9 876.10	7 493.10
2011 年 6 月	967.00	13 506.20	9 269.68
2011 年 7 月	12 678.30	24 576.10	13 245.10
2011 年 8 月	39 182.10	36 243.50	26 622.99
2011 年 9 月	77 345.10	82 543.10	42 222.10
2011 年 10 月	67 542.10	89 765.10	62 445.10
2011 年 11 月	27 860.18	80 976.10	46 940.04
2011 年 12 月	12 817.22	61 332.40	57 697.55
2012 年 1 月	9 259.26	53 792.36	50 396.98
2012 年 2 月	13 196.00	19 201.17	18 567.00
2012 年 3 月	16 075.10	13 169.74	27 382.88
2012 年 4 月	36 124.03	54 744.92	22 682.74
2012 年 5 月	33 816.83	87 652.10	21 694.01
2012 年 6 月	445.37	78 027.00	76 559.24
2012 年 7 月	38 824.00	98 765.00	45 789.00
2012 年 8 月	75 312.00	89 756.00	46 368.00
2012 年 9 月	70 930.04	93 876.00	51 719.00

（续）

采样时间	岛美	浮宫	紫泥
	数量密度 （尾/km²）	数量密度 （尾/km²）	数量密度 （尾/km²）
2012 年 10 月	89 085.92	22 095.12	45 465.46
2012 年 11 月	18 129.50	60 010.07	68 986.25
2012 年 12 月	15 667.00	71 071.78	16 667.00
2013 年 1 月	11 014.80	71 933.33	19 609.68
2013 年 2 月	24 445.85	44 238.68	16 960.00
2013 年 3 月	3 291.79	75 410.29	41 866.19
2013 年 4 月	9 317.16	63 167.29	30 979.99
2013 年 5 月	22 818.31	103 415.10	17 609.96
2013 年 6 月	789.00	62 521.16	14 462.67
2013 年 7 月	60 797.00	78 965.00	13 577.87
2013 年 8 月	80 997.00	98 776.00	5 4443.00

2010 年 9 月至 2013 年 8 月三年间九龙江河口海域岛美、浮宫、紫泥三个站点鱼类资源的数量密度变化情况如图 4-8 所示。从图中可以看出，该海域不同盐度水域和不同月份鱼类资源的数量密度差异变化较为明显，三个站点的鱼类资源数量密度呈浮宫、岛美、紫泥三个站点逐渐降低的趋势，本次调查分析的三个站点均为夏季和秋季鱼类资源的数量密度较高，春季和冬季鱼类资源的数量密度较低。

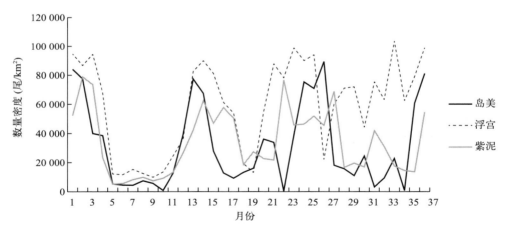

图 4-8　九龙江口不同海域鱼类数量密度的变化

（图中 1～36 指 2010 年 9 月至 2013 年 8 月的 36 个月）

（二）平均生物量密度差异

2010 年 9 月至 2013 年 8 月三年间九龙江河口海域岛美、浮宫、紫泥三个站点鱼类资源不同月份的生物量密度的变化情况如表 4-8 所示。

表 4-8　不同水域鱼类生物量密度的月变化及年际变化

采样时间	岛美	浮宫	紫泥
	生物量密度（kg/km²）	生物量密度（kg/km²）	生物量密度（kg/km²）
2010 年 9 月	498.53	1 092.13	542.88
2010 年 10 月	243.69	1 328.75	570.19
2010 年 11 月	120.16	1 275.14	621.26
2010 年 12 月	225.93	1 268.10	281.25
2011 年 1 月	83.67	820.33	236.21
2011 年 2 月	59.62	543.77	148.20
2011 年 3 月	85.92	852.65	503.35
2011 年 4 月	221.03	1 007.23	435.87
2011 年 5 月	151.88	865.35	502.25
2011 年 6 月	260.83	625.17	1 009.45
2011 年 7 月	365.40	1 848.22	410.53
2011 年 8 月	657.46	1 205.67	642.90
2011 年 9 月	1 601.77	1 743.26	653.10
2011 年 10 月	1 306.57	1 573.78	811.46
2011 年 11 月	1 113.49	1 492.00	376.17
2011 年 12 月	136.05	627.58	534.34
2012 年 1 月	49.69	598.02	726.35
2012 年 2 月	207.22	366.69	271.06
2012 年 3 月	173.86	88.18	475.95
2012 年 4 月	133.35	699.81	276.86
2012 年 5 月	71.58	327.24	661.86
2012 年 6 月	101.77	1 037.86	940.29
2012 年 7 月	564.81	1 935.72	806.54
2012 年 8 月	891.28	1 901.26	1 276.55
2012 年 9 月	430.65	861.09	1 187.02
2012 年 10 月	185.21	1 299.34	749.40
2012 年 11 月	324.65	789.02	676.41
2012 年 12 月	100.38	845.86	246.61
2013 年 1 月	85.01	933.84	228.89
2013 年 2 月	87.69	1 103.87	184.01
2013 年 3 月	67.18	760.11	503.12
2013 年 4 月	153.36	629.07	393.29
2013 年 5 月	115.16	633.59	392.57
2013 年 6 月	169.11	480.19	220.04
2013 年 7 月	947.56	1249.32	228.55
2013 年 8 月	310.10	561.69	79.38

　　2010 年 9 月至 2013 年 8 月三年间九龙江河口海域岛美、浮宫、紫泥三个站点鱼类资源生物量密度的变化情况如图 4-9 所示。从图中可以看出，该海域不同盐度水域和不同月份鱼类资源生物量密度的差异变化较为明显，三个站点的鱼类资源生物量密度呈浮宫、岛美、紫泥三个站点逐渐降低的趋势，本次调查分析的三个站点均为夏季和秋季鱼类资

源的生物量密度较高，春季和冬季鱼类资源的生物量密度较低。

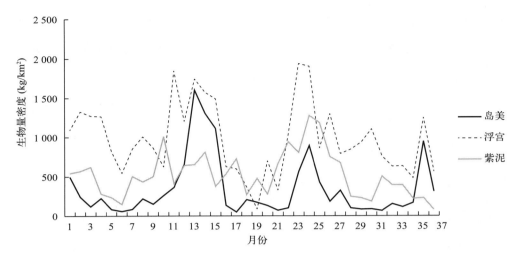

图 4-9　九龙江河口不同海域鱼类生物量密度的变化

(图中 1～36 指 2010 年 9 月至 2013 年 8 月的 36 个月)

对不同海域的鱼类资源量进行分析，可以看出浮宫站点的鱼类渔获资源密度均最多，其次为岛美站点，紫泥站点最少，所捕获鱼类资源密度伴随盐度梯度的不同呈现一定的变化规律，半咸水区、咸水区、淡水区渔获鱼类资源密度总体呈递减的趋势，处于半咸水区渔获鱼类资源密度最高，其次为咸水区，最后为淡水区，这一变化规律与以往调查研究资料相符。不同站点之间捕获鱼类资源密度存在差异的主要原因是各站点之间的盐度梯度不同。不同站点间均以夏季和秋季的资源密度较多，春季和冬季的资源密度较低为特点。

第三节　厦门湾九龙江河口区鱼类群落的营养关系

本节以九龙江河口区捕获的全部鱼类为研究对象，对其胃含物进行分析，研究该水域的鱼类食性的差异和营养级，并对九龙江河口区的鱼类不同种群之间的食性、食物网、营养级等进行研究，为该水域鱼类群落结构的稳定性和鱼类资源的可持续开发利用和进一步了解该海域整个生态系统的结构功能提供理论基础。

一、材料与方法

以三个年度对九龙江河口区所采集到的样本鱼类胃肠为研究对象，取样站点包括九龙江河口区的岛美、浮宫以及紫泥三个站点，期间共采集该海域 60 种鱼的胃肠样品。在对所采集鱼类的胃含物成分进行分析时，首先对 60 种鱼类进行种类的鉴定和生物学测定，记录其种类和生物学数据，并且取出其胃肠进行编号，将编号后的胃含物置于 10% 福尔马林溶液中保存。本文对于所采集样品胃含物的分析以鱼类胃含物中所剩残余物为依据，其中的小型饵料则借助解剖显微镜或生物显微镜对其进行分析，完成鱼类索食生物饵料成分的鉴定，根据生物饵料成分及其数量分析鱼类的食性类型、所处营养级以及不同鱼类之间的营养关系等。出现频率百分比是指饵料成分出现的胃含物个体数与全部胃含物总数量的百分比。

本章对所采集 60 种鱼类样品的营养级分类和划分参照 Odum 和 Heald 对不同营养级的分类和划分方法。

二、九龙江河口鱼类的摄食生物饵料组成

60 种鱼类的食性分析结果如下：

① 皮氏叫姑鱼（*Johnius belengerii*）：是一种温和的底栖鱼类，胃多呈 Y 形，颌齿多细小或已退化，鳃耙比较发达，摄食饵料组成比较复杂，以多毛类、鱼类幼体、口足类、樱虾类、钩虾类、长尾类、短尾类、十足目的豆蟹、方蟹等为主食，其次为底栖藻类以及海葵等。

② 龙头鱼（*Harpodon nehereus*）：是游泳速度较快的一种鱼类，主要摄食浮游生物和游泳动物，以小型鱼类和长尾类为优势饵料，偶有摄食一些蟹类和磷虾类等。

③ 红狼牙鰕虎鱼（*Odontamblyopus rubicundus*）：是一种洄游于海域中上层、底层之间的鱼类。主要摄食浮游生物和底栖生物，以双壳纲和底栖藻类为优势饵料，其次为纤毛类、桡足类和蟹类。

④ 光泽黄颡鱼（*Pelteobagrus nitidus*）：是一种洄游于海域中上层、底层之间的鱼类。主要摄食浮游生物和底栖生物，以端足目为优势饵料，其次为虾蛄类和多毛类。

⑤ 沙带鱼（*Trichiurus haumela*）：是一种游泳速度较快的鱼类，胃多呈 Y 形，主要以游泳动物为饵料，鱼类、樱虾类、细螯虾为优势饵料，其次为短尾类和毛虾等。

⑥ 花鲈（*Lateolabrax japonicus*）：是一种广食性鱼类，属于大型凶猛鱼类。以鱼类、长尾类、底栖虾类为优势饵料，其次摄食等足类、蟹类和海参类等。

⑦ 斑鰶（*Clupanidon punctatus*）：洄游于海域中上层、底层之间。主要摄食浮游生物和底栖生物，以底栖硅藻（圆筛藻）和桡足类为优势饵料，其次多毛类、长尾类等。

⑧ 中华海鲇（*Arius sinensis*）：是可以洄游于海域中上层、底层之间的一种鱼类。主要摄食浮游生物和底栖生物，以鱼类（小公鱼、棱鳗等）幼体、短尾类（方蟹）、长尾类、多毛类、口足类、端足目（钩虾）、樱虾类以及一些底栖藻类等为优势饵料。

⑨ 前鳞鲻（*Mugilophuyseni*）：是一种温和的底栖鱼类，胃多呈 Y 形，颌齿多细小或已退化，鳃耙比较发达，主要摄食底栖生物，以有机碎屑、底栖藻类为主食，其次为多毛类、桡足类。

⑩ 凤鲚（*Coilia mystus*）：是一种温和的中上层鱼类，浮游生物在该鱼类的饵料生物中占据主要的部分。胃呈 Y 形，颌齿多细小或已退化，鳃耙比较发达，以十足目和桡足类为优势饵料，其次为端足目、涟虫类。

⑪ 鮻（*Liza haematocheila*）：是一种温和的中上层鱼类，浮游生物在该鱼类的饵料生物中占据主要的部分。胃呈 Y 形，颌齿多细小或已退化，鳃耙比较发达，以桡足类为优势饵料，其次为少量寡毛纲以及十足目等。

⑫ 四指马鲅（*Eleutheronema rhadinum*）：是一种游泳速度较快较凶猛的鱼类。胃呈 Y 形，主要以游泳动物为饵料，以棱鳀属等中小型鱼类和十足目类为优势饵料。

⑬ 七丝鲚（*Coilia grayii*）：是一种温和的中上层鱼类，浮游生物在该鱼类的饵料生物中占据主要的部分。胃呈 Y 形，颌齿多细小或已退化，鳃耙比较发达，以桡足类和虾类为优势饵料，其次为口足类、短尾类等。

⑭ 丽叶鲹（*Caranx kalla*）：是比较温和的一种鱼类，浮游生物在该鱼类的饵料生物中占据主要的部分。胃呈 Y 形，颌齿多细小或已退化，鳃耙比较发达，摄食的饵料生物较少，以糠虾类、甲壳类、十足类和硅藻等为主食。

⑮ 鳓（*Ilisha elongate*）：是一种游泳速度较快较凶猛的鱼类。胃呈 Y 形，主要以游泳动物为饵料，以中小型鱼类为优势饵料。

⑯ 黄吻棱鳀（*Thrissa vitirostris*）：可以洄游于海域中上层、底层之间。主要摄食浮游生物和底栖生物，以桡足类、磷虾类为优势饵料，另外少量摄食细螯虾、鲚属幼鱼、糠虾类、短尾类和海萤等。

⑰ 棘头梅童鱼（*Collichthys lucidus*）：是一种温和的中上层鱼类，浮游生物在该鱼类的饵料生物中占据主要的部分。胃呈 Y 形，颌齿多细小或已退化，鳃耙比较发达，以一些桡足类和虾类为优势饵料。

⑱ 海鳗（*Muraenesox cinereus*）：是一种游泳速度较快较凶猛的鱼类。胃呈 Y 形，主要以游泳动物为饵料，以鲚属、棱鳀属等中小型鱼类为优势饵料，其次为口足类。

⑲ 蓝圆鲹（*Decapterusmaruadsi*）：胃呈 Y 形，颌牙细小。以甲壳类、鱼类的幼体为优势饵料，另外介形类、糠虾类、樱虾类等也有摄食。

⑳ 六指马鲅（*Polydactylus sextarius*）：是一种温和的底栖鱼，胃多呈 Y 形，颌齿多细小或已退化，鳃耙比较发达，主要摄食底栖生物，以短尾类、虾蛄以及鱼类幼体为主食。

㉑ 鲻（*Mugil cephalus*）：是一种广食性的鱼类，主要摄食底栖生物和游泳动物，以有机碎屑为优势饵料，少量摄食桡足类以及鱼类。

㉒ 波鳍金线鱼（*Nemipterus tolu*）：是一种广食性的鱼类，主要摄食底栖生物和游泳

动物，以鱼类和桡足类为优势饵料，其次为短尾类。

㉓ 舌鰕虎鱼（*Glossogobius giurus*）：是一种广食性的鱼类，主要摄食底栖生物和游泳动物，以鱼类以及长尾类为优势饵料。

㉔ 棱鲮（*Liza carinatus*）：是温和的底栖鱼类，胃多呈 Y 形，颌齿多细小或已退化，鳃耙比较发达，主要摄食底栖生物，以有机碎屑和底栖硅藻（圆筛藻）为主食，其次摄食少量幼鱼、蟹类。

㉕ 海鲢（*Elops saurus*）：颌齿锋利、胃多呈 Y 形，游泳速度较快，是一种比较凶猛的鱼类，以中小型鱼类为优势饵料。

㉖带鱼（*Trichiurus haumela*）：胃呈 H 形，颌牙锋利，是一种比较凶猛的鱼类，主要以游泳动物为食，以棱鳀属鱼类、蓝圆鲹、长尾类等为优势饵料。

㉗ 短棘银鲈（*Gerres lucidus*）：是一种温和的底栖鱼类，胃呈 Y 形，颌齿多细小或已退化，鳃耙比较发达，主要摄食底栖生物，以多毛类、端足类、藻类以及桡足类为优势饵料。

㉘ 暗纹东方鲀（*Takifugu obscurus*）：是一种广食性的鱼类，主要摄食底栖生物和游泳动物，以腹足类、短尾类、甲壳类幼虫、鱼类幼鱼等为优势饵料。

㉙ 短吻鲾（*Leiognathus brevirostris*）：可以洄游于海域中上层、底层之间的一种鱼类。主要摄食浮游生物和底栖生物，以桡足类、钩虾类、麦秆虫、樱虾类、多毛类为优势饵料，其次为鱼类幼体。

㉚ 锯塘鳢（*Prionobutis koilomatodon*）：是一种广食性的鱼类，主要摄食底栖生物和游泳动物，以鲹科鱼类、口足类、毛虾、短尾类（梭子蟹）、鼓虾为优势饵料，其次为头足类、磷虾类、端足类以及甲壳类幼体。

㉛ 康氏小公鱼（*Anchoviella commersoni*）：摄食的饵料生物相对单一，主要以浮游生物为食，以小型拟哲水蚤、桡足类等为优势饵料。

㉜ 青鳞小沙丁鱼（*Sardinella zunasi*）：胃多呈 Y 形，游泳速度较快。以浮游生物和游泳动物为优势饵料，其次为甲壳类的幼体、端足类、桡足类（中华哲水蚤）和糠虾类、毛虾等。

㉝ 赤鼻棱鳀（*Thrissa kammalensis*）：可以洄游于海域中上层、底层之间，主要摄食浮游生物和底栖生物，以桡足类为优势饵料，摄食少量长尾类、海莹、樱虾类、短尾类（玉蟹、豆蟹）。

㉞ 汉氏棱鳀（*Thrissa hamiltoni*）：是一种广食性的鱼类，以底栖生物和一些中小型游泳动物，长尾类、篮子鱼幼鱼等为优势饵料。

㉟ 长蛇鲻（*Saurida elongata*）：是一种广食性的鱼类，主要摄食底栖生物和游泳动物，以鱼类为优势饵料，其次为细螯虾、樱虾类。

㊱ 中颌棱鳀（*Thrissa mystax*）：胃多呈 Y 形，颌齿多细小或已退化，鳃耙比较发

达，以樱虾类为优势饵料，偶有摄食少量的桡足类。

㊲ 圆颌针鱼（*Tylosurus strongylurus*）：胃多呈Y形，是游泳速度较快的一种鱼类，主要以游泳动物为饵料，以鱼类为优势饵料。

㊳ 白氏银汉鱼（*Allanetta bleekeri*）：可以洄游于海域中上层、底层之间的一种鱼类。主要摄食浮游生物和底栖生物，以桡足类和等足类为优势饵料，另外摄食少量的鱼类幼体。

㊴ 油魣（*Sphyraena pinguis*）：犬牙锋利、鳃耙退化，胃呈H形，以鱼类为优势饵料，是一种比较凶猛的动物，偶见鱼类胃中少量头足类、长尾类残体。

㊵ 眶棘双边鱼（*Ambassis gymnocephalus*）：胃多呈Y形，是一种游泳速度较快的鱼类。主要以游泳动物为饵料，以樱虾类为主食。

㊶ 四线天竺鲷（*Apogon quadrifasciatus*）：是一种广食性的鱼类，主要摄食底栖生物和游泳动物，以鱼类和长尾类为主食。

㊷ 多鳞鱚（*Sillago sihama*）：胃呈H形，颌牙较为细小。以长尾类、短尾类为主食，另外还摄食一些鱼类幼体、底栖端足类、糠虾类、多毛类以及樱虾类等。

㊸ 大黄鱼（*Pseudosciaena crocea*）：胃呈H形，颌牙锋利。主要以底栖生物和游泳动物为食，以长尾类、短尾类、糠虾类和鱼类等为优势饵料。

㊹ 鹿斑蝠（*Leiognathus ruconius*）：是游泳速度较快的一种鱼类，主要摄食浮游生物和游泳动物，以细螯虾、桡足类为优势饵料，偶有摄食少量糠虾类、藻类、虾蛄类以及短尾类幼虫。

㊺ 黄鳍鲷（*Sparus latus*）：是一种广食性的鱼类，主要摄食底栖生物和游泳动物，以寻氏肌蛤、瓣鳃类、棱鳀为优势饵料，其次为长尾类、短尾类以及腹足类等。

㊻ 鯻（*Therapon theraps*）：是一种广食性的鱼类，饵料种类较为丰富，主要摄食底栖生物和游泳动物，以鱼类幼鱼、口足类、长尾类以及糠虾类为优势饵料，另外摄食少量樱虾类、短尾类等。

㊼ 细鳞鯻（*Hapalogenys jarbua*）：是一种广食性的鱼类，主要摄食底栖生物和游泳动物，以鱼类和虾类为优势饵料。

㊽ 列牙鯻（*Pelates quadrilineatus*）：是一种广食性的鱼类，主要摄食底栖生物和游泳动物，以短尾类、鱼类幼体和长尾类为优势饵料。

㊾ 黄带绯鲤（*Upeneus sulphureus*）：是一种广食性的鱼类，主要摄食底栖生物和游泳动物，以鱼类为优势饵料，偶有摄食少量的短尾类以及长尾类。

㊿ 六带拟鲈（*Parapercis sexfasciata*）：是一种温和的底栖鱼类，胃多呈Y形，颌齿多细小或已退化，鳃耙比较发达，主要摄食底栖生物，以长尾类、短尾类和糠虾类为优势饵料。

(51) 褐篮子鱼（*Siganus fuscescens*）：是一种广食性的鱼类，主要摄食底栖生物和游泳动物，以底栖藻类、有机碎屑为优势饵料，其次为与瓣鳃类、长尾类、腹足类、短尾类、端足类以及糠虾类。

(52) 康氏马鲛（*Scomberomorus commersoni*）：是一种广食性的鱼类，主要摄食底栖生物和游泳动物，以鱼类和虾类为优势饵料。

(53) 纹缟鰕虎鱼（*Tridentiger teigonocephalus*）：是游泳速度较快的鱼类之一，主要摄食浮游生物和游泳动物，以桡足类、鱼类的幼体、磷虾类以及藻类为优势饵料。

(54) 犬牙细棘鰕虎鱼（*Acentrogobius caninus*）：是一种广食性的鱼类，主要摄食底栖生物和游泳动物，以鱼类的幼鱼、糠虾类以及长尾类为优势饵料。

(55) 拟矛尾鰕虎鱼（*Parachaeturichthys polynema*）：是一种广食性的鱼类，主要摄食底栖生物和游泳动物，以虾类以及鱼类幼体为优势饵料。

(56) 褐菖鲉（*Sebastiscusmarmoratus*）：是一种广食性的鱼类，主要摄食底栖生物和游泳动物，以长尾类、短尾类（方蟹、豆蟹）、虾蛄类、蛇尾类以及鱼类为优势饵料。

(57) 棘线鲬（*Grammoplites scaber*）：是一种广食性的鱼类，主要摄食底栖生物和游泳动物，以长尾类、鱼类为优势饵料。

(58) 鲬（*Platycephalus indicus*）：是一种广食性的鱼类，主要摄食底栖生物和游泳动物，以短尾类、鱼类以及长尾类为优势饵料。

(59) 棕腹刺鲀（*Gastrophysus spadiceus*）：颌牙锋利，主要以游泳动物、底栖生物为食，以鱼类幼鱼、底栖端足类、短尾类、磷虾类、腹足类、长尾类为优势饵料。

(60) 横纹东方鲀（*Fugu oblongus*）：是一种广食性的鱼类，主要摄食底栖生物和游泳动物，以短尾类以及鱼类幼鱼为优势饵料。

三、九龙江河口鱼类的食物类型

本次九龙江河口关于鱼类胃含物的调查研究共分析了60种鱼类的胃含物组成情况，根据主要饵料的分析结果，按照鱼类所摄食饵料生物的生态特点，将鱼类的食性类型划分为以下6种（表4-9）。

表4-9　九龙江河口水域主要鱼类食料的生态类群

单位：%

种类	浮游生物	底栖生物	游泳动物
龙头鱼	15.4	15.4	69.2
皮氏叫姑鱼	4.1	81.6	14.3
光泽黄颡鱼	57.1	42.9	0
红狼牙鰕虎鱼	65.4	34.6	0
花鲈	13.4	50.0	36.6
沙带鱼	16.7	0	83.3

（续）

种类	浮游生物	底栖生物	游泳动物
中华海鲇	39.1	48.9	12.0
斑鰶	55.6	44.4	0
凤鲚	77.8	22.2	0
前鳞鲻	6.4	89.8	3.8
四指马鲅	20.0	0	80.0
鲅	100.0	0	0
丽叶鲹	100.0	0	0
七丝鲚	83.3	4.8	11.9
黄吻棱鳀	55.3	43.3	1.4
鳓	0	0	100.0
海鳗	7.7	0	92.3
棘头梅童鱼	100.0	0	0
海鲢	0	0	100.0
六指马鲅	0	75.0	25.0
蓝圆鲹	48.9	5.3	45.8
棱鮻	13.5	82.2	4.3
波鳍金线鱼	0	76.4	23.6
鲻	10.1	74.4	15.5
短棘银鲈	1.4	98.6	0
锯塘鳢	40.2	22.4	37.4
暗纹东方鲀	0	59.8	40.2
带鱼	0	0	100.0
大黄鱼	0	87.5	12.5
鲗	12.5	54.2	33.3
细鳞鲗	0	12.5	87.5
列牙鲗	9.4	68.8	21.8
褐菖鲉	23.1	46.2	30.7
舌鰕虎鱼	0	64.7	35.3
黄鳍鲷	0	74.3	25.7
鲪	0	72.7	27.3
棕腹刺鲀	35.0	20.0	45.0
横纹东方鲀	0	62.5	37.5
棘线鲪	0	58.8	41.2
短吻鲾	67.8	28.4	3.8
青鳞小沙丁鱼	41.8	23.9	34.3
康氏小公鱼	70.4	0	29.6
汉氏棱鳀	0	52.4	47.6
赤鼻棱鳀	60.7	39.3	0

（续）

种类	浮游生物	底栖生物	游泳动物
中颌棱鳀	100.0	0	0
长蛇鲻	5.9	23.5	70.6
白氏银汉鱼	48.1	26.0	25.9
圆颌针鱼	0	0	100.0
油舒	0	31.3	68.7
眶棘双边鱼	0	0	100.0
四线天竺鲷	0	60.0	40.0
多鳞鱚	0	59.3	40.7
鹿斑鲾	73.3	26.7	0
黄带绯鲤	0	37.5	62.5
六带拟鲈	0	100.0	0
褐篮子鱼	0	86.2	13.8
康氏马鲛	0	20.0	80.0
纹缟鰕虎鱼	50.0	25.0	25.0
犬牙细棘鰕虎鱼	0	61.9	38.1
拟矛尾鰕虎鱼	16.0	52.0	32.0

（1）浮游生物食性　浮游生物在该鱼类的饵料生物中占据主要的部分。大多数温和的中上层鱼类属于该食性，胃多呈 Y 形，颌齿多细小或已退化，鳃耙比较发达，只能摄食较为细小的饵料。本次九龙江河口关于鱼类胃含物的调查研究分析的 60 种鱼中，共发现 6 种此食性类型的鱼类：凤鲚、鲛、丽叶鲹、中颌棱鳀、棘头梅童鱼以及七丝鲚。

（2）底栖生物食性鱼类　主要摄食底栖生物，大多数温和的底栖鱼类属于该食性，胃多呈 Y 形，颌齿多细小或已退化，鳃耙比较发达，只能摄食较为细小的饵料，本次九龙江河口关于鱼类胃含物的调查研究分析的 60 种鱼中，共发现 6 种此食性类型的鱼类：棱鲛、前鳞鲻、六带拟鲈、六指马鲅、短棘银鲈以及皮氏叫姑鱼。

（3）游泳动物食性鱼类　主要以游泳动物为饵料，胃多呈 Y 形，多为游泳速度较快较凶猛的鱼类。本次九龙江河口关于鱼类胃含物的调查研究分析的 60 种鱼中，共发现 7 种此食性类型的鱼类：鰤、海鳗、带鱼、圆颌针鱼、眶棘双边鱼、沙带鱼以及四指马鲅。

（4）浮游生物和游泳动物食性鱼类　主要摄食浮游生物和游泳动物，多为游泳速度较快的鱼类。本次九龙江河口关于鱼类胃含物的调查研究分析的 60 种鱼中，共发现 8 种此食性类型的鱼类：龙头鱼、海鲢、蓝圆鲹、青鳞小沙丁鱼、康氏小公鱼、鹿斑鲾、纹缟鰕虎鱼、棕腹刺鲀。

（5）浮游生物和底栖生物食性鱼类　主要摄食浮游生物和底栖生物，多为洄游于海域中上层、底层之间的鱼类。本次九龙江河口关于鱼类胃含物的调查研究分析的 60 种鱼中，共发现 8 种此食性类型的鱼类：中华海鲇、斑鲦、赤鼻棱鳀、黄吻棱鳀、短吻鲾、白氏银汉鱼、光泽黄颡鱼以及红狼牙鰕虎鱼。

（6）底栖生物和游泳动物食性鱼类　主要摄食底栖生物和游泳动物，这种食性的鱼类又被称为广食性的鱼类，在九龙江河口海域的鱼类种类数最多，本次九龙江河口关于鱼类胃含物调查研究分析的 60 种鱼中，共发现 25 种此食性类型的鱼类：花鲈、锯塘鳢、汉氏棱鳀、长蛇鲻、油鲆、四线天竺鲷、多鳞鱚、大黄鱼、黄鳍鲷、鲗、细鳞鲗、列牙鯻、黄带绯鲤、褐篮子鱼、康氏马鲛、犬牙细棘鰕虎鱼、拟矛尾鰕虎鱼、舌鰕虎鱼、褐菖鲉、棘线鲬、鲬、暗纹东方鲀、横纹东方鲀、波鳍金线鱼、鲻。

四、九龙江河口鱼类的营养级

在生态系统中，处于食物链某一环节上全部物种的总和称为同一个营养级，营养级之间的关系是指一类生物和处于不同营养层次上另一类生物之间的关系。食物链结构一般依据能量的消费等级来划分，其中每个环节称为营养级或营养层次。

第一营养级，又称自营养级（0 级）：海洋植物。

第二营养级（1.4～1.9 级）：植食性动物与杂食性动物。

第三营养级（2.0～3.4 级）：低级肉食性动物（2.0～2.8 级）和中级肉食性动物（2.9～3.4 级）。

第四营养级（大于 3.5 级）：高级肉食性动物。

本次九龙江河口关于鱼类胃含物调查研究分析的 60 种鱼类的营养级结果计算列于表 4-10，

表 4-10　九龙江河口主要鱼类的营养级

种类	营养级	种类	营养级
棱鲮	1.4	鹿斑鲾	2.1
前鳞鲻	1.5	短棘银鲈	2.2
鲻	1.5	康氏小公鱼	2.2
红狼牙鰕虎鱼	1.6	花鲈	2.3
斑鰶	1.6	凤鲚	2.3
褐篮子鱼	1.7	棕腹刺鲀	2.3
白氏银汉鱼	1.8	六指马鲅	2.3
青鳞小沙丁鱼	1.8	中华海鲇	2.3
丽叶鲹	1.9	暗纹东方鲀	2.3
拟矛尾鰕虎鱼	2.0	横纹东方鲀	2.3
短吻鲾	2.0	汉氏棱鳀	2.4
眶棘双边鱼	2.1	锯塘鳢	2.4
纹缟鰕虎鱼	2.1	列牙鯻	2.4
赤鼻棱鳀	2.1	六带拟鲈	2.4

（续）

种类	营养级	种类	营养级
棘线鲬	2.4	蓝圆鲹	2.8
光泽黄颡鱼	2.4	鳓	2.8
中颌棱鳀	2.4	黄鳍鲷	2.8
犬牙细棘鰕虎鱼	2.5	黄吻棱鳀	2.9
鲅	2.5	舌鰕虎鱼	3.0
七丝鲚	2.5	棘头梅童鱼	3.0
鲥	2.5	油魣	3.1
黄带绯鲤	2.5	细鳞鲗	3.2
大黄鱼	2.6	康氏马鲛	3.2
皮氏叫姑鱼	2.6	长蛇鲻	3.2
四线天竺鲷	2.6	海鳗	3.3
多鳞鱚	2.6	圆颌针鱼	3.5
鲕	2.6	海鲢	3.5
褐菖鲉	2.6	带鱼	3.6
龙头鲷	2.7	沙带鱼	3.7
波鳍金线鱼	2.7	四指马鲅	3.7

其中杂食性鱼类 9 种：棱鲅、前鳞鲻、鲻、斑鰶、红狼牙鰕虎鱼、褐篮子鱼、青鳞小沙丁鱼、白氏银汉鱼、丽叶鲹。以浮游动、植物等为优势饵料。

低级肉食性鱼类：在本次调查分析的 60 种鱼类中，此种食性的鱼类最多，高达 38 种：短吻鲾、拟矛尾鰕虎鱼、赤鼻棱鳀、眶棘双边鱼、鹿斑鲾、纹缟鰕虎鱼、康氏小公鱼、短棘银鲈、中华海鲇、花鲈、凤鲚、棕腹刺鲀、暗纹东方鲀、横纹东方鲀、六指马鲅、汉氏棱鳀、中颌棱鳀、列牙鲗、六带拟鲈、锯塘鳢、光泽黄颡鱼、棘线鲬、鲅、七丝鲚、犬牙细棘鰕虎鱼、鲥、黄带绯鲤、多鳞鱚、大黄鱼、皮氏叫姑鱼、四线天竺鲷、鲕、褐菖鲉、波鳍金线鱼、龙头鱼、蓝圆鲹、鳓、黄鳍鲷。以中小型的植食性、杂食性动物为优势饵料。

中级肉食性鱼类 8 种：黄吻棱鳀、棘头梅童鱼、舌鰕虎鱼、油魣、康氏马鲛、长蛇鲻、细鳞鲗、海鳗。以中小型的植食性、杂食性以及低级肉食性的动物为优势饵料。

高级肉食性鱼类：在本次调查分析的 60 种鱼类中，此种食性的鱼类最少，有海鲢、圆颌针鱼、带鱼、沙带鱼、四指马鲅 5 种鱼类。以中级肉食性动物为优势饵料。

五、九龙江河口鱼类的食物网

由于其特殊地理位置的作用，九龙江河口的生态环境和鱼类的群落结构均比较复杂，鱼类种内和种间关系也比较复杂，从而使不同鱼类之间的食物关系非常复杂。食物关系是描述海洋生物种间关系的一种主要表现形式，每种动物均可摄食多种饵料生物，同时又会被多种动物所捕食，进而由许多链状的摄食关系共同组成食物网。由九龙江河口海域的食物网构成可以看出：在九龙江河口海域的生物群落中，不同鱼类之间所存在的食物关系非常复杂。浮游动、植物，低级、中级以及高级肉食性鱼类之间存在着复杂的联系。例如，斑鰶主要以底栖硅藻和甲壳类为食，鲻主要以底栖的有机碎屑为食等，而这些低级肉食性鱼类，主要摄食浮游动、植物，同时又被营养级水平较高的大型凶猛鱼类所捕食，成为大型凶猛鱼类摄食的重要饵料生物。各种生物之间的营养关系形成多环节的食物链，从而使不同种群之间相互作用进行物质循环和能量的流动，形成食物网。种群以及种间的相互关系会影响着种群数量的变动，在饵料条件较差的情况下，有些鱼类摄食本身的卵子和仔鱼，而不同的种群间摄食相同的饵料，便会产生种间的食物竞争，影响了种群的食物保证，从而影响到种群数量的变动。经过研究分析发现该海域的食物网是：浮游植物→浮游动物→低级肉食性鱼类→中级肉食性鱼类→高级肉食性鱼类。九龙江河口优势食料生物与主要鱼种的营养关系如图 4－10 所示。

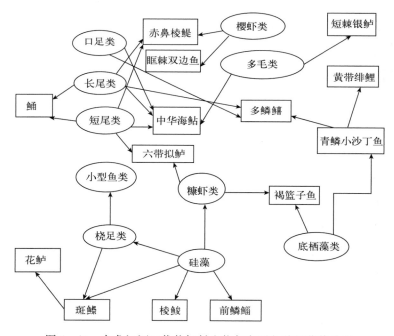

图 4－10　九龙江河口优势饵料生物与主要鱼种的营养关系

河口是海水和淡水交汇混合的水域，具有复杂的理化条件和生物群落，是沉溺的河口湾，是一个受河流淡水冲刷以及海洋潮汐、波浪、海流等多种因素相互影响的区域，在这些因素的相互作用下，许多的营养物质流入河口区域，使河口区域的生物资源非常丰富。

　　从本次九龙江河口调查研究分析的 60 种鱼的胃含物组成情况可以看出，该海域鱼类摄食的饵料生物种类非常丰富，鱼类在不同生长阶段其主要摄食生物饵料也会发生变化，使一些鱼类摄食的生物饵料非常丰富，鱼类所具有的这种生活习性，通过不同发育阶段摄食不同的生物饵料，有利于鱼类的生长和发育（陈大刚，1997）。另外，摄食生物种类多种多样，鱼类可进行交替摄食，使鱼类在竞争的情况下也不会出现饵料不足的现象。食物网越复杂，该海域的鱼类群落就会越稳定。

　　通过分析可以看出，九龙江河口海域大多数的鱼类处于低营养层次，不同鱼类之间的捕食关系并不密切，属于较高营养级的大型鱼类的种类和数量均不多，对于九龙江河口海域鱼类群落捕食的压力并不大。

六、不同海区鱼类营养级比较

　　本文将几种鱼类在不同海域的营养级进行比较，共选择 8 个海域，分别为九龙江河口、厦门东海域、东山湾、闽南—台湾浅滩渔场、长江口、黄海中南部海域、渤海和南海。各种鱼类不同海域营养级情况见表 4 - 11。

表 4 - 11　不同海区鱼类营养级比较

种类	九龙江河口	厦门东海域	东山湾	闽南—台湾浅滩渔场	长江口	黄海中南部海域	渤海	南海
龙头鱼	2.7 低级	2.5 低级	—	—	4.3 高级	3.8 高级	—	—
凤鲚	2.3 低级				3.1 中级	3.2 中级	3.4 中级	
黄吻棱鳀	2.9 中级	2.0 低级	2.3 低级	—	—	—	—	—
皮氏叫姑鱼	2.6 低级	2.5 低级	2.5 低级	2.8 低级	3.6 高级		4.2 高级	
斑鰶	1.6 杂食性	1.8 杂食性	1.6 杂食性	—	3.4 中级		2.4 低级	
丽叶鲹	1.9 杂食性	1.6 杂食性	—	—	—			2.4 低级
多鳞鱚	2.6 低级	2.6 低级	2.5 低级	2.4 低级	3.6 高级	2.4 低级	3.8 高级	2.4 低级
赤鼻棱鳀	2.1 低级	2.1 低级		2.3 低级	3.2 中级	2.2 低级	3.2 中级	2.2 低级
长蛇鲻	3.2 中级	3.2 中级		3.2 中级	4.3 高级	3.8 高级	4.6 高级	3.8 高级
黄鳍鲷	2.8 低级	2.8 低级		2.6 低级			3.4 中级	
中华海鲇	2.3 低级	2.5 低级		2.6 低级				
细鳞鯻	3.2 中级	3.3 中级		3.0 中级				
舌鰕虎鱼	3.0 中级	3.1 中级		3.2 中级				

　　从表 4 - 11 可以看出，一些鱼类的营养级指数在不同海域的差异较为明显，如龙头鱼在九龙江河口、厦门东海域分别为 2.7、2.5，均处于低级营养级，在长江口、黄海中南部海域分别为 4.3、3.8，则处于高级营养级；凤鲚在长江口、黄海中南部海域、渤海区

域均属于中级肉食性鱼类，而在九龙江河口属于低级肉食性鱼类；黄吻棱鳀在厦门东海域和东山湾均属于低级肉食性鱼类，在九龙江河口属于中级肉食性鱼类；皮氏叫姑鱼在九龙江河口、厦门东海域和东山湾以及闽南—台湾浅滩渔场属于低级肉食性鱼类，在长江口海域和渤海区域属于高级肉食性鱼类；斑鰶在九龙江河口、厦门东海域和东山湾均属于杂食性鱼类，在渤海区域属于低级肉食性鱼类，在长江口属于中级肉食性鱼类；丽叶鲹在九龙江河口、厦门东海域均属于杂食性鱼类，在南海海域属于低级肉食性鱼类；多鳞鱚在九龙江河口水域、厦门东海域和东山湾、黄海中南部海域、南海以及闽南—台湾浅滩渔场属于低级肉食性鱼类，在长江口和渤海属于高级肉食性鱼类；赤鼻棱鳀在九龙江河口水域、厦门东海域、黄海中南部海域、南海以及闽南—台湾浅滩渔场均属于低级肉食性鱼类，在长江口和渤海属于中级肉食性鱼类；长蛇鲻在九龙江河口水域、厦门东海域和黄海中南部海域属于中级肉食性鱼类，在渤海、长江口、南海以及黄海中南部属于高级肉食性鱼类；黄鳍鲷在九龙江河口、厦门东海域以及闽南—台湾浅滩渔场属于低级肉食性鱼类，在渤海海域属于中级肉食性鱼类；中华海鲇在九龙江河口、厦门东海域以及闽南—台湾浅滩渔场均属于低级肉食性鱼类；细鳞鲗在九龙江河口、厦门东海域以及闽南—台湾浅滩渔场均属于中级肉食性鱼类；舌鰕虎鱼在九龙江河口、厦门东海域以及闽南—台湾浅滩渔场均属于中级肉食性鱼类。

鱼类营养级指数在九龙江河口区域和厦门东海域、东山湾以及闽南—台湾浅滩渔场不同的海域相近，因为这四个海域的生物饵料组成、水体环境、鱼类群落和生态系统之间具有一定的相似性，有些鱼类的摄食生物饵料组成比较稳定，变化较小，如以浮游动、植物为优势饵料的一些鱼类，所处不同海域其饵料组成变化较小，显示了鱼类摄食生物饵料的稳定性。另外，可以看出九龙江河口区域和厦门东海域、东山湾以及闽南—台湾浅滩渔场之间的鱼类营养级指数明显低于长江口、黄海中南部海域、渤海和南海的鱼类营养级指数。

造成不同海区之间鱼类营养级以及捕食类群不同的原因可能是：不同海域水体环境和群落结构等的不同，导致不同海域的饵料生物存在一定的差异，因而鱼类的生物饵料随着生活场所的不同而出现一定的差异性。九龙江河口生物饵料主要有樱虾类、糠虾类、短尾类、长尾类、桡足类、口足类、多毛类、藻类等。厦门东海域的生物饵料主要包括桡足类、虾类、多毛类、短尾类、口足类以及底栖硅藻等类群。东山湾生物饵料主要有小公鱼属，细螯虾、毛虾、磷虾等虾类，桡足类，口足类，长尾类以及底栖硅藻等类群。闽南—台湾浅滩生物饵料主要有犀鳕类、糠虾类、长尾类、短尾类、细螯虾以及圆缺刻囊糠虾等。长江口生物饵料主要有桡足类、中国毛虾、口足类、十足类以及头足类等。黄海中南部海域生物饵料主要有细长脚绒、钩虾类、糠虾类、蟹类、口足类、头足类、多毛类、脊腹褐虾、鳀、太平洋磷虾等。渤海生物饵料主要有脊腹褐虾、日本鼓虾、真刺唇角水蚤、小拟哲水蚤、中国毛虾、长额刺糠虾、鲜明鼓虾、中华安乐虾以及口虾蛄等。南海生物饵料主要有犀鳕类、长尾类的细螯虾以及糠虾类等。通过比较可以看出鱼类的食性会随所处海域的变化而发生变化，不同海域之间的鱼类所摄食生物饵料的组成情况存在着一定的差异，鱼类对于生物饵料的摄食具有一定的选择性和适应性，这种选择性与鱼类所生存环境下，摄食生物饵料的种类、数量和可获取的程度相关，鱼类只能摄食该海域所存在的生物饵料，因此生长在不同海域的鱼类会因为生长海域的优势生物饵料组成的不同，使摄食生物饵料的组成出现差异。另外，不同海域之间地理位置和气候条件的不同也是导致鱼类营养级差异的主要原因：南海水域属于热带海洋气候区、长江口属于亚热带季风气候区、黄海中南部海域属于暖温带季风气候区、渤海海区属于温带季风气候区，均属于北方海区靠近外海，位于这些海域的鱼类摄食场所临近外海，所以摄食等级相对较高，而九龙江河口海域、厦门东海域、东山湾以及闽台浅滩渔场属于热带及亚热带气候，均属于内湾河口区域，摄食等级较低。

九龙江河口区域鱼类的营养级水平与在食物链中所处环节，直接决定了不同鱼类的种间关系以及物质循环和能量流动的方式。了解鱼类在食物链中所处环节，减少食物链的环数可以有效提高水域生产能力，对于资源开发和利用以及维持生态系统的稳定具有一定的实践意义，也可为进一步了解九龙江河口海域鱼类的群落结构变化、渔业资源状况以及生态系统结构和功能等提供理论基础。

第五章
厦门湾主要经济渔业种类生物学特征

一、调查分析方法

调查于 2014 年 5 月至 2016 年 2 月在厦门湾进行，采样方式有拖网、流刺网和定置张网等渔具。其中拖网采样时间分为春季、夏季、秋季、冬季四个季节，设置 6 个站点。采样后将渔获物装好，标明站点、时间，加碎冰冷藏带回实验室冰冻处理以备室内实验分析。

分析实验样品时，先将样品进行解冻，从中筛选出主要经济种类，分站位、分采样日期，并依据海洋调查规范进行生物学测定，测定的内容有长度（包括体长、全长、头胸甲宽和胴长）、体重，单位分别为毫米（mm）、克（g）。肉眼判定并记录性别、性腺分期情况和摄食习性等。

长度与体重的关系式可以用 $W = aL^b$ 来表示，公式中的 L 为长度；W 为与之相对应的体重；a 和 b 是两个待确定的参数：a 是待确定的生长因子，b 是指数系数。本文通过利用 Excel 软件来对实验室测得的长度与体重进行制图。

长度与体重的生长方程是采用 ELEFAN I 技术拟合的 Von Bertalanffy 生长方程：

$$L_t = L_\infty \left[1 - e^{-K(t-t_0)} \right]$$

$$W_t = W_\infty \left[1 - e^{-K(t-t_0)} \right]^b$$

其中，L_t、W_t 分别为 t 龄鱼的长度（mm）、体重（g）；L_∞、W_∞ 分别为极限长度、极限体重；K 为生长参数；t_0 为理论上长度等于 0 时的年龄，是一个假定的理论常数，又称为初始参数。L_∞ 和 K 决定了生长曲线的形状，应用 FiSAT II 软件中的 ELEFAN I 技术估算；t_0 确定生长曲线的起始位置，根据 Pauly 经验公式估算，公式为：$\ln(-t_0) = -0.392\,2 - 0.275\,2\ln L_\infty - 1.038\ln K$。

对 Von Bertalanffy 长度生长方程求一阶导数和二阶导数，即可分别求得其长度的生长速度和生长加速度随时间 t 变化的曲线方程：

$$dL/dt = KL_\infty e^{-K(t-t_0)}, \quad d^2L/dt^2 = -K^2 L_\infty e^{-K(t-t_0)}$$

同样，对 Von Bertalanffy 体重生长方程求一阶导数和二阶导数，即可分别求得其体重生长速度和生长加速度随时间 t 变化的曲线方程：

$$dW/dt = bKW_\infty e^{-K(t-t_0)} \left[1 - e^{-K(t-t_0)} \right]^{(b-1)}$$

$$d^2K/dt^2 = -bK^2 W_\infty e^{-K(t-t_0)} \left[1 - e^{-K(t-t_0)} \right]^{(b-2)} \left[be^{-K(t-t_0)} - 1 \right]$$

当 $d^2W/dt^2 = 0$ 时，可求得体重生长拐点年龄：$t_{tp} = \ln b/K + t_0$

总死亡系数 Z 采用 FiSAT II 软件中的长度变换渔获曲线（Length - converted Catch Curve）法来进行估算。

厦门湾属于亚热带气候，生物资源特点为种类多、个体小、寿命短，自然死亡系数用 Pauly 公式估算较适合，公式为：$\ln M = -0.006\,6 - 0.279\ln L_\infty + 0.654\,3\ln K +$

$0.463\ln T$，式中 T 为鱼类栖息地年平均表层水温（℃）。自然死亡系数得出后，则可以计算出捕捞死亡系数 F，然后根据 $E＝F/Z$ 计算开发率。

二、厦门湾主要经济渔业种类生物学特征

（一）鱼类

1. 条纹斑竹鲨（*Chiloscyllium plagiosum*）

又称狗鲨，体延长，前部稍宽扁，后部细狭。条纹斑竹鲨栖息于浅海或内湾多贝、藻类生长的环境中，显示保护色。行动不甚活泼，食软体动物、多毛类、虾蟹及小型鱼类。分布于非洲东岸，东至中国、日本和朝鲜。中国主要产于南海、台湾海峡和东海。

条纹斑竹鲨在厦门湾全年均可以捕捉得到，条纹斑竹鲨既可作为药用，对夜盲症、痔疮等具有较好的效果，又可作为食品，深受人们的喜爱。

（1）全长与体重的关系 本研究共获取条纹斑竹鲨样品 388 尾，根据实验室测定的全长与体重的数据，拟合出全长与体重的关系（图 5-1）。表达式为：

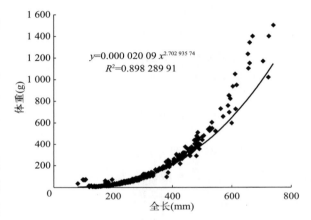

图 5-1 条纹斑竹鲨全长与体重关系

$$y＝0.000\ 020\ 09x^{2.702\ 935\ 74}$$

$$R^2＝0.898\ 289\ 91,\ P＜0.01,\ n＝388$$

可认为条纹斑竹鲨是等速生长的鱼。

（2）渔获组成 实验共测定 388 尾条纹斑竹鲨，所测数据中全长组成范围为 80～740 mm，平均全长为 313.8 mm，由图 5-2 可知，优势全长为 200～300 mm，最优势全长为 225～275 mm。

（3）生物学特征 根据实验室测定的 388 尾纹斑竹鲨的数据，由 FiSAT Ⅱ 软件中的 ELEFAN Ⅰ 技术处理长度频率估算的极限长度 L_∞ 和生长参数 K 分别为 787.5、0.45。

根据 Pauly 经验公式：$\ln（-t_0）＝-0.392\ 2-0.275\ 2\ln L_\infty-1.038\ln K$，计算得 t_0 为 -0.25。因此，厦门湾的条纹斑竹鲨生长方程为：

$$L_t＝787.5\left[1-e^{-0.45(t+0.25)}\right]$$

$$W_t＝1\ 797\left[1-e^{-0.45(t+0.25)}\right]^{2.703}$$

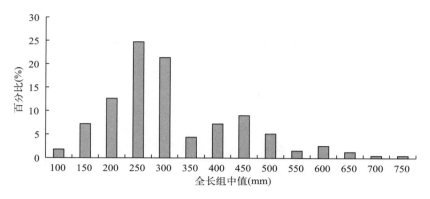

图 5-2 条纹斑竹鲨全长组成

式中，全长和体重单位分别为毫米（mm）和克（g）。

体重生长拐点年龄 t_{tp}＝1.96。

肉眼判定条纹斑竹鲨的摄食强度，发现一年四季几乎所有渔获条纹斑竹鲨的摄食强度能达到 3 级及以上程度。由此可判定厦门湾条纹斑竹鲨的摄食强度与季节并无明显关系，常年摄食都比较旺盛。

肉眼判定渔获个体的性腺发育程度，发现在冬、春季出现性成熟个体，当雌性个体的全长约为 550 mm 时，可以发现其性腺上出现有卵粒；当雌性个体全长约 650 mm 时达到性成熟，此时的卵粒比较清晰饱满。实验中全长为 650 mm 以上的雌性个体，性腺重量为 60～70 g，卵粒数量为 40～45 粒。

（4）开发情况分析 利用 FiSAT Ⅱ 软件中的长度变换渔获曲线方法，估算条纹斑竹鲨的总死亡系数 Z＝1.27。厦门湾年平均水温 T＝22.3 ℃，代入公式 $\ln M$＝－0.006 6－0.279$\ln L_{\infty}$＋0.654 3$\ln K$＋0.463$\ln T$，求得自然死亡系数 M＝0.38，则可求得捕捞死亡系数 F＝0.89，开发率 E＝0.70（表 5-1），说明其已处于过度开发阶段。

表 5-1 条纹斑竹鲨生物生态学特征

鱼种	L_{∞}	K	Z	M	F	E
条纹斑竹鲨	787.5	0.45	1.27	0.38	0.89	0.70

2. 凤鲚（*Coila mytus*）

俗称凤尾鱼、子鲚、烤籽鱼，属于鲱形目、鳀科、鲚属，是一种小型河口性洄游经济鱼，分布于我国沿海及长江等各河口区，是长江、珠江等江河口的主要经济鱼类之一，也是厦门重要的经济鱼类之一。凤鲚在厦门湾全年均可以捕捉得到，凤鲚肉味鲜美，深受人们喜爱。

（1）体长与体重的关系 本研究共获取凤鲚样品 1 135 尾，根据实验室测定的体长与体重的数据，拟合出体长与体重的关系（图 5-3）。表达式为：

$$y＝0.000\ 001\ 42x^{3.214\ 672\ 60}$$

$$R^2 = 0.930\ 410\ 03，P < 0.01，n = 1\ 135$$

可认为凤鲚是等速生长的鱼。

（2）**渔获组成** 凤鲚渔获样品，体长范围为 44～239 mm（图 5 - 4），优势体长为 130～170 mm；体重范围为 0.20～69.10 g，优势体重为 10～20 g。

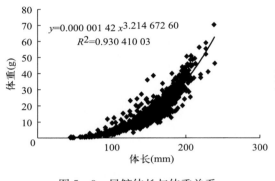

图 5 - 3 凤鲚体长与体重关系　　　　　图 5 - 4 凤鲚体长分布

（3）**生物学特征** 根据实验室测定的 1 135 尾凤鲚的数据，由 FiSAT Ⅱ 软件中的 ELEFAN Ⅰ 技术处理体长频率，估算的极限体长 L_∞ 和生长参数 K 分别为 246.75、0.65。

根据 Pauly 经验公式：$\ln(-t_0) = -0.392\ 2 - 0.275\ 2\ln L_\infty - 1.038\ln K$，计算得 t_0 为 -0.21。因此，厦门湾的凤鲚生长方程为：

$$L_t = 246.75\left[1 - e^{-0.65(t+0.21)}\right]$$

$$W_t = 74.5\left[1 - e^{-0.65(t+0.21)}\right]^{3.21}$$

式中，体长和体重单位分别为毫米（mm）和克（g）。

体长生长不具拐点，体重生长拐点年龄 $t_{tp} = 1.59$。

肉眼判定渔获个体的性腺发育程度，发现在冬、春季出现性成熟个体，当雌性个体的体长约为 120 mm 时，可以发现其性腺上出现有卵粒；当雌性个体体长为 165～175 mm 时，达到大量性成熟，此时的卵粒比较清晰饱满。单尾凤鲚卵粒数量为 1 920～23 250 粒。

（4）**开发情况分析** 利用 FiSAT Ⅱ 软件中的体长变换渔获曲线方法，估算凤鲚的总死亡系数 $Z = 2.14$。厦门湾年平均水温 $T = 22.3\ ℃$，代入公式 $\ln M = -0.006\ 6 - 0.279\ln L_\infty + 0.654\ 3\ln K + 0.463\ln T$，求得自然死亡系数 $M = 0.81$，则可求得捕捞死亡系数 $F = 1.33$，开发率 $E = 0.62$（表 5 - 2），说明其已处于轻度过度开发阶段。

表 5 - 2 凤鲚生物生态学特征

鱼种	L_∞	K	Z	M	F	E
凤鲚	246.75	0.65	2.14	0.81	1.33	0.62

3. 斑鰶（*Konosirus punctatus*）

又称刺儿鱼、古眼鱼、磁鱼、油鱼等，在厦门俗称黄鱼。属于鲱形目、鲱科、鰶属。

主要栖息于港湾和河口一带。以浮游生物和海底藻类为食。分布于印度洋至西太平洋，中国沿海均产，也是厦门湾的重要经济鱼类之一。

斑鰶在厦门湾主要在春节前后（2—4月）捕捞量较大，此时普遍达到性成熟。斑鰶虽然小、骨刺多，但肉味鲜美，深受人们喜爱。

（1）**体长与体重的关系** 本研究共获取斑鰶样品1 488尾，根据实验室测定的体长与体重的数据，拟合出体长与体重的关系（图5-5）。表达式为：

$$y=0.000\ 020\ 53x^{2.921\ 817\ 07}$$

$$R^2=0.933\ 379\ 26,\ P<0.01,\ n=1\ 488$$

可认为斑鰶是等速生长的鱼。

（2）**渔获组成** 分析斑鰶渔获样品1 488尾，体长范围为29～208 mm（图5-6），优势体长为100～120 mm；体重范围为0.30～167.60 g，平均体重为19.27 g。

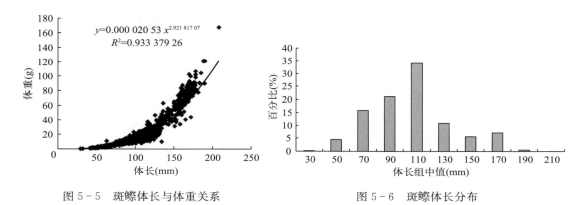

<table>
<tr><td>图5-5 斑鰶体长与体重关系</td><td>图5-6 斑鰶体长分布</td></tr>
</table>

（3）**生物学特征** 根据实验室测定的1 488尾斑鰶的数据，由FiSAT Ⅱ软件中的ELEFAN Ⅰ技术处理体长频率，估算的极限体长L_∞和生长参数K分别为220.5、0.8。

根据Pauly经验公式：$\ln(-t_0)=-0.392\ 2-0.275\ 2\ln L_\infty-1.038\ln K$，计算得$t_0$为-0.19。因此，厦门湾的斑鰶生长方程为：

$$L_t=220.5\left[1-e^{-0.80(t+0.19)}\right]$$

$$W_t=144.34\left[1-e^{-0.80(t+0.19)}\right]^{2.92}$$

式中，体长和体重单位分别为毫米（mm）和克（g）。

体重生长拐点年龄$t_{tp}=1.15$。

肉眼判定渔获个体的性腺发育程度，发现在冬、春季出现性成熟个体，当雌性个体的体长为180 mm以上时达到大量性成熟，此时的卵粒比较清晰饱满。单尾斑鰶卵粒数量为1 929～39 079粒，平均13 991粒。

（4）**开发情况分析** 利用FiSAT Ⅱ软件中的体长变换渔获曲线方法，估算斑鰶的总死亡系数$Z=2.94$。厦门湾年平均水温$T=22.3\ ℃$，代入公式$\ln M=-0.006\ 6-$

$0.279\ln L_\infty + 0.654\,3\ln K + 0.463\ln T$，求得自然死亡系数 $M=0.80$，则可求得捕捞死亡系数 $F=2.14$，开发率 $E=0.73$（表 5 – 3），说明其已处于捕捞过度阶段。

表 5 – 3　斑鰶生物生态学特征

鱼种	L_∞	K	Z	M	F	E
斑鰶	220.5	0.8	2.94	0.8	2.14	0.73

4. 七丝鲚（*Coilia gray*）

七丝鲚与凤鲚主要区别在于七丝鲚胸鳍上部有 7 根游离延长的鳍条，是鲱形目、鳀科、鲚属的一种。主要栖息于河口一带。以介形类、桡足类、等足类、端足类为食。肉味鲜美，通常鲜销，也可制成凤尾鱼罐头。在厦门湾全年都可捕捞，以 7—12 月为多，4—7 月为其产卵期。

（1）**体长与体重的关系**　本研究共获取七丝鲚样品 1 465 尾，根据实验室测定的体长与体重的数据，拟合出体长与体重的关系（图 5 – 7）。表达式为：

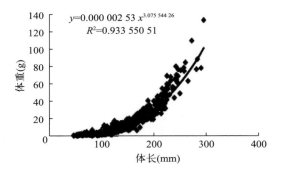

图 5 – 7　七丝鲚体长与体重关系

$$y=0.000\,002\,53x^{3.075\,544\,26}$$

$$R^2=0.933\,550\,51,\ P<0.01,\ n=1\,465$$

可认为七丝鲚是等速生长的鱼。

（2）**渔获组成**　分析七丝鲚渔获样品 1 465 尾，体长范围为 48～295 mm（图 5 – 8），优势体长为 80～140 mm；体重范围为 0.76～131.90 g，平均体重为 9.87 g。

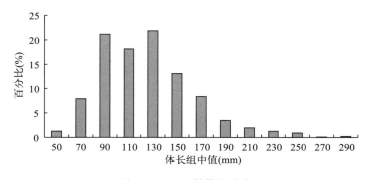

图 5 – 8　七丝鲚体长分布

（3）**生物学特征**　根据实验室测定的 1 465 尾七丝鲚的数据，由 FiSAT II 软件中的 ELEFAN I 技术处理体长频率，估算的极限体长 L_∞ 和生长参数 K 分别为 304.5、1.2。

根据 Pauly 经验公式：$\ln(-t_0)=-0.392\,2-0.275\,2\ln L_\infty-1.038\ln K$，计算得 t_0 为 -0.12。因此，厦门湾的七丝鲚生长方程为：

$$L_t = 304.5 \left[1 - e^{-1.20(t+0.12)}\right]$$

$$W_t = 109.32 \left[1 - e^{-1.20(t+0.12)}\right]^{3.08}$$

式中，体长和体重单位分别为毫米（mm）和克（g）。

体重生长拐点年龄 $t_{tp} = 0.82$。

肉眼判定渔获个体的性腺发育程度，发现在冬、春季出现性成熟个体，当雌性个体的体长为 200 mm 以上时大量达到性成熟，此时的卵粒比较清晰饱满。

（4）开发情况分析　利用 FiSAT Ⅱ 软件中的体长变换渔获曲线方法，估算七丝鲚的总死亡系数 $Z = 4.61$。厦门湾年平均水温 $T = 22.3$ ℃，代入公式 $\ln M = -0.006\,6 - 0.279 \ln L_\infty + 0.654\,3 \ln K + 0.463 \ln T$，求得自然死亡系数 $M = 0.95$，则可求得捕捞死亡系数 $F = 3.66$，开发率 $E = 0.79$（表 5 - 4），说明其已处于捕捞过度阶段。

表 5 - 4　七丝鲚生物生态学特征

鱼种	L_∞	K	Z	M	F	E
七丝鲚	304.5	1.2	4.61	0.95	3.66	0.79

5. 赤鼻棱鳀（*Thrissa kammalensis*）

属于鲱形目、鳀科、棱鳀属。系浅海中上层小型鱼类之一。春末夏初在河口、海湾水域繁殖，冬初陆续游离近岸。以虾、蟹类幼体和糠虾类为食。可供食用。为近海定置渔具和底拖网中常见的渔获物。有一定经济价值。分布于中国沿海，太平洋西部及印度洋。

（1）体长与体重的关系　本研究共获取赤鼻棱鳀样品 366 尾，根据实验室测定的体长与体重的数据，拟合出体长与体重的关系（图 5 - 9）。表达式为：

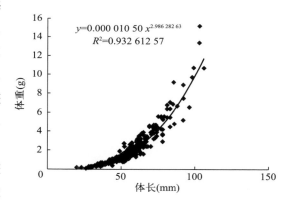

图 5 - 9　赤鼻棱鳀体长与体重关系

$$y = 0.000\,010\,50 x^{2.986\,282\,63}$$

$$R^2 = 0.932\,612\,57,\ P < 0.01,\ n = 366$$

可认为赤鼻棱鳀是等速生长的鱼。

（2）渔获组成　分析赤鼻棱鳀渔获样品 366 尾，体长范围为 20～106 mm（图 5 - 10），优势体长为 55～65 mm；体重范围为 0.20～15.19 g，平均体重为 2.17 g。

（3）生物学特征　根据实验室测定的 366 尾赤鼻棱鳀的数据，由 FiSAT Ⅱ 软件中的 ELEFAN Ⅰ 技术处理体长频率，估算的极限体长 L_∞ 和生长参数 K 分别为 115.5、0.91。

根据 Pauly 经验公式：$\ln(-t_0) = -0.392\,2 - 0.275\,2 \ln L_\infty - 1.038 \ln K$，计算得 t_0

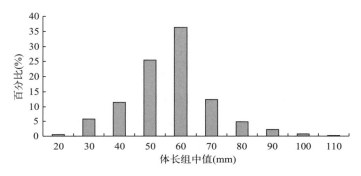

图 5-10　赤鼻棱鳀体长分布

为-0.20。因此，厦门湾的赤鼻棱鳀生长方程为：

$$L_t = 115.5 \left[1 - e^{-0.91(t+0.20)} \right]$$

$$W_t = 15.16 \left[1 - e^{-0.91(t+0.20)} \right]^{2.99}$$

式中，体长和体重单位分别为毫米（mm）和克（g）。

体重生长拐点年龄 $t_{tp} = 1.00$。

肉眼判定渔获个体的性腺发育程度，发现在春夏之交季节出现性成熟个体，当雌性个体的体长为 80 mm 以上时达到性成熟，此时的卵粒比较清晰饱满。

（4）开发情况分析　利用 FiSAT Ⅱ 软件中的体长变换渔获曲线方法，估算赤鼻棱鳀的总死亡系数 $Z = 3.17$。厦门湾年平均水温 $T = 22.3\ ℃$，代入公式 $\ln M = -0.006\,6 - 0.279\ln L_\infty + 0.654\,3\ln K + 0.463\ln T$，求得自然死亡系数 $M = 1.04$，则可求得捕捞死亡系数 $F = 2.13$，开发率 $E = 0.67$（表 5-5），说明其已处于轻度捕捞过度阶段。

表 5-5　赤鼻棱鳀生物生态学特征

鱼种	L_∞	K	Z	M	F	E
赤鼻棱鳀	115.5	0.91	3.17	1.04	2.13	0.67

6. 棱鲹（*Liza carinata*）

闽南话称为"尖头鱼"，属于鲻科、鲹属。体前部近圆筒形，背缘浅弧形，腹缘稍平缓，尾柄稍长；头圆锥形，稍侧扁，背部宽平，腹部较狭。为暖水性中小型鱼类之一，多栖息于淡水河口及近岸水域，也可以进入淡水江段下游。在厦门湾的九龙江河口水域常见，多见于春节前后。

（1）体长与体重的关系　本研究共获取棱鲹样品 1 019 尾，根据实验室测定的体长与体重的数据，拟合出体长与体重的关系（图 5-11）。表达式为：

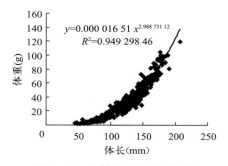

图 5-11　棱鲹体长与体重关系

$$y=0.000\,016\,51x^{2.988\,731\,12}$$

$$R^2=0.949\,298\,46,\ P<0.01,\ n=1\,019$$

可认为棱鮻是等速生长的鱼。

（2）渔获组成　分析棱鮻渔获样品1 019尾，体长范围为44～235 mm（图5-12），优势体长为110～130 mm；体重范围为2.4～139.4 g，平均体重为27.96 g。

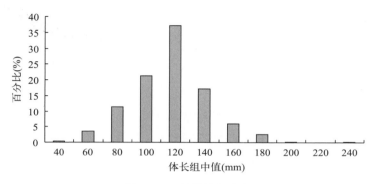

图5-12　棱鮻体长分布

（3）生物学特征　根据实验室测定的1 019尾棱鮻的数据，由FiSAT Ⅱ软件中的ELEFAN Ⅰ技术处理体长频率，估算的极限体长L_∞和生长参数K分别为252.0、1.10。

根据Pauly经验公式：$\ln(-t_0)=-0.392\,2-0.275\,2\ln L_\infty-1.038\ln K$，计算得$t_0$为-0.13。因此，厦门湾的棱鮻生长方程为：

$$L_t=252.0\left[1-e^{-1.10(t+0.13)}\right]$$

$$W_t=248.10\left[1-e^{-1.10(t+0.13)}\right]^{2.99}$$

式中，体长和体重单位分别为毫米（mm）和克（g）。

体重生长拐点年龄$t_{tp}=0.86$。

肉眼判定渔获个体的性腺发育程度，发现在春夏之交季节出现性成熟个体，当雌性个体的体长为150 mm以上时达到性成熟，此时的卵粒比较清晰饱满。

（4）开发情况分析　利用FiSAT Ⅱ软件中的体长变换渔获曲线方法，估算棱鮻的总死亡系数$Z=6.08$。厦门湾年平均水温$T=22.3\ ℃$，代入公式$\ln M=-0.006\,6-0.279\ln L_\infty+0.654\,3\ln K+0.463\ln T$，求得自然死亡系数$M=0.94$，则可求得捕捞死亡系数$F=5.14$，开发率$E=0.85$（表5-6），说明其已处于重度捕捞过度阶段。

表5-6　棱鮻生物生态学特征

鱼种	L_∞	K	Z	M	F	E
棱鮻	252.0	1.1	6.08	0.94	5.14	0.85

7. 前鳞鲻 (*Osteomugil ophuyseni*)

又称前鳞骨鲻,属于鲻科、鲻属。分布于印度尼西亚、中国等海域,多栖息于浅海咸淡水交汇处。在厦门湾的九龙江河口常见,多见于春节前后。为港养对象之一,体中型,产量较大,有较大经济价值。

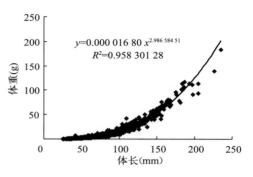

图 5-13 前鳞鲻体长与体重关系

(1) 体长与体重的关系 本研究共获取前鳞鲻样品 1 303 尾,根据实验室测定的体长与体重的数据,拟合出体长与体重的关系(图 5-13)。表达式为:

$$y = 0.000\ 016\ 80x^{2.986\ 584\ 51}$$

$$R^2 = 0.958\ 301\ 28,\ P < 0.01,\ n = 1\ 303$$

可认为前鳞鲻是等速生长的鱼。

(2) 渔获组成 分析前鳞鲻渔获样品 1 303 尾,体长范围为 25~235 mm(图 5-14),优势体长为 70~90 mm;体重范围为 0.2~183.0 g,平均体重为 13.12 g。

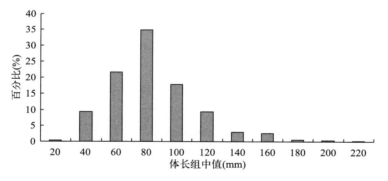

图 5-14 前鳞鲻体长分布

(3) 生物学特征 根据实验室测定的 1 303 尾前鳞鲻的数据,由 FiSAT II 软件中的 ELEFAN I 技术处理体长频率,估算的极限体长 L_∞ 和生长参数 K 分别为 231.0、2.0。

根据 Pauly 经验公式:$\ln(-t_0) = -0.392\ 2 - 0.275\ 2\ln L_\infty - 1.038\ln K$,计算得 t_0 为 -0.07。因此,厦门湾的前鳞鲻生长方程为:

$$L_t = 231.0\left[1 - e^{-2.0(t+0.07)}\right]$$

$$W_t = 192.50\left[1 - e^{-2.0(t+0.07)}\right]^{2.99}$$

式中,体长和体重单位分别为毫米(mm)和克(g)。

体重生长拐点年龄 $t_{tp} = 0.87$。

肉眼判定渔获个体的性腺发育程度,发现在冬、春季出现性成熟个体,当雌性个体的体长为 150 mm 以上时达到性成熟，此时的卵粒比较清晰饱满。

（4）开发情况分析　利用 FiSAT Ⅱ 软件中的体长变换渔获曲线方法，估算前鳞鲾的总死亡系数 $Z=9.18$。厦门湾年平均水温 $T=22.3\ ℃$，代入公式 $\ln M=-0.006\ 6-0.279\ln L_{\infty}+0.654\ 3\ln K+0.463\ln T$，求得自然死亡系数 $M=1.43$，则可求得捕捞死亡系数 $F=7.75$，开发率 $E=0.84$（表 5-7），说明其已处于重度捕捞过度阶段。

表 5-7　前鳞鲾生物生态学特征

鱼种	L_{∞}	K	Z	M	F	E
前鳞鲾	231.0	2.0	9.18	1.43	7.75	0.84

8. 皮氏叫姑鱼（*Johnius belengerii*）

闽南话称"加网"，属于鲈形目、石首鱼科、叫姑鱼属。系暖水性近海中下层鱼类之一，喜栖息于泥沙底和岩礁附近海域，能发出较大叫声，因此得名。分布在印度洋和太平洋西部，我国沿海均产之。渔场大多在近岸浅海和河口区。在厦门湾常见，多见于 4—7 月。

（1）体长与体重的关系　本研究共获取皮氏叫姑鱼样品 724 尾，根据实验室测定的体长与体重的数据，拟合出体长与体重的关系（图 5-15）。表达式为：

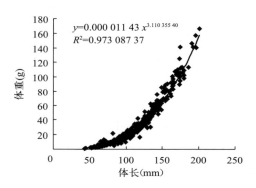

图 5-15　皮氏叫姑鱼体长与体重关系

$$y=0.000\ 011\ 43x^{3.110\ 355\ 40}$$

$$R^2=0.973\ 087\ 37，P<0.01，n=724$$

可认为皮氏叫姑鱼是等速生长的鱼。

（2）渔获组成　分析皮氏叫姑鱼渔获样品 724 尾，体长范围为 44～201 mm（图 5-16），优势体长为 90～110 mm；体重范围为 1.2～166.3 g，平均体重为 25.80 g。

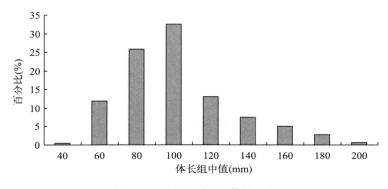

图 5-16　皮氏叫姑鱼体长分布

（3）**生物学特征**　根据实验室测定的 724 尾皮氏叫姑鱼的数据，由 FiSAT Ⅱ软件中的 ELEFANI 技术处理体长频率，估算的极限体长 L_∞ 和生长参数 K 分别为 210.0、0.81。

根据 Pauly 经验公式：$\ln(-t_0) = -0.3922 - 0.2752\ln L_\infty - 1.038\ln K$，计算得 t_0 为 −0.19。因此，厦门湾的皮氏叫姑鱼生长方程为：

$$L_t = 210.0\left[1 - e^{-0.81(t+0.19)}\right]$$

$$W_t = 190.97\left[1 - e^{-0.81(t+0.19)}\right]^{3.11}$$

式中，体长和体重单位分别为毫米（mm）和克（g）。

体重生长拐点年龄 $t_{tp} = 1.17$。

肉眼判定渔获个体的性腺发育程度，发现在春、夏季出现性成熟个体，当雌性个体的体长为 110 mm 以上时达到性成熟，此时的卵粒比较清晰饱满。

（4）**开发情况分析**　利用 FiSAT Ⅱ软件中的体长变换渔获曲线方法，估算皮氏叫姑鱼的总死亡系数 $Z = 1.09$。厦门湾年平均水温 $T = 22.3\ ℃$，代入公式 $\ln M = -0.0066 - 0.279\ln L_\infty + 0.6543\ln K + 0.463\ln T$，求得自然死亡系数 $M = 0.61$，则可求得捕捞死亡系数 $F = 0.48$，开发率 $E = 0.44$（表 5 - 8），说明其处于较充分开发阶段。

表 5 - 8　皮氏叫姑鱼生物生态学特征

鱼种	L_∞	K	Z	M	F	E
皮氏叫姑鱼	210.0	0.81	1.09	0.61	0.48	0.44

9. 短吻鲾（*Leiognathus brevirostris*）

俗名树叶仔、金钱仔、石威、榕叶仔、花令仔。为鲈形目、鲾科的一种，栖息于近岸海区。一般体长为 30～100 mm。分布于印度洋北部沿岸至日本和中国，中国主要分布在南海、台湾海峡、东海等海域，属于热带和亚热带沿海暖水性鱼类。在厦门湾常见，多见于 5—8 月。

（1）**体长与体重的关系**　本研究共获取短吻鲾样品 935 尾，根据实验室测定的体长与体重的数据，拟合出体长与体重的关系（图 5 - 17）。表达式为：

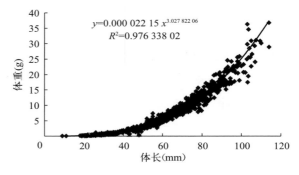

图 5 - 17　短吻鲾体长与体重关系

$$y = 0.00002215x^{3.02782206}$$

$$R^2 = 0.97633802,\ P < 0.01,\ n = 935$$

可认为短吻鲾是等速生长的鱼。

（2）**渔获组成**　分析短吻鲾渔获样品 935 尾，体长范围为 9～114 mm（图 5 - 18），优势体长为 55～65 mm；体重范围为 0.1～36.8 g，平均体重为 6.94 g。

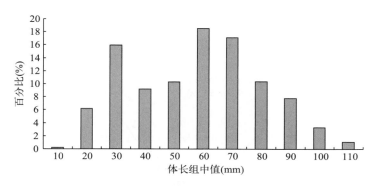

图 5 - 18　短吻鲾体长分布

（3）生物学特征　根据实验室测定的 935 尾短吻鲾的数据，由 FiSAT Ⅱ 软件中的 ELEFAN Ⅰ 技术处理体长频率，估算的极限体长 L_∞ 和生长参数 K 分别为 115.5、0.68。

根据 Pauly 经验公式：$\ln(-t_0) = -0.392\,2 - 0.275\,2\ln L_\infty - 1.038\ln K$，计算得 t_0 为 -0.27。因此，厦门湾的短吻鲾生长方程为：

$$L_t = 115.5\left[1 - e^{-0.68(t+0.27)}\right]$$
$$W_t = 38.95\left[1 - e^{-0.68(t+0.27)}\right]^{3.03}$$

式中，体长和体重单位分别为毫米（mm）和克（g）。

体重生长拐点年龄 $t_{tp} = 1.36$。

肉眼判定渔获个体的性腺发育程度，发现在春、夏季出现性成熟个体，当雌性个体的体长为 85 mm 以上时大量达到性成熟，此时的卵粒比较清晰饱满。

（4）开发情况分析　利用 FiSAT Ⅱ 软件中的体长变换渔获曲线方法，估算短吻鲾的总死亡系数 $Z = 1.69$。厦门湾年平均水温 $T = 22.3\,℃$，代入公式 $\ln M = -0.006\,6 - 0.279\ln L_\infty + 0.654\,3\ln K + 0.463\ln T$，求得自然死亡系数 $M = 0.86$，则可求得捕捞死亡系数 $F = 0.83$，开发率 $E = 0.49$（表 5 - 9），说明其处于充分开发阶段。

表 5 - 9　短吻鲾生物生态学特征

鱼种	L_∞	K	Z	M	F	E
短吻鲾	115.5	0.68	1.69	0.86	0.83	0.49

10. 少鳞鱚（*Sillago japonica*）

属于鱚科、鱚属，俗名青沙、梭子鱼。分布于印度尼西亚、菲律宾、朝鲜、日本以及中国，中国主要分布于台湾海峡、南海、东海等。该物种的模式种产地在日本长崎。在厦门湾亦较常见，多见于 5—8 月。是一种极受欢迎的食用鱼。

（1）体长与体重的关系　本研究共获取少鳞鱚样品 158 尾，根据实验室测定的体长与体重的数据，拟合出体长与体重的关系（图 5 - 19）。表达式为：

$$y=0.000\,016\,00x^{2.901\,706\,27}$$

$$R^2=0.957\,593\,10,\ P<0.01,\ n=158$$

可认为少鳞鱚是等速生长的鱼。

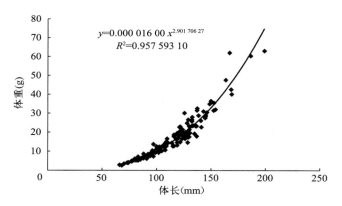

图 5 - 19　少鳞鱚体长与体重关系

（2）渔获组成　分析少鳞鱚渔获样品 158 尾，体长范围为 66～199 mm（图 5 - 20），优势体长为 85～125 mm；体重范围为 2.9～63.0 g，平均体重为 16.49 g。

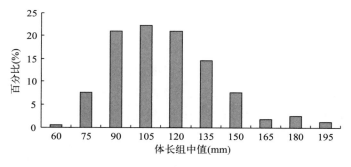

图 5 - 20　少鳞鱚体长分布

（3）生物学特征　根据实验室测定的 158 尾少鳞鱚的数据，由 FiSAT Ⅱ 软件中的 ELEFAN Ⅰ 技术处理体长频率，估算的极限体长 L_∞ 和生长参数 K 分别为 204.75、1.90。

根据 Pauly 经验公式：$\ln(-t_0)=-0.392\,2-0.275\,2\ln L_\infty-1.038\ln K$，计算得 t_0 为 -0.08。因此，厦门湾的少鳞鱚生长方程为：

$$L_t=204.75\left[1-e^{-1.9(t+0.08)}\right]$$

$$W_t=81.40\left[1-e^{-1.9(t+0.08)}\right]^{2.90}$$

式中，体长和体重单位分别为毫米（mm）和克（g）。

体重生长拐点年龄 $t_{tp}=0.48$。

肉眼判定渔获个体的性腺发育程度，发现在春、夏季出现性成熟个体，当雌性个体的体长为 180 mm 以上时大量达到性成熟，此时的卵粒比较清晰饱满。

（4）开发情况分析　利用 FiSAT Ⅱ 软件中的体长变换渔获曲线方法，估算少鳞鱚的总死亡系数 $Z=4.61$。厦门湾年平均水温 $T=22.3$ ℃，代入公式 $lnM=-0.006\,6-0.279lnL_\infty+0.654\,3lnK+0.463lnT$，求得自然死亡系数 $M=1.43$，则可求得捕捞死亡系数 $F=3.18$，开发率 $E=0.69$（表 5-10），说明其处于轻度过度开发阶段。

表 5-10　少鳞鱚生物生态学特征

鱼种	L_∞	K	Z	M	F	E
少鳞鱚	204.75	1.9	4.61	1.43	3.18	0.69

11. 青鳞小沙丁鱼（*Sardinella zunasi*）

属于鲱科、小沙丁鱼属，俗名青皮、柳叶鱼、青鳞鱼。属于近海小型中上层鱼类。在厦门湾常年可见，成体多见于 5—8 月。为厦门湾重要的经济鱼类之一。

（1）体长与体重的关系　本研究共获取青鳞小沙丁鱼样品 920 尾，根据实验室测定的体长与体重的数据，拟合出体长与体重的关系（图 5-21）。表达式为：

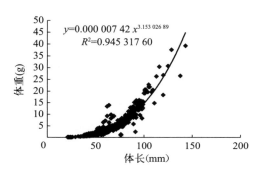

图 5-21　青鳞小沙丁鱼体长与体重关系

$$y=0.000\,007\,42x^{3.153\,026\,89}$$

$$R^2=0.945\,317\,60,\ P<0.01,\ n=920$$

可认为青鳞小沙丁鱼是等速生长的鱼。

（2）渔获组成　分析青鳞小沙丁鱼渔获样品 920 尾，体长范围为 21～143 mm（图 5-22），优势体长为 45～65 mm；体重范围为 0.1～39.37 g，平均体重为 3.65 g。

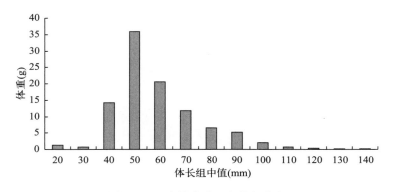

图 5-22　青鳞小沙丁鱼体长分布

（3）生物学特征　根据实验室测定的 920 尾青鳞小沙丁鱼的数据，由 FiSAT Ⅱ 软件中的 ELEFAN Ⅰ 技术处理体长频率，估算的极限体长 L_∞ 和生长参数 K 分别为 147.0、2.10。

根据 Pauly 经验公式：$ln(-t_0)=-0.392\,2-0.275\,2lnL_\infty-1.038lnK$，计算得 t_0

为－0.08。因此，厦门湾的青鳞小沙丁鱼生长方程为：

$$L_t = 147.0 \left[1 - e^{-2.1(t+0.08)}\right]$$

$$W_t = 50.58 \left[1 - e^{-2.1(t+0.08)}\right]^{3.15}$$

式中，体长和体重单位分别为毫米（mm）和克（g）。

体重生长拐点年龄 $t_{tp} = 0.46$。

肉眼判定渔获个体的性腺发育程度，发现在春、夏季出现性成熟个体，当雌性个体的体长为 100 mm 以上时达到性成熟，此时的卵粒比较清晰饱满。

（4）开发情况分析　利用 FiSAT Ⅱ 软件中的体长变换渔获曲线方法，估算青鳞小沙丁鱼的总死亡系数 $Z = 8.61$。厦门湾年平均水温 $T = 22.3$ ℃，代入公式 $\ln M = -0.006\,6 - 0.279 \ln L_\infty + 0.654\,3 \ln K + 0.463 \ln T$，求得自然死亡系数 $M = 1.67$，则可求得捕捞死亡系数 $F = 6.94$，开发率 $E = 0.81$（表 5 - 11），说明其处于中度过度开发阶段。

表 5 - 11　青鳞小沙丁鱼生物生态学特征

鱼种	L_∞	K	Z	M	F	E
青鳞小沙丁鱼	147.0	2.1	8.61	1.67	6.94	0.81

12. 六指马鲅（*Polydactylus sexfilis*）

也称锅鱼、五荀、六丝马鲅，广泛分布于印度洋、太平洋和非洲暖水域，中国东海和南海也有分布。六指马鲅成鱼通常成群栖息于海岸边石礁的沙洞和拍岸浪区，在近岸产卵，受精卵在近海孵化，仔鱼呈漂游性，变态后进入近岸的拍岸浪区，有时也进入淡水。该鱼属于底栖食性鱼类，喜食虾类，全天摄食，且生长速度较快。在厦门湾也较常见。

（1）体长与体重的关系　本研究共获取六指马鲅样品 210 尾，根据实验室测定的体长与体重的数据，拟合出体长与体重的关系（图 5 - 23）。表达式为：

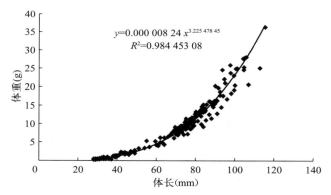

图 5 - 23　六指马鲅体长与体重关系

$$y = 0.000\,008\,24 x^{3.225\,478\,45}$$

$$R^2 = 0.984\,453\,08,\ P < 0.01,\ n = 210$$

可认为六指马鲅是等速生长的鱼。

（2）渔获组成　分析六指马鲅渔获样品 210 尾，体长范围为 28～115 mm（图 5 - 24），优势体长为 75～85 mm；体重范围为 0.3～36.3 g，平均体重为 8.44 g。

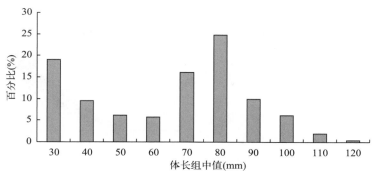

图 5 - 24　六指马鲅体长分布

（3）生物学特征　根据实验室测定的 210 尾六指马鲅的数据，由 FiSAT Ⅱ 软件中的 ELEFAN Ⅰ 技术处理体长频率，估算的极限体长 L_∞ 和生长参数 K 分别为 126.0、0.74。

根据 Pauly 经验公式：$\ln(-t_0) = -0.392\,2 - 0.275\,2\ln L_\infty - 1.038\ln K$，计算得 t_0 为 -0.24。因此，厦门湾的六指马鲅生长方程为：

$$L_t = 126.0\left[1 - e^{-0.74(t+0.24)}\right]$$
$$W_t = 49.05\left[1 - e^{-0.74(t+0.24)}\right]^{3.23}$$

式中，体长和体重单位分别为毫米（mm）和克（g）。

体重生长拐点年龄 $t_{tp} = 1.34$。

肉眼判定渔获个体的性腺发育程度，发现在春、夏季出现性成熟个体，当雌性个体的体长为 90 mm 以上时达到性成熟，此时的卵粒比较清晰饱满。

（4）开发情况分析　利用 FiSAT Ⅱ 软件中的体长变换渔获曲线方法，估算六指马鲅的总死亡系数 $Z = 1.33$。厦门湾年平均水温 $T = 22.3\ ℃$，代入公式 $\ln M = -0.006\,6 - 0.279\ln L_\infty + 0.654\,3\ln K + 0.463\ln T$，求得自然死亡系数 $M = 0.88$，则可求得捕捞死亡系数 $F = 0.45$，开发率 $E = 0.34$（表 5 - 12），说明其处于未充分开发阶段。

表5-12　六指马鲅生物生态学特征

鱼种	L_∞	K	Z	M	F	E
六指马鲅	126.0	0.74	1.33	0.88	0.45	0.34

13. 孔鰕虎鱼（*Trypauchen vagina*）

属于辐鳍鱼纲、鲈形目、鰕虎鱼科、孔鰕虎鱼属，俗名红条、红涂调、红水官、银珠笔、木乃、赤鮎、红九。生活在热带地区，喜栖息红树林、河口、内湾的泥滩地，属广盐性鱼类，常隐身于洞穴中，属杂食性，以有机碎屑及小型无脊椎动物为食。在厦门湾常见。

（1）**体长与体重的关系**　本研究共获取孔鰕虎鱼样品 326 尾，根据实验室测定的体长与体重的数据，拟合出体长与体重的关系（图 5-25）。表达式为：

$$y=0.000\,066\,08x^{2.470\,079\,00}$$

$R^2=0.896\,623\,91$，$P<0.01$，$n=326$

可认为孔鰕虎鱼是异速生长的鱼。

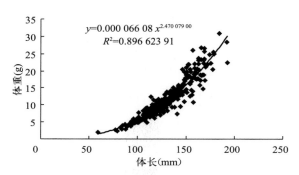

图 5-25　孔鰕虎鱼体长与体重关系

（2）**渔获组成**　分析孔鰕虎鱼渔获样品 326 尾，体长范围为 59～193 mm（图 5-26），优势体长为 115～125 mm；体重范围为 0.3～36.3 g，平均体重为 8.44 g。

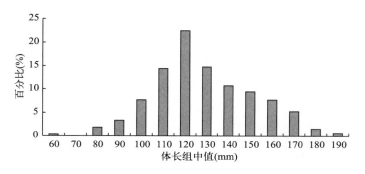

图 5-26　孔鰕虎鱼体长分布

（3）**生物学特征**　根据实验室测定的 326 尾孔鰕虎鱼的数据，由 FiSAT Ⅱ 软件中的 ELEFAN Ⅰ 技术处理体长频率，估算的极限体长 L_∞ 和生长参数 K 分别为 199.5、0.55。

根据 Pauly 经验公式：$\ln(-t_0)=-0.392\,2-0.275\,2\ln L_\infty-1.038\ln K$，计算得 t_0 为 -0.29。因此，厦门湾的孔鰕虎鱼生长方程为：

$$L_t=199.5\left[1-\mathrm{e}^{-0.55(t+0.29)}\right]$$

$$W_t=31.70\left[1-\mathrm{e}^{-0.55(t+0.29)}\right]^{2.47}$$

式中，体长和体重单位分别为毫米（mm）和克（g）。

体重生长拐点年龄 $t_{tp}=1.35$。

肉眼判定渔获个体的性腺发育程度，发现在春、夏季出现性成熟个体，当雌性个体的体长为 100 mm 以上时达到性成熟，此时的卵粒比较清晰饱满。

（4）**开发情况分析**　利用 FiSAT Ⅱ 软件中的体长变换渔获曲线方法，估算孔鰕虎鱼的总死亡系数 $Z=1.48$。厦门湾年平均水温 $T=22.3$ ℃，代入公式 $\ln M=-0.006\,6-0.279\ln L_\infty+0.654\,3\ln K+0.463\ln T$，求得自然死亡系数 $M=0.64$，则可求得捕捞死亡系数 $F=0.84$，开发率 $E=0.57$（表 5-13），说明其处于轻度过度开发阶段。

表 5 - 13　孔虾虎鱼生物生态学特征

鱼种	L_∞	K	Z	M	F	E
孔虾虎鱼	199.5	0.55	1.48	0.64	0.84	0.57

14. 褐菖鲉（*Sebastiscus marmoratus*）

又称石狗公，是辐鳍鱼纲、鲉形目、鲉科的鱼类之一。分布于北太平洋西部。为我国雷州半岛以东沿海一带常见，产于南海、东海、黄海和渤海。为暖温性底层鱼类，栖息于近岸岩礁海区，以鱼类、甲壳类为食，通常固着一处等待猎物上门。为厦门湾重要的经济鱼类之一，也是本地居民喜食用的一种鱼。

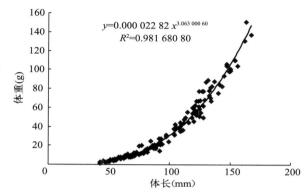

图 5 - 27　褐菖鲉体长与体重关系

（1）体长与体重的关系　本研究共获取褐菖鲉样品 153 尾，根据实验室测定的体长与体重的数据，拟合出体长与体重的关系（图 5 - 27）。表达式为：

$$y = 0.000\,022\,82\,x^{3.063\,000\,60}$$

$$R^2 = 0.981\,680\,80,\ P < 0.01,\ n = 153$$

可认为褐菖鲉是等速生长的鱼。

（2）渔获组成　分析褐菖鲉渔获样品 153 尾，体长范围为 43～168 mm（图 5 - 28），优势体长为 60～90 mm；体重范围为 1.6～150.9 g，平均体重为 36.41 g。

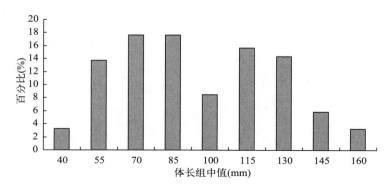

图 5 - 28　褐菖鲉体长分布

（3）生物学特征　根据实验室测定的 153 尾褐菖鲉的数据，由 FiSAT II 软件中的 ELEFAN I 技术处理体长频率，估算的极限体长 L_∞ 和生长参数 K 分别为 168.0、0.89。

根据 Pauly 经验公式：$\ln(-t_0) = -0.392\,2 - 0.275\,2\ln L_\infty - 1.038\ln K$，计算得 t_0 为 -0.19。因此，厦门湾的褐菖鲉生长方程为：

$$L_t = 168.0\left[1 - e^{-0.89(t+0.19)}\right]$$

$$W_t = 149.43\left[1 - e^{-0.89(t+0.19)}\right]^{3.06}$$

式中，体长和体重单位分别为毫米（mm）和克（g）。

体重生长拐点年龄 $t_{tp} = 1.34$。

肉眼判定渔获个体的性腺发育程度，发现在春、夏季出现性成熟个体。初次性成熟达 IV 期以上的最小体长为 81 mm，最小体重 15 g。大量性成熟的体长为 130～150 mm，体重为 70～100 g。

（4）开发情况分析　利用 FiSAT II 软件中的体长变换渔获曲线方法，估算褐菖鲉的总死亡系数 $Z = 1.7$。厦门湾年平均水温 $T = 22.3$ ℃，代入公式 $\ln M = -0.006\,6 - 0.279\ln L_\infty + 0.654\,3\ln K + 0.463\ln T$，求得自然死亡系数 $M = 0.92$，则可求得捕捞死亡系数 $F = 0.78$，开发率 $E = 0.46$（表 5-14），说明其处于充分开发阶段。

表 5-14　褐菖鲉生物生态学特征

鱼种	L_∞	K	Z	M	F	E
褐菖鲉	168.0	0.89	1.7	0.92	0.78	0.46

15. 龙头鱼（*Harpadon nehereus*）

灯笼鱼目、龙头鱼科的一种鱼，俗称西丁鱼，为沿海中下层鱼类。分布于印度洋和太平洋，我国分布于南海、东海、黄海南部，在浙江的温台和舟山近海以及福建沿海产量较高。1 龄性成熟，产卵场主要在沿海的河口处，春季产卵。为厦门湾较重要的经济鱼类之一，也是本地居民喜食用的一种鱼。

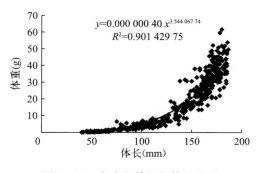

图 5-29　龙头鱼体长与体重关系

（1）体长与体重的关系　本研究共获取龙头鱼样品 583 尾，根据实验室测定的体长与体重的数据，拟合出体长与体重的关系（图 5-29）。表达式为：

$$y = 0.000\,000\,40x^{3.544\,067\,74}$$

$$R^2 = 0.901\,429\,75, \quad P < 0.01, \quad n = 583$$

可认为龙头鱼是异速生长的鱼。

（2）渔获组成　分析龙头鱼渔获样品 583 尾，体长范围为 40～257 mm（图 5-30），优势体长为 90～110 mm 和 150～190 mm；体重范围为 0.1～157.6 g，平均体重为

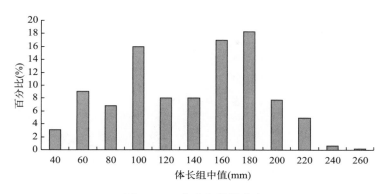

图 5-30　龙头鱼体长分布

25.31 g。

（3）生物学特征　根据实验室测定的 583 尾龙头鱼的数据，由 FiSAT Ⅱ 软件中的 ELEFAN Ⅰ 技术处理体长频率，估算的极限体长 L_∞ 和生长参数 K 分别为 273.0、0.66。

根据 Pauly 经验公式：$\ln(-t_0) = -0.392\,2 - 0.275\,2\ln L_\infty - 1.038\ln K$，计算得 t_0 为 -0.22。因此，厦门湾的龙头鱼生长方程为：

$$L_t = 273.0\left[1 - e^{-0.66(t+0.22)}\right]$$

$$W_t = 172.18\left[1 - e^{-0.66(t+0.22)}\right]^{3.54}$$

式中，体长和体重单位分别为毫米（mm）和克（g）。

体重生长拐点年龄 $t_{tp} = 1.69$。

肉眼判定渔获个体的性腺发育程度，发现在春、夏季出现性成熟个体，当雌性个体的体长为 195~215 mm 时达到大量性成熟，此时的卵粒比较清晰饱满。

（4）开发情况分析　利用 FiSAT Ⅱ 软件中的体长变换渔获曲线方法，估算龙头鱼的总死亡系数 $Z = 2.27$。厦门湾年平均水温 $T = 22.3\,℃$，代入公式 $\ln M = -0.006\,6 - 0.279\ln L_\infty + 0.654\,3\ln K + 0.463\ln T$，求得自然死亡系数 $M = 0.66$，则可求得捕捞死亡系数 $F = 1.61$，开发率 $E = 0.71$（表 5-15），说明其处于轻度过度开发阶段。

表 5-15　龙头鱼生物生态学特征

鱼种	L_∞	K	Z	M	F	E
龙头鱼	273.0	0.66	2.27	0.66	1.61	0.71

16. 中华海鲇（*Arius sinensis*）

属于海鲇属，俗名黄松、城鱼、骨鱼、骨仔。我国分布于南海和东海等，属于暖水性近海底层鱼类，栖息于水流缓慢的泥质水域，整体裸露无鳞，皮肤光滑，尾鳍深叉形。以底栖动物、贝类和小鱼为食，亦喜欢溯游河口区觅食。为厦门湾较重要的经济鱼类之一。

（1）**体长与体重的关系**　本研究共获取中华海鲇样品 200 尾，根据实验室测定的体长与体重的数据，拟合出体长与体重的关系（图 5-31）。表达式为：

$$y=0.000\,001\,51x^{3.454\,664\,36}$$

$R^2=0.951\,394\,02$，$P<0.01$，$n=200$

可认为中华海鲇是等速生长的鱼。

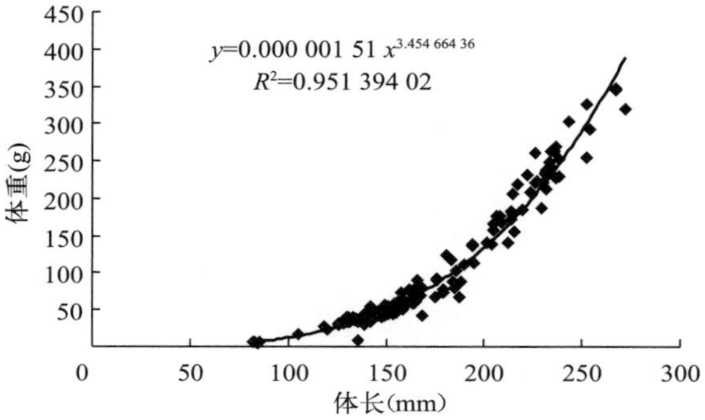

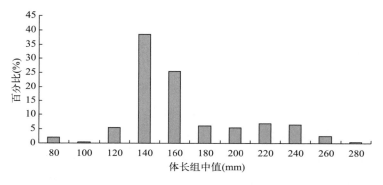

图 5-31　中华海鲇体长与体重关系

（2）**渔获组成**　分析中华海鲇渔获样品 200 尾，体长范围为 82～272 mm（图 5-32），优势体长为 130～150 mm；体重范围为 5.2～348.0 g，平均体重为 84.99 g。

图 5-32　中华海鲇体长分布

（3）**生物学特征**　根据实验室测定的 200 尾中华海鲇的数据，由 FiSAT Ⅱ 软件中的 ELEFAN Ⅰ 技术处理体长频率，估算的极限体长 L_∞ 和生长参数 K 分别为 294.0、0.90。

根据 Pauly 经验公式：$\ln(-t_0)=-0.392\,2-0.275\,2\ln L_\infty-1.038\ln K$，计算得 t_0 为 -0.16。因此，厦门湾的中华海鲇生长方程为：

$$L_t=294.0\left[1-\mathrm{e}^{-0.90(t+0.16)}\right]$$

$$W_t=508.50\left[1-\mathrm{e}^{-0.90(t+0.16)}\right]^{3.45}$$

式中，体长和体重单位分别为毫米（mm）和克（g）。

体重生长拐点年龄 $t_{tp}=1.22$。

肉眼判定渔获个体的性腺发育程度，发现在春、夏季出现性成熟个体，当雌性个体的体长为 190 mm 左右时达到初次性成熟，220～230 mm 时达到大量性成熟，此时的卵粒比较清晰饱满。

（4）**开发情况分析**　利用 FiSAT Ⅱ 软件中的体长变换渔获曲线方法，估算中华海鲇

的总死亡系数 $Z=2.34$。厦门湾年平均水温 $T=22.3$ ℃，代入公式 $\ln M=-0.006\ 6-0.279\ln L_\infty+0.654\ 3\ln K+0.463\ln T$，求得自然死亡系数 $M=0.79$，则可求得捕捞死亡系数 $F=1.55$，开发率 $E=0.66$（表 5 - 16），说明其处于轻度过度开发阶段。

表 5 - 16　中华海鲇生物生态学特征

鱼种	L_∞	K	Z	M	F	E
中华海鲇	294.0	0.9	2.34	0.79	1.55	0.66

17. 斑鳍鲉（*Scorpaena neglecta*）

又称络鳃石狗公，是辐鳍鱼纲、鲉形目、鲉科的一种。分布于日本、中国等海域。主要栖息于沿岸之沙泥质海底、珊瑚礁，以甲壳类、鱼类为主食。为厦门湾较重要的经济食用鱼类之一。

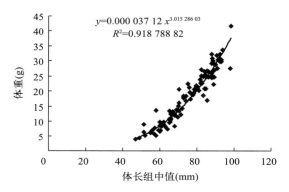

图 5 - 33　斑鳍鲉体长与体重关系

（1）**体长与体重的关系**　本研究共获取斑鳍鲉样品 105 尾，根据实验室测定的体长与体重的数据，拟合出体长与体重的关系（图 5 - 33）。表达式为：

$$y=0.000\ 037\ 12x^{3.015\ 286\ 03}$$

$$R^2=0.918\ 788\ 82,\ P<0.01,\ n=105$$

可认为斑鳍鲉是等速生长的鱼。

（2）**渔获组成**　分析斑鳍鲉渔获样品 105 尾，体长范围为 47～99 mm（图 5 - 34），体长优势不明显；体重范围为 3.9～41.7 g，平均体重为 18.40 g。

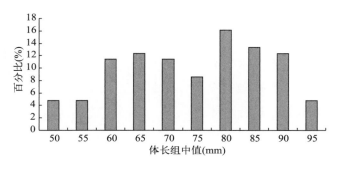

图 5 - 34　斑鳍鲉体长分布

（3）**生物学特征**　根据实验室测定的 105 尾斑鳍鲉的数据，由 FiSAT Ⅱ 软件中的 ELEFAN Ⅰ 技术处理体长频率，估算的极限体长 L_∞ 和生长参数 K 分别为 99.75、0.38。

根据 Pauly 经验公式：$\ln(-t_0) = -0.392\,2 - 0.275\,2\ln L_\infty - 1.038\ln K$，计算得 t_0 为 -0.52。因此，厦门湾的斑鳍鲉生长方程为：

$$L_t = 99.75\left[1 - e^{-0.38(t+0.52)}\right]$$

$$W_t = 39.53\left[1 - e^{-0.38(t+0.52)}\right]^{3.02}$$

式中，体长和体重单位分别为毫米（mm）和克（g）。

体重生长拐点年龄 $t_{tp} = 1.38$。

肉眼判定渔获个体的性腺发育程度，发现在春、夏季出现性成熟个体，当雌性个体的体长为 75 mm 以上时达到性成熟，此时的卵粒比较清晰饱满。

（4）开发情况分析　利用 FiSAT II 软件中的体长变换渔获曲线方法，估算斑鳍鲉的总死亡系数 $Z = 1.53$。厦门湾年平均水温 $T = 22.3\ ℃$，代入公式 $\ln M = -0.006\,6 - 0.279\ln L_\infty + 0.654\,3\ln K + 0.463\ln T$，求得自然死亡系数 $M = 0.61$，则可求得捕捞死亡系数 $F = 0.92$，开发率 $E = 0.60$（表 5 - 17），说明其处于轻度过度开发阶段。

表 5 - 17　斑鳍鲉生物生态学特征

鱼种	L_∞	K	Z	M	F	E
斑鳍鲉	99.75	0.38	1.53	0.61	0.92	0.60

18. 鬼鲉（*Inimicus japonicus*）

俗名海蝎子、老虎鱼。分布于北太平洋西部热带及暖温带。中国产于南海、东海、黄海和渤海。属于暖温性底层鱼类。体色随深度不同而异，在近岸浅水区呈黑褐色；在外海深水区呈红色或黄色。体长可达 200 mm。鬼鲉初夏产卵，浮性卵。因鳍棘端部具膨大囊状毒腺组织，毒性强，被刺后剧烈阵痛，有时持续数天，故称"海蝎子""虎鱼"。中国福建沿海将此鱼煮汤，治小儿疮疖症。为厦门湾重要的名贵鱼类之一。

（1）体长与体重的关系　本研究共获取鬼鲉样品 132 尾，根据实验室测定的体长与体重的数据，拟合出体长与体重的关系（图 5 - 35）。表达式为：

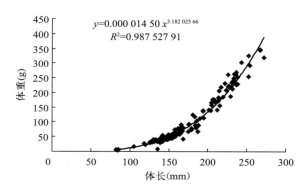

图 5 - 35　鬼鲉体长与体重关系

$$y = 0.000\,014\,50\,x^{3.182\,025\,66}$$

$$R^2 = 0.987\,527\,91,\ P < 0.05,\ n = 132$$

可认为鬼鲉是等速生长的鱼。

（2）渔获组成 分析鬼鲉渔获样品 132 尾，体长范围为 62～178 mm（图 5-36），优势体长为 142.5～157.5 mm；体重范围为 6.8～229.7 g，平均体重为 87.57 g。

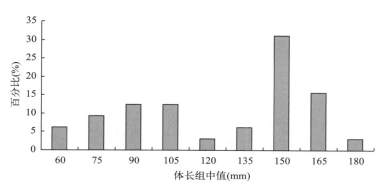

图 5-36 鬼鲉体长分布

（3）生物学特征 根据实验室测定的 132 尾鬼鲉的数据，由 FiSAT Ⅱ 软件中的 ELE-FAN Ⅰ 技术处理体长频率，估算的极限体长 L_∞ 和生长参数 K 分别为 189.0、0.54。

根据 Pauly 经验公式：$\ln(-t_0) = -0.392\,2 - 0.275\,2\ln L_\infty - 1.038\ln K$，计算得 t_0 为 -0.30。因此，厦门湾的鬼鲉生长方程为：

$$L_t = 189.0\left[1 - e^{-0.54(t+0.30)}\right]$$

$$W_t = 254.17\left[1 - e^{-0.54(t+0.30)}\right]^{3.18}$$

式中，体长和体重单位分别为毫米（mm）和克（g）。

体重生长拐点年龄 $t_{tp} = 1.84$。

肉眼判定渔获个体的性腺发育程度，发现在春、夏季出现性成熟个体，当雌性个体的体长为 120 mm 时达到性成熟，170 mm 以上时达到大量性成熟，此时的卵粒比较清晰饱满。

（4）开发情况分析 利用 FiSAT Ⅱ 软件中的体长变换渔获曲线方法，估算鬼鲉的总死亡系数 $Z = 1.83$。厦门湾年平均水温 $T = 22.3\ ℃$，代入公式 $\ln M = -0.006\,6 - 0.279\ln L_\infty + 0.654\,3\ln K + 0.463\ln T$，求得自然死亡系数 $M = 0.64$，则可求得捕捞死亡系数 $F = 1.19$，开发率 $E = 0.65$（表 5-18），说明其处于轻度过度开发阶段。

表 5-18 鬼鲉生物生态学特征

鱼种	L_∞	K	Z	M	F	E
鬼鲉	189.0	0.54	1.83	0.64	1.19	0.65

19. 花鲈（*Lateolabrax maculatus*）

俗称鲈、花寨、板鲈、鲈板。属于鲈形目、鮨科、花鲈属。花鲈体长，侧扁，背腹面皆钝圆；头中等大，略尖。分布于中国、朝鲜及日本的近岸浅海。喜栖息于河口或淡水处，亦可进入江河淡水区。鱼苗以浮游动物为食，幼鱼以虾类为主食，成鱼则以鱼类为主食。性成熟的亲鱼一般是 3 冬龄，体长达 600 mm 左右的个体。生殖季节于秋末，产卵场在河口半咸淡水区。为厦门湾重要的名贵鱼类之一。

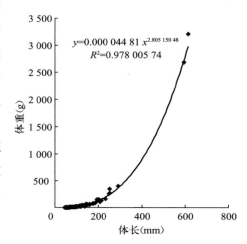

图 5-37　花鲈体长与体重关系

（1）体长与体重的关系　本研究共获取花鲈样品 176 尾，根据实验室测定的体长与体重的数据，拟合出体长与体重的关系（图 5-37）。表达式为：

$$y = 0.000\,044\,81x^{2.805\,150\,48}$$

$R^2 = 0.978\,005\,74$，$P < 0.01$，$n = 176$

可认为花鲈是等速生长的鱼。

（2）渔获组成　分析花鲈渔获样品 176 尾，体长范围为 45～615 mm（图 5-38），优势体长为 70～90 mm；体重范围为 1.9～3 210.0 g，平均体重为 59.47 g。

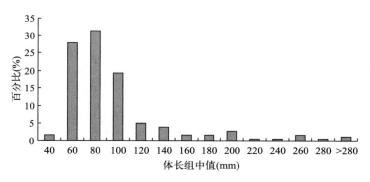

图 5-38　花鲈体长分布

（3）生物学特征　根据实验室测定的 176 尾花鲈的数据，由 FiSAT II 软件中的 ELE-FAN I 技术处理体长频率，估算的极限体长 L_∞ 和生长参数 K 分别为 651.0、0.12。

根据 Pauly 经验公式：$\ln(-t_0) = -0.392\,2 - 0.275\,2\ln L_\infty - 1.038\ln K$，计算得 t_0 为 -0.26。因此，厦门湾的花鲈生长方程为：

$$L_t = 651.0\left[1 - e^{-0.12(t+0.26)}\right]$$

$$W_t = 3\,498.59\left[1 - e^{-0.12(t+0.26)}\right]^{2.81}$$

式中，体长和体重单位分别为毫米（mm）和克（g）。

体重生长拐点年龄 $t_{tp} = 7.57$。

肉眼判定渔获个体的性腺发育程度，发现在春、夏季出现性成熟个体，当雌性个体的体长为 600 mm 以上时达到性成熟（图 5 - 39），此时的卵粒比较清晰饱满。

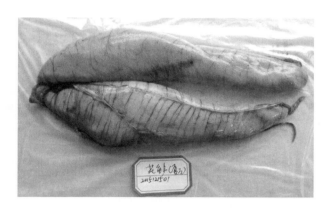

图 5 - 39　雌性花鲈性腺

（4）开发情况分析　利用 FiSAT Ⅱ 软件中的体长变换渔获曲线方法，估算花鲈的总死亡系数 $Z = 1.75$。厦门湾年平均水温 $T = 22.3$ ℃，代入公式 $\ln M = -0.006\ 6 - 0.279\ln L_\infty + 0.654\ 3\ln K + 0.463\ln T$，求得自然死亡系数 $M = 0.72$，则可求得捕捞死亡系数 $F = 1.03$，开发率 $E = 0.59$（表 5 - 19），说明其处于轻度过度开发阶段。

表 5 - 19　花鲈生物生态学特征

鱼种	L_∞	K	Z	M	F	E
花鲈	651.0	0.12	1.75	0.72	1.03	0.59

20. 髭鰕虎鱼（*Triaenopogon barbatus*）

属于鰕虎鱼科、髭鰕虎鱼属。体粗壮，前部圆筒形，尾部侧扁。头宽大，平扁，头宽大于头高。吻短而宽，稍平扁。眼较小，位于头的前半部。眼间宽而平，其间距大于眼径。为暖水性近岸及河口区鱼，底栖动物食性。为厦门湾小型鰕虎鱼类中的重要种类之一。

（1）体长与体重的关系　本研究共获取髭鰕虎鱼样品 36 尾，根据实验室测定的体长与体重的数据，拟合出体长与体重的关系（图 5 - 40）。表达式为：

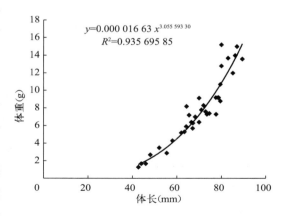

图 5 - 40　髭鰕虎鱼体长与体重关系

$$y = 0.000\ 016\ 63 x^{3.055\ 593\ 30}$$

$$R^2 = 0.935\ 695\ 85,\ P < 0.05,\ n = 36$$

可认为髭鰕虎鱼是等速生长的鱼。

（2）**渔获组成** 分析髭鰕虎鱼渔获样品 36 尾，体长范围为 42～90 mm（图 5 - 41），优势体长为 77.5～82.5 mm；体重范围为 1.3～15.0 g，平均体重为 7.78 g。

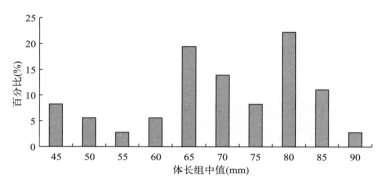

图 5 - 41 髭鰕虎鱼体长分布

（3）**生物学特征** 根据实验室测定的 36 尾髭鰕虎鱼的数据，由 FiSAT Ⅱ 软件中的 ELEFAN Ⅰ 技术处理体长频率，估算的极限体长 L_∞ 和生长参数 K 分别为 94.5、0.51。

根据 Pauly 经验公式：$\ln(-t_0) = -0.392\,2 - 0.275\,2\ln L_\infty - 1.038\ln K$，计算得 t_0 为 -0.39。因此，厦门湾的髭鰕虎鱼生长方程为：

$$L_t = 94.5\left[1 - e^{-0.51(t+0.39)}\right]$$

$$W_t = 18.07\left[1 - e^{-0.51(t+0.39)}\right]^{3.06}$$

式中，体长和体重单位分别为毫米（mm）和克（g）。

体重生长拐点年龄 $t_{tp} = 1.80$。

肉眼判定渔获个体的性腺发育程度，发现在春、夏季出现性成熟个体，当雌性个体的体长为 60 mm 以上时达到性成熟，此时的卵粒比较清晰饱满。

（4）**开发情况分析** 利用 FiSAT Ⅱ 软件中的体长变换渔获曲线方法，估算髭鰕虎鱼的总死亡系数 $Z = 0.97$。厦门湾年平均水温 $T = 22.3\ ℃$，代入公式 $\ln M = -0.006\,6 - 0.279\ln L_\infty + 0.654\,3\ln K + 0.463\ln T$，求得自然死亡系数 $M = 0.75$，则可求得捕捞死亡系数 $F = 0.22$，开发率 $E = 0.23$（表 5 - 20），说明其处于未充分开发阶段。

表 5 - 20 髭鰕虎鱼生物生态学特征

鱼种	L_∞	K	Z	M	F	E
髭鰕虎鱼	94.5	0.51	0.97	0.75	0.22	0.23

21. 康氏小公鱼（*Stolephorus commersonii*）

也称江口小公鱼，属于硬骨鱼纲、鲱次亚纲、鲱形目、鲱亚目、鳀科、小公鱼属。属于海洋暖水性中上层小型鱼类。生活在近海一带。产量大，资源稳定。渔获物加工后（干制品）向外运销。我国分布于南海、东海；国外见于朝鲜、菲律宾、印度尼西亚、马来半岛、中南半岛等海域。亦为厦门湾重要的小型经济鱼类之一。

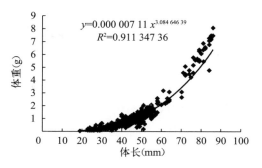

图 5-42　康氏小公鱼体长与体重关系

（1）**体长与体重的关系**　本研究共获取康氏小公鱼样品 460 尾，根据实验室测定的体长与体重的数据，拟合出体长与体重的关系（图 5-42）。表达式为：

$$y = 0.000\,007\,11x^{3.084\,646\,39}$$

$R^2 = 0.911\,347\,36$，$P < 0.01$，$n = 460$

可认为康氏小公鱼是等速生长的鱼。

（2）**渔获组成**　分析康氏小公鱼渔获样品 460 尾，体长范围为 19～86 mm（图 5-43），优势体长为 35～45 mm；体重范围为 0.05～8.1 g，平均体重为 1.16 g。

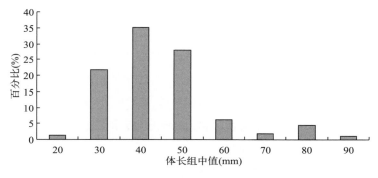

图 5-43　康氏小公鱼体长分布

（3）**生物学特征**　根据实验室测定的 460 尾康氏小公鱼的数据，由 FiSAT Ⅱ 软件中的 ELEFAN Ⅰ 技术处理体长频率，估算的极限体长 L_∞ 和生长参数 K 分别为 94.5、0.94。

根据 Pauly 经验公式：$\ln(-t_0) = -0.392\,2 - 0.275\,2\ln L_\infty - 1.038\ln K$，计算得 t_0 为 -0.21。因此，厦门湾的康氏小公鱼生长方程为：

$$L_t = 94.5 \left[1 - e^{-0.94(t+0.21)}\right]$$

$$W_t = 8.81 \left[1 - e^{-0.94(t+0.21)}\right]^{3.08}$$

式中，体长和体重单位分别为毫米（mm）和克（g）。

体重生长拐点年龄 $t_{tp} = 0.98$。

肉眼判定渔获个体的性腺发育程度，发现在春、夏季出现性成熟个体，当雌性个体的体长为 60 mm 以上时达到性成熟，此时的卵粒比较清晰饱满。

（4）**开发情况分析**　利用 FiSAT Ⅱ 软件中的体长变换渔获曲线方法，估算康氏小公鱼的总死亡系数 $Z = 3.32$。厦门湾年平均水温 $T = 22.3\,℃$，代入公式 $\ln M = -0.006\,6 - 0.279\ln L_\infty + 0.654\,3\ln K + 0.463\ln T$，求得自然死亡系数 $M = 1.12$，则可求得捕捞死亡系

数 $F=2.2$，开发率 $E=0.66$（表 5-21），说明其处于轻度过度开发阶段。

表 5-21 康氏小公鱼生物生态学特征

鱼种	L_∞	K	Z	M	F	E
康氏小公鱼	94.5	0.94	3.32	1.12	2.2	0.66

22. 矛尾鰕虎鱼（*Stolephorus commersonii*）

属于鲈形目、鰕虎鱼科。系暖温性近海底层鱼类之一。栖息于沿岸较深水域底层。主要食物为小型甲壳类、鱼类，吞食虾类能力强。成鱼 1 龄可达性成熟。卵生。我国沿海均有分布。多被底拖网、定置张网渔具兼捕。亦为厦门湾重要的小型经济鱼类之一。

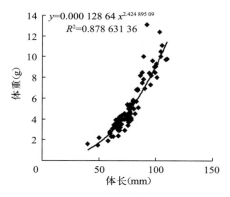

图 5-44 矛尾鰕虎鱼体长与体重关系

（1）体长与体重的关系　本研究共获取矛尾鰕虎鱼样品 108 尾，根据实验室测定的体长与体重的数据，拟合出体长与体重的关系（图 5-44）。表达式为：

$$y=0.000\,128\,64x^{2.424\,895\,09}$$

$$R^2=0.878\,631\,36,\ P<0.01,\ n=108$$

可认为矛尾鰕虎鱼是异速生长的鱼。

（2）渔获组成　分析矛尾鰕虎鱼渔获样品 108 尾，体长范围为 20～110 mm（图 5-45），优势体长为 35～45 mm；体重范围为 1.6～12.4 g，平均体重为 5.10 g。

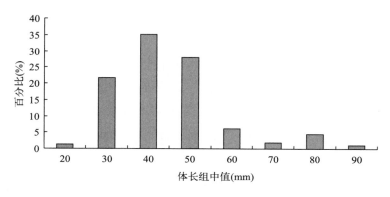

图 5-45 矛尾鰕虎鱼体长分布

（3）生物学特征　根据实验室测定的 108 尾矛尾鰕虎鱼的数据，由 FiSAT Ⅱ 软件中的 ELEFAN Ⅰ 技术处理体长频率，估算的极限体长 L_∞ 和生长参数 K 分别为 115.5、0.47。

根据 Pauly 经验公式：$\ln(-t_0)=-0.392\,2-0.275\,2\ln L_\infty-1.038\ln K$，计算得 t_0 为 -0.40。因此，厦门湾的矛尾鰕虎鱼生长方程为：

$$L_t=115.5\left[1-\mathrm{e}^{-0.47(t+0.40)}\right]$$

$$W_t=12.90\left[1-\mathrm{e}^{-0.47(t+0.40)}\right]^{2.42}$$

式中，体长和体重单位分别为毫米（mm）和克（g）。

体重生长拐点年龄 $t_{tp}=1.48$。

肉眼判定渔获个体的性腺发育程度，发现在春、夏季出现性成熟个体，当雌性个体的体长为 65 mm 以上时达到性成熟，此时的卵粒比较清晰饱满。

（4）开发情况分析 利用 FiSAT II 软件中的体长变换渔获曲线方法，估算矛尾鰕虎鱼的总死亡系数 $Z=1.13$。厦门湾年平均水温 $T=22.3\ ℃$，代入公式 $\ln M=-0.006\,6-0.279\ln L_\infty+0.654\,3\ln K+0.463\ln T$，求得自然死亡系数 $M=0.67$，则可求得捕捞死亡系数 $F=0.46$，开发率 $E=0.41$（表 5-22），说明其处于充分开发阶段。

表 5-22 矛尾鰕虎鱼生物生态学特征

鱼种	L_∞	K	Z	M	F	E
矛尾鰕虎鱼	115.5	0.47	1.13	0.67	0.46	0.41

23. 棘头梅童鱼（*Collichthys lucidus*）

属于石首鱼科、梅童鱼属。尾柄细长，额部隆起，高低不平。体色背侧灰黄，腹侧金黄色。背鳍边缘及尾鳍末端黑色。体长一般 9～14 cm，体重 16～50 g。是近海小型鱼类之一。我国近海均有分布，主要分布在黄海和东海，以东海产量最大。每年的 4—6 月和 9—10 月为渔汛旺期。亦为厦门湾较重要的名贵鱼类之一。

（1）体长与体重的关系 本研究共获取棘头梅童鱼样品 72 尾，根据实验室测定的体长与体重的数据，拟合出体长与体重的关系（图 5-46）。表达式为：

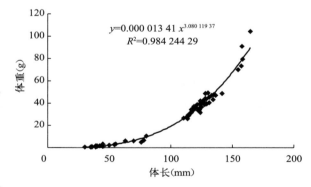

图 5-46 棘头梅童鱼体长与体重关系

$$y=0.000\,013\,41x^{3.080\,119\,37}$$

$$R^2=0.984\,244\,29,\ P<0.01,\ n=72$$

可认为棘头梅童鱼是等速生长的鱼。

（2）渔获组成 分析棘头梅童鱼渔获样品 72 尾，体长范围为 30～165 mm（图 5-47），优势体长为 120～140 mm；体重范围为 0.5～104.7 g，平均体重为 29.08 g。

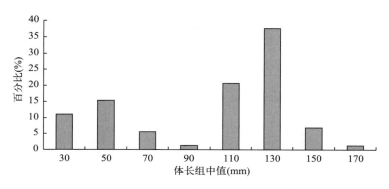

图 5-47　棘头梅童鱼体长分布

（3）生物学特征　根据实验室测定的 72 尾棘头梅童鱼的数据，由 FiSAT Ⅱ 软件中的 ELEFAN Ⅰ 技术处理体长频率，估算的极限体长 L_∞ 和生长参数 K 分别为 178.5、0.93。

根据 Pauly 经验公式：$\ln(-t_0) = -0.392\,2 - 0.275\,2\ln L_\infty - 1.038\ln K$，计算得 t_0 为 -0.17。因此，厦门湾的棘头梅童鱼生长方程为：

$$L_t = 178.5\left[1 - e^{-0.93(t+0.17)}\right]$$
$$W_t = 129.00\left[1 - e^{-0.93(t+0.17)}\right]^{3.08}$$

式中，体长和体重单位分别为毫米（mm）和克（g）。

体重生长拐点年龄 $t_{tp} = 1.03$。

肉眼判定渔获个体的性腺发育程度，发现在春、夏季出现性成熟个体，当雌性个体的体长为 125 mm 以上时达到性成熟，此时的卵粒比较清晰饱满。

（4）开发情况分析　利用 FiSAT Ⅱ 软件中的体长变换渔获曲线方法，估算棘头梅童鱼的总死亡系数 $Z = 3.23$。厦门湾年平均水温 $T = 22.3\ ℃$，代入公式 $\ln M = -0.006\,6 - 0.279\ln L_\infty + 0.654\,3\ln K + 0.463\ln T$，求得自然死亡系数 $M = 0.93$，则可求得捕捞死亡系数 $F = 2.3$，开发率 $E = 0.71$（表 5-23），说明其处于中度过度开发阶段。

表 5-23　棘头梅童鱼生物生态学特征

鱼种	L_∞	K	Z	M	F	E
棘头梅童鱼	178.5	0.93	3.23	0.93	2.3	0.71

24. 鲬（*Platycephalus indicus*）

又称牛尾鱼、刀甲、竹甲、百甲鱼，分布于印度洋—太平洋地区和东大西洋的热带区。为近海底层鱼类之一。一般埋于海底的泥沙中，行动缓慢，一般不结成大群。主食各种小型鱼类和甲壳动物等。生殖期为 5—6 月。亦为厦门湾较重要的经济鱼类之一。

（1）体长与体重的关系 本研究共获取鲥样品192尾，根据实验室测定的体长与体重的数据，拟合出体长与体重的关系（图5-48）。表达式为：

$$y=0.000\,087\,86x^{2.505\,283\,98}$$

$$R^2=0.883\,258\,10,\quad P<0.01,\quad n=192$$

可认为鲥是等速生长的鱼。

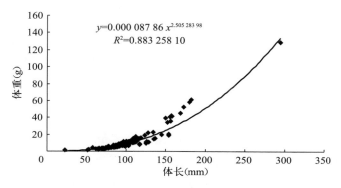

图5-48 鲥体长与体重关系

（2）渔获组成 分析鲥渔获样品192尾，体长范围为23～295 mm（图5-49），优势体长为85～95 mm；体重范围为1.1～129.1 g，平均体重为10.60 g。

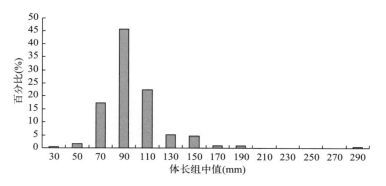

图5-49 鲥体长分布

（3）生物学特征 根据实验室测定的192尾鲥的数据，由FiSAT Ⅱ软件中的ELE-FAN Ⅰ技术处理体长频率，估算的极限体长L_∞和生长参数K分别为304.5、0.68。

根据Pauly经验公式：$\ln\,(-t_0)\,=-0.392\,2-0.275\,2\ln L_\infty-1.038\ln K$，计算得$t_0$为$-0.21$。因此，厦门湾的鲥生长方程为：

$$L_t=304.5\,\left[1-\mathrm{e}^{-0.68(t+0.21)}\right]$$

$$W_t=146.52\,\left[1-\mathrm{e}^{-0.68(t+0.21)}\right]^{2.51}$$

式中，体长和体重单位分别为毫米（mm）和克（g）。

体重生长拐点年龄$t_{tp}=1.14$。

肉眼判定渔获个体的性腺发育程度，发现在春、夏季出现性成熟个体，当雌性个体的体长为 150 mm 以上时达到性成熟，此时的卵粒比较清晰饱满。

（4）开发情况分析　利用 FiSAT Ⅱ软件中的体长变换渔获曲线方法，估算鲬的总死亡系数 $Z=2.83$。厦门湾年平均水温 $T=22.3℃$，代入公式 $\ln M=-0.006\,6-0.279\ln L_{\infty}+0.654\,3\ln K+0.463\ln T$，求得自然死亡系数 $M=0.65$，则可求得捕捞死亡系数 $F=2.18$，开发率 $E=0.77$（表 5-24），说明其处于中度过度开发阶段。

表 5-24　鲬生物生态学特征

鱼种	L_{∞}	K	Z	M	F	E
鲬	304.5	0.68	2.83	0.65	2.18	0.77

25. 棘线鲬（*Grammoplites scaber*）

为鲉形目、牛尾鱼科中的鱼。分布于印度、马来群岛以及中国。中国主要分布于南海、台湾海峡等海域，属于热带近海底层鱼类，喜栖息于沿岸沙泥底质海域。水深 $10\sim70$ m。活动性差，常停滞于一地或潜入沙中，以小鱼及甲壳类为食。为厦门湾重要的小型经济鱼类之一。

（1）体长与体重的关系　本研究共获取棘线鲬样品 68 尾，根据实验室测定的体长与体重的数据，拟合出体长与体重的关系（图 5-50）。表达式为：

$$y=0.000\,002\,88x^{3.156\,514\,35}$$

$$R^2=0.960\,440\,22,\quad P<0.01,\quad n=68$$

可认为棘线鲬是等速生长的鱼。

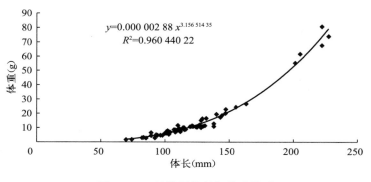

图 5-50　棘线鲬体长与体重关系

（2）渔获组成　分析棘线鲬渔获样品 68 尾，体长范围为 $70\sim227$ mm（图 5-51），优势体长为 $100\sim120$ mm；体重范围为 $1.7\sim74.0$ g，平均体重为 13.90 g。

（3）生物学特征　根据实验室测定的 68 尾棘线鲬的数据，由 FiSAT Ⅱ软件中的 ELEFAN Ⅰ技术处理体长频率，估算的极限体长 L_{∞} 和生长参数 K 分别为 241.5、0.83。

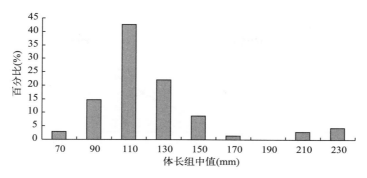

图 5-51　棘线鳊体长分布

根据 Pauly 经验公式：$\ln(-t_0) = -0.392\,2 - 0.275\,2\ln L_\infty - 1.038\ln K$，计算得 t_0 为 -0.18。因此，厦门湾的棘线鳊生长方程为：

$$L_t = 241.5\left[1 - e^{-0.83(t+0.18)}\right]$$
$$W_t = 95.74\left[1 - e^{-0.83(t+0.18)}\right]^{3.16}$$

式中，体长和体重单位分别为毫米（mm）和克（g）。

体重生长拐点年龄 $t_{tp} = 1.20$。

肉眼判定渔获个体的性腺发育程度，发现在春、夏季出现性成熟个体，当雌性个体的体长为 100 mm 以上时达到性成熟，此时的卵粒比较清晰饱满。

（4）开发情况分析　利用 FiSAT Ⅱ 软件中的体长变换渔获曲线方法，估算棘线鳊的总死亡系数 $Z = 4.44$。厦门湾年平均水温 $T = 22.3\ ℃$，代入公式 $\ln M = -0.006\,6 - 0.279\ln L_\infty + 0.654\,3\ln K + 0.463\ln T$，求得自然死亡系数 $M = 0.79$，则可求得捕捞死亡系数 $F = 3.65$，开发率 $E = 0.82$（表 5-25），说明其处于重度过度开发阶段。

表 5-25　棘线鳊生物生态学特征

鱼种	L_∞	K	Z	M	F	E
棘线鳊	241.5	0.83	4.44	0.79	3.65	0.82

26. 短棘银鲈（*Gerres lucidus*）

属鲈形目、银鲈科、银鲈属，体卵圆形，侧扁。闽南话称为"碗米"。生活在河口与很浅的沿岸水域的潮汐区域，非产卵性溯降河的河海两域洄游。为厦门湾较为高档的经济鱼类之一。

（1）体长与体重的关系　本研究共获取短棘银鲈样品 22 尾，根据实验室测定的体长与体重的数据，拟合出体长与体重的关系（图 5-52）。表达式为：

$$y = 0.000\,098\,31x^{2.742\,874\,36}$$
$$R^2 = 0.904\,330\,20，P < 0.05，n = 22$$

可认为短棘银鲈是等速生长的鱼。

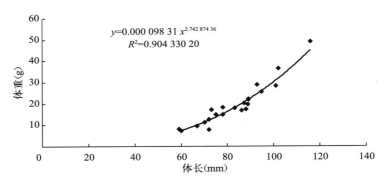

图 5-52 短棘银鲈体长与体重关系

（2）**渔获组成** 分析短棘银鲈渔获样品 22 尾，体长范围为 59～116 mm（图 5-53）；体重范围为 7.4～49.0 g，平均体重为 19.38 g。

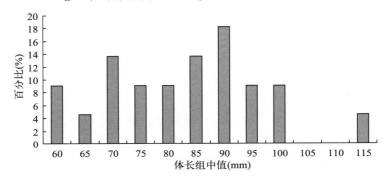

图 5-53 短棘银鲈体长分布

（3）**生物学特征** 根据实验室测定的 22 尾短棘银鲈的数据，由 FiSAT Ⅱ 软件中的 ELEFAN Ⅰ 技术处理体长频率，估算的极限体长 L_∞ 和生长参数 K 分别为 120.75、0.49。

根据 Pauly 经验公式：$\ln(-t_0) = -0.392\,2 - 0.275\,2\ln L_\infty - 1.038\ln K$，计算得 t_0 为 -0.38。因此，厦门湾的短棘银鲈生长方程为：

$$L_t = 120.75\left[1 - \mathrm{e}^{-0.49(t+0.38)}\right]$$

$$W_t = 50.46\left[1 - \mathrm{e}^{-0.49(t+0.38)}\right]^{2.74}$$

式中，体长和体重单位分别为毫米（mm）和克（g）。

体重生长拐点年龄 $t_{tp} = 1.20$。

肉眼判定渔获个体的性腺发育程度，发现在春、夏季出现性成熟个体，当雌性个体的体长为 80 mm 以上时可达到性成熟。

27. 海鳗（*muraenesox cinereus*）

凶猛肉食性鱼类。为硬骨鱼纲、鳗鲡目、海鳗科、海鳗属的鱼。体呈长圆筒形，尾部侧扁。属于暖水性近底层鱼类。集群性较差，具有广温性和广盐性。通常栖息于水深 50～80 m 泥沙底海域。主要摄食虾类、蟹类、鱼类及部分头足类，几乎全年摄食，强度大。为厦门湾较为高档的经济鱼类之一，全年均可捕获。

（1）**全长与体重的关系** 本研究共获取海鳗样品 27 尾，根据实验室测定的全长与体重的数据，拟合出全长与体重的关系（图 5-54）。表达式为：

$$y = 0.000\ 000\ 61x^{3.089\ 518\ 44}$$

$$R^2 = 0.971\ 480\ 03,\ P < 0.01,\ n = 27$$

可认为海鳗是等速生长的鱼。

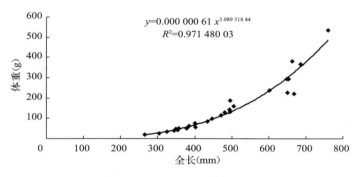

图 5-54　海鳗全长与体重关系

（2）**渔获组成** 分析海鳗渔获样品 27 尾，全长范围为 265～760 mm，平均全长为 482.21 mm；体重范围为 20.00～535.00 g，平均体重为 152.21 g。

肉眼判定渔获个体的性腺发育程度，发现在春、夏季出现性成熟个体，当雌性个体的全长为 700 mm 以上时达到性成熟，此时的卵粒比较清晰饱满。

28. 青石斑鱼（*Epinephelus awoara*）

俗名为鲈猫，为辐鳍鱼纲、鲈形目、鲈亚目、鮨科中的鱼。分布于日本、越南、韩国、中国等海域。属于触礁性海洋鱼类，体下部具有若干橙红色斑点，体侧具有 6 条深褐色垂直条纹，属于暖水性中、下层鱼类。仔稚鱼摄食浮游生物，成鱼摄食鱼、虾、蟹等，肉味鲜美，为名贵鱼类之一，在中国主要分布于东海、南海等亚热带、热带地区。由于调查工具所限，本次采集的样品偏少。

（1）**体长与体重的关系** 本研究共获取青石斑鱼样品 14 尾，根据在实验室所测定的体长与体重的数据，拟合出体长与体重的关系（图 5-55）。表达式为：

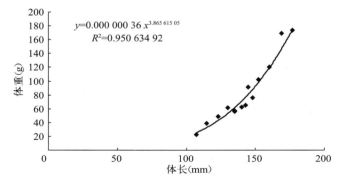

图 5-55　青石斑鱼体长与体重关系

$$y = 0.000\ 000\ 36x^{3.865\ 615\ 05}$$

$$R^2=0.950\ 634\ 92,\ P<0.05,\ n=14$$

（2）渔获组成　分析青石斑鱼渔获样品14尾，体长范围为107～177 mm，平均体长为141.34 mm；体重范围为22.20～173.40 g，平均体重为81.71 g。

肉眼判定渔获个体的性腺发育程度，发现在春、夏季出现性成熟个体，当雌性个体的体长为150 mm以上时达到性成熟，此时的卵粒比较清晰饱满。

29. 黄鳍鲷（*sparus latus*）

又名黄脚立、黄翅、黄立鱼。该鱼广泛分布于日本、朝鲜、菲律宾、印度尼西亚、中国。中国主要分布于台湾海峡、福建、广东、广西沿海。在河口半咸水域亦有分布。肉质鲜美，为厦门本地人喜食的较为高档海鱼之一，近年来为厦门市政府放流的重要种类之一。全年均可捕获。由于调查工具所限，本次采集的样品偏少。

（1）体长与体重的关系　本研究共获取黄鳍鲷样品25尾，根据实验室测定的体长与体重的数据，拟合出体长与体重的关系（图5-56）。表达式为：

$$y=0.000\ 018\ 90x^{3.106\ 718\ 34}$$

$$R^2=0.963\ 022\ 66，P<0.05，n=25$$

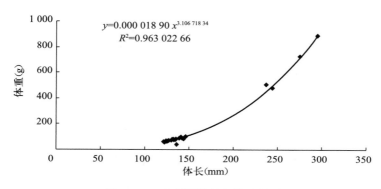

图 5-56　黄鳍鲷体长与体重关系

（2）渔获组成　分析黄鳍鲷渔获样品25尾，体长范围为107～295 mm，平均体长为153.8 mm；体重范围为22.20～890.4 g，平均体重为167.78 g。

肉眼判定渔获个体的性腺发育程度，发现在冬季、春季出现性成熟个体，当雌性个体的体长为250 mm以上、体重为550 g以上时达到大量性成熟，此时的卵粒比较清晰饱满。黄鳍鲷初次性成熟达Ⅳ期以上的最小体长为244 mm，最小体重480 g。黄鳍鲷属于雌雄同体、雄性先熟的鱼类，1～2龄雄性性腺发育成熟，2～3龄后转变成雌性。

（二）虾类

1. 长毛明对虾（*Penaeus penicillatus*）

长毛明对虾为我国重要的海洋经济虾类之一。分布于中国、日本、菲律宾。中国主要分布于东海、南海和台湾海峡。厦门湾是该种类的产卵场。肉质鲜美，为厦门本地人喜食的较为高档海虾之一，近年来为厦门市政府放流的重要种类之一。全年均可捕获。为厦门湾重要的经济虾类之一。

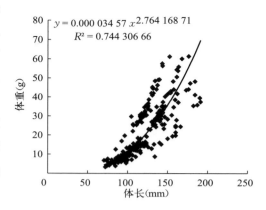

图 5-57　长毛明对虾体长与体重关系

（1）体长与体重的关系　本研究共获取长毛明对虾样品 238 尾，根据实验室测定的体长与体重的数据，拟合出体长与体重的关系（图 5-57）。表达式为：

$$y = 0.000\,034\,57 x^{2.764\,168\,71}$$

$R^2 = 0.744\,306\,66$，$P < 0.01$，$n = 238$

可认为长毛明对虾是等速生长的虾。

（2）渔获组成　分析长毛明对虾渔获样品 238 尾，体长范围为 70～191 mm（图 5-58），优势体长为 107.5～122.5 mm；平均体重为 22.82 g。

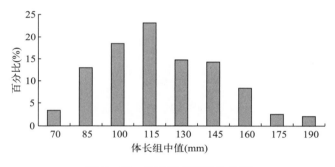

图 5-58　长毛明对虾体长分布

（3）生物学特征　根据实验室测定的 238 尾长毛明对虾的数据，由 FiSAT Ⅱ 软件中的 ELEFAN Ⅰ 技术处理体长频率，估算的极限体长 L_∞ 和生长参数 K 分别为 199.5、0.76。

根据 Pauly 经验公式：$\ln(-t_0) = -0.392\,2 - 0.275\,2\ln L_\infty - 1.038\ln K$，计算得 t_0 为 -0.21。因此，厦门湾的长毛明对虾生长方程为：

$$L_t = 199.5\left[1 - e^{-0.76(t+0.21)}\right]$$

$$W_t = 78.73\left[1 - e^{-0.76(t+0.21)}\right]^{2.76}$$

式中，体长和体重单位分别为毫米（mm）和克（g）。

体重生长拐点年龄 $t_{tp} = 1.13$。

肉眼判定渔获个体的性腺发育程度，当雌性个体的体长为 85 mm 以上时达到性成熟。

（4）开发情况分析　利用 FiSAT Ⅱ 软件中的体长变换渔获曲线方法，估算其总死亡

系数 $Z=2.07$。厦门湾年平均水温 $T=22.3\,℃$，代入公式 $\ln M=-0.006\,6-0.279\ln L_\infty+$
$0.654\,3\ln K+0.463\ln T$，求得自然死亡系数 $M=0.79$，则可求得捕捞死亡系数 $F=1.28$，
开发率 $E=0.62$（表 5-26），说明其处于轻度过度开发阶段。

表 5-26　长毛明对虾生物生态学特征

虾类	L_∞	K	Z	M	F	E
长毛明对虾	199.5	0.76	2.07	0.79	1.28	0.62

2. 哈氏仿对虾（*Parapenaeopsis hardwickii*）

属十足目、对虾族、对虾科、仿对虾属，俗称滑皮虾、呛虾。为亚热带、热带暖水种。其体形与对虾相似，且个体较大，肉鲜美，为人们所喜食。全年均可捕获，为厦门湾重要的经济虾类之一。

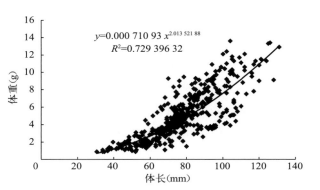

图 5-59　哈氏仿对虾体长与体重关系

（1）**体长与体重的关系**　本研究共获取哈氏仿对虾样品 406 尾，根据实验室测定的体长与体重的数据，拟合出体长与体重的关系（图 5-59）。表达式为：

$$y=0.000\,710\,93x^{2.013\,521\,88}$$

$$R^2=0.729\,396\,32,\ P<0.01,\ n=406$$

可认为哈氏仿对虾是异速生长的虾。

（2）**渔获组成**　分析哈氏仿对虾渔获样品 406 尾，体长范围为 30～131 mm（图 5-60），平均体长为 77.3 mm，优势体长为 65～85 mm；平均体重为 5.1 g。

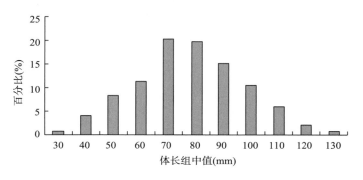

图 5-60　哈氏仿对虾体长分布

（3）**生物学特征**　根据实验室测定的 406 尾哈氏仿对虾的数据，由 FiSAT Ⅱ 软件中

的 ELEFAN Ⅰ 技术处理体长频率，估算的极限体长 L_∞ 和生长参数 K 分别为 136.5、0.84。

根据 Pauly 经验公式：$\ln(-t_0) = -0.392\,2 - 0.275\,2\ln L_\infty - 1.038\ln K$，计算得 t_0 为 -0.21。因此，厦门湾的哈氏仿对虾生长方程为：

$$L_t = 136.5\left[1 - e^{-0.84(t+0.21)}\right]$$

$$W_t = 14.15\left[1 - e^{-0.84(t+0.21)}\right]^{2.01}$$

式中，体长和体重单位分别为毫米（mm）和克（g）。

体重生长拐点年龄 $t_{tp} = 0.62$。

肉眼判定渔获个体的性腺发育程度，当雌性个体的体长为 89 mm 以上时达到性成熟。

（4）开发情况分析　利用 FiSAT Ⅱ 软件中的体长变换渔获曲线方法，估算其总死亡系数 $Z = 2.35$。厦门湾年平均水温 $T = 22.3\,℃$，代入公式 $\ln M = -0.006\,6 - 0.279\ln L_\infty + 0.654\,3\ln K + 0.463\ln T$，求得自然死亡系数 $M = 0.94$，则可求得捕捞死亡系数 $F = 1.41$，开发率 $E = 0.60$（表 5 - 27），说明其处于轻度过度开发阶段。

表 5 - 27　哈氏仿对虾生物生态学特征

虾类	L_∞	K	Z	M	F	E
哈氏仿对虾	136.5	0.84	2.35	0.94	1.41	0.60

3. 刀额新对虾（*Metapenaeus ensis*）

俗称泥虾、麻虾、花虎虾、虎虾、沙虾、红爪虾、卢虾，商业上称基围虾。属节肢动物门、甲壳纲、十足目、游泳亚目、对虾科。最大体长可达 19 cm。近岸浅海虾类，它具有杂食性强、广温、广盐和生长迅速、抗病害能力强等优点，而且能耐低氧，具有潜底习性。因壳薄体肥，肉嫩味美能活体销售而深受消费者青睐。为厦门湾重要的经济虾类之一，全年均可捕获。

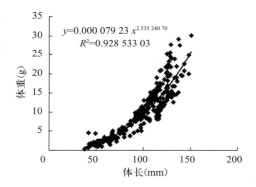

图 5 - 61　刀额新对虾体长与体重关系

（1）体长与体重的关系　本研究共获取刀额新对虾样品 292 尾，根据实验室测定的体长与体重的数据，拟合出体长与体重的关系（图 5 - 61）。表达式为：

$$y = 0.000\,079\,23x^{2.535\,240\,70}$$

$$R^2 = 0.928\,533\,03,\ P < 0.01,\ n = 292$$

可认为刀额新对虾是等速生长的虾。

（2）渔获组成　分析刀额新对虾渔获样品 292 尾，体长范围为 38～151 mm（图 5 -

62），平均体长为 96.0 mm，优势体长为 105～115 mm；平均体重为 10.0 g。

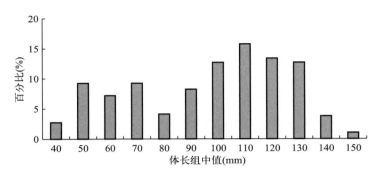

图 5-62　刀额新对虾体长分布

（3）**生物学特征**　根据实验室测定的 292 尾刀额新对虾的数据，由 FiSAT Ⅱ 软件中的 ELEFAN Ⅰ 技术处理体长频率，估算的极限体长 L_∞ 和生长参数 K 分别为 157.5、1.2。

根据 Pauly 经验公式：$\ln(-t_0) = -0.3922 - 0.2752\ln L_\infty - 1.038\ln K$，计算得 t_0 为 -0.14。因此，厦门湾的刀额新对虾生长方程为：

$$L_t = 157.5\left[1 - e^{-1.2(t+0.14)}\right]$$

$$W_t = 29.48\left[1 - e^{-1.2(t+0.14)}\right]^{2.54}$$

式中，体长和体重单位分别为毫米（mm）和克（g）。

体重生长拐点年龄 $t_{tp} = 0.61$。

肉眼判定渔获个体的性腺发育程度，当雌性个体的体长为 100 mm 以上时达到性成熟。

（4）**开发情况分析**　利用 FiSAT Ⅱ 软件中的体长变换渔获曲线方法，估算其总死亡系数 $Z = 1.99$。厦门湾年平均水温 $T = 22.3$ ℃，代入公式 $\ln M = -0.0066 - 0.279\ln L_\infty + 0.6543\ln K + 0.463\ln T$，求得自然死亡系数 $M = 1.14$，则可求得捕捞死亡系数 $F = 0.85$，开发率 $E = 0.43$（表 5-28），说明其处于充分开发阶段。

表 5-28　刀额新对虾生物生态学特征

虾类	L_∞	K	Z	M	F	E
刀额新对虾	157.5	1.2	1.99	1.14	0.85	0.43

4. 中华管鞭虾（*Solenocera crassicornis*）

中华管鞭虾因虾体呈粉红色，每一腹节后缘具有红色横带，尾扇末端部分红色故又名红虾，是一种分布在我国东南沿海的水产类经济动物。喜栖息于泥质或泥沙质的浅水区中。中华管鞭虾的食性较广，除摄食底栖生物外，也摄食少量的底层游泳动物和浮游生物。为厦门湾重要经济虾类之一。

（1）**体长与体重的关系**　本研究共获取中华管鞭虾样品 272 尾，根据实验室测定的体长与体重的数据，拟合出体长与体重的关系（图 5 - 63）。表达式为：

$$y = 0.000\,405\,70x^{2.109\,598\,32}$$

$$R^2 = 0.710\,269\,95,\ P < 0.01,\ n = 272$$

可认为中华管鞭虾是异速生长的虾。

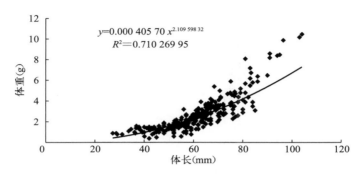

图 5 - 63　中华管鞭虾体长与体重关系

（2）**渔获组成**　分析中华管鞭虾渔获样品 272 尾，体长范围为 27～104 mm（图 5 - 64），平均体长为 62.0 mm，优势体长为 55～65 mm；平均体重为 2.8 g。

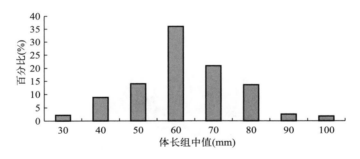

图 5 - 64　中华管鞭虾体长分布

（3）**生物学特征**　根据实验室测定的 272 尾中华管鞭虾的数据，由 FiSAT Ⅱ 软件中的 ELEFAN Ⅰ 技术处理体长频率，估算的极限体长 L_∞ 和生长参数 K 分别为 105.0、0.7。

根据 Pauly 经验公式：$\ln(-t_0) = -0.392\,2 - 0.275\,2\ln L_\infty - 1.038\ln K$，计算得 t_0 为 -0.27。因此，厦门湾的中华管鞭虾生长方程为：

$$L_t = 105.0\left[1 - e^{-0.7(t+0.27)}\right]$$

$$W_t = 7.45\left[1 - e^{-0.7(t+0.27)}\right]^{2.11}$$

式中，体长和体重单位分别为毫米（mm）和克（g）。

体重生长拐点年龄 $t_{tp} = 0.79$。

（4）**开发情况分析**　利用 FiSAT Ⅱ 软件中的体长变换渔获曲线方法，估算其总死亡系数 $Z = 2.8$。厦门湾年平均水温 $T = 22.3\ ℃$，代入公式 $\ln M = -0.006\,6 - 0.279\ln L_\infty +$

0.654 3lnK＋0.463lnT，求得自然死亡系数$M=0.9$，则可求得捕捞死亡系数$F=1.9$，开发率$E=0.68$（表5-29），说明其处于轻度过度开发阶段。

表5-29 中华管鞭虾生物生态学特征

虾类	L_∞	K	Z	M	F	E
中华管鞭虾	105.0	0.7	2.8	0.9	1.9	0.68

5. 刀额仿对虾（*Parapenaeopsis acultrirostris*）

属于仿对虾属，主要分布于福建、广东、海南、广西和浙江等，其甲壳表面光滑，雌性浅棕红色，雄性紫黄色，尾肢末缘青黄色，腹肢棕色。为厦门湾重要的经济虾类之一。

（1）体长与体重的关系　本研究共获取刀额仿对虾样品146尾，根据实验室测定的体长与体重的数据，拟合出体长与体重的关系（图5-65）。表达式为：

$$y=0.000\ 007\ 47x^{3.074\ 143\ 54}$$

$$R^2=0.826\ 897\ 60,\ P<0.01,\ n=146$$

可认为刀额仿对虾是等速生长的虾。

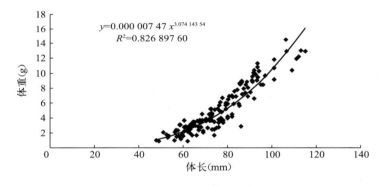

图5-65　刀额仿对虾体长与体重关系

（2）渔获组成　分析刀额仿对虾渔获样品146尾，体长范围为48～115 mm（图5-66），平均体长为76.0 mm，优势体长为55～95 mm；平均体重为5.2 g。

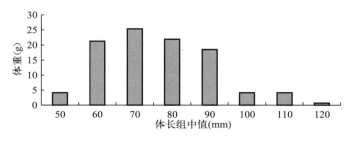

图5-66　刀额仿对虾体长分布

（3）生物学特征　根据实验室测定的 146 尾刀额仿对虾的数据，由 FiSAT Ⅱ 软件中的 ELEFAN Ⅰ 技术处理体长频率，估算的极限体长 L_∞ 和生长参数 K 分别为 126.0、1.6。

根据 Pauly 经验公式：$\ln（-t_0）=-0.3922-0.2752\ln L_\infty-1.038\ln K$，计算得 t_0 为 -0.11。因此，厦门湾的刀额仿对虾生长方程为：

$$L_t=126.0\left[1-e^{-1.6(t+0.11)}\right]$$

$$W_t=21.39\left[1-e^{-1.6(t+0.11)}\right]^{3.07}$$

式中，体长和体重单位分别为毫米（mm）和克（g）。

体重生长拐点年龄 $t_{tp}=0.59$。

（4）开发情况分析　利用 FiSAT Ⅱ 软件中的体长变换渔获曲线方法，估算其总死亡系数 $Z=4.57$。厦门湾年平均水温 $T=22.3℃$，代入公式 $\ln M=-0.0066-0.279\ln L_\infty+0.6543\ln K+0.463\ln T$，求得自然死亡系数 $M=1.46$，则可求得捕捞死亡系数 $F=3.11$，开发率 $E=0.68$（表 5-30），说明其处于轻度过度开发阶段。

表 5-30　刀额仿对虾生物生态学特征

虾类	L_∞	K	Z	M	F	E
刀额仿对虾	126.0	1.6	4.57	1.46	3.11	0.68

6. 鹰爪虾（*Trachypenaeus curvirostris*）

鹰爪虾为仿对虾属的虾类之一，因其腹部弯曲形如鹰爪而得名。体红黄色，较粗短，甲壳很厚，表面粗糙不平，亦称为厚壳虾。额角上缘有锯齿。头胸甲的触角刺具有较短的纵缝。腹部背面有脊。尾节末端尖细，两侧有活动刺。为厦门湾重要的经济虾类之一。

（1）体长与体重的关系　本研究共获取鹰爪虾样品 151 尾，根据实验室测定的体长与体重的数据，拟合出体长与体重的关系（图 5-67）。表达式为：

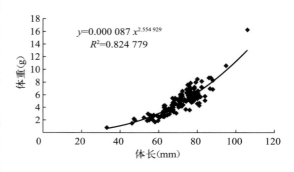

图 5-67　鹰爪虾体长与体重关系

$$y=0.000087x^{2.554929}$$

$$R^2=0.824779，P<0.01，n=151$$

可认为鹰爪虾是等速生长的虾。

（2）渔获组成　分析鹰爪虾渔获样品 151 尾，体长范围为 33～102 mm（图 5-68），平均体长为 70.9 mm，优势体长为 55～85 mm；平均体重为 4.9 g。

（3）生物学特征　根据实验室测定的 151 尾鹰爪虾的数据，由 FiSAT Ⅱ 软件中的

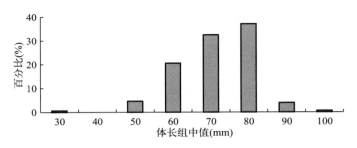

图 5 - 68　鹰爪虾体长分布

ELEFAN I 技术处理体长频率，估算的极限体长 L_∞ 和生长参数 K 分别为 105.0、0.9。

根据 Pauly 经验公式：$\ln(-t_0) = -0.392\,2 - 0.275\,2\ln L_\infty - 1.038\ln K$，计算得 t_0 为 -0.21。因此，厦门湾的鹰爪虾生长方程为：

$$L_t = 105.0\left[1 - e^{-0.9(t+0.21)}\right]$$

$$W_t = 12.69\left[1 - e^{-0.9(t+0.21)}\right]^{2.55}$$

式中，体长和体重单位分别为毫米（mm）和克（g）。

体重生长拐点年龄 $t_{tp} = 0.83$。

（4）开发情况分析　利用 FiSAT II 软件中的体长变换渔获曲线方法，估算其总死亡系数 $Z = 2.7$。厦门湾年平均水温 $T = 22.3\,℃$，代入公式 $\ln M = -0.006\,6 - 0.279\ln L_\infty + 0.654\,3\ln K + 0.463\ln T$，求得自然死亡系数 $M = 1.06$，则可求得捕捞死亡系数 $F = 1.64$，开发率 $E = 0.61$（表 5 - 31），说明其处于轻度过度开发阶段。

表 5 - 31　鹰爪虾生物生态学特征

虾类	L_∞	K	Z	M	F	E
鹰爪虾	105.0	0.9	2.7	1.06	1.64	0.61

7. 周氏新对虾（*Metapenaeus joyneri*）

周氏新对虾亦称为羊毛虾、黄虾、沙虾、站虾、麻虾和黄新对虾等。分布于日本和中国，喜栖息于海岸沙地、红树林附近以及 40 m 以下水深的沙底海域。头胸甲上有多处凹陷，其上密布细毛，头胸甲上具有肝刺及触角刺。为厦门湾重要的经济虾类之一。

（1）体长与体重的关系　本研究共获取周氏新对虾样品 84 尾，根据实验室测定的体长与体重的数据，拟合出体长与体重的关系（图 5 - 69）。表达式为：

$$y = 0.000\,056\,27x^{2.647\,916\,34}$$

$$R^2 = 0.869\,410\,30,\ P < 0.01,\ n = 84$$

可认为周氏新对虾是等速生长的虾。

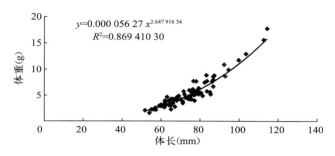

图 5-69 周氏新对虾体长与体重关系

（2）渔获组成 分析周氏新对虾渔获样品 84 尾，体长范围为 52～114 mm（图 5-70），平均体长为 73.9 mm，优势体长为 55～85 mm；平均体重为 5.4 g。

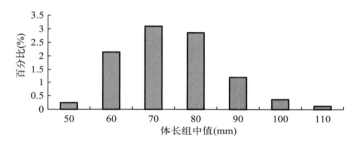

图 5-70 周氏新对虾体长分布

（3）生物学特征 根据实验室测定的 84 尾周氏新对虾的数据，由 FiSAT Ⅱ 软件中的 ELEFAN Ⅰ 技术处理体长频率，估算的极限体长 L_∞ 和生长参数 K 分别为 115.5、1.4。

根据 Pauly 经验公式：$\ln（-t_0）=-0.392\ 2-0.275\ 2\ln L_\infty-1.038\ln K$，计算得 t_0 为 -0.13。因此，厦门湾的周氏新对虾生长方程为：

$$L_t=115.5\ \big[1-e^{-1.4(t+0.13)}\big]$$

$$W_t=12.69\ \big[1-e^{-1.4(t+0.13)}\big]^{2.65}$$

式中，体长和体重单位分别为毫米（mm）和克（g）。

体重生长拐点年龄 $t_{tp}=0.57$。

（4）开发情况分析 利用 FiSAT Ⅱ 软件中的体长变换渔获曲线方法，估算其总死亡系数 $Z=2.9$。厦门湾年平均水温 $T=22.3\ ℃$，代入公式 $\ln M=-0.006\ 6-0.279\ln L_\infty+0.654\ 3\ln K+0.463\ln T$，求得自然死亡系数 $M=1.37$，则可求得捕捞死亡系数 $F=1.53$，开发率 $E=0.53$（表 5-32），说明其处于充分开发阶段。

表 5-32 周氏新对虾生物生态学特征

虾类	L_∞	K	Z	M	F	E
周氏新对虾	115.5	1.4	2.9	1.37	1.53	0.53

（三）蟹类

1. 日本蟳（*Charybdis japonica*）

为梭子蟹科、蟳属的蟹类之一。分布于日本、马来西亚、红海、中国等，生活环境为海水，一般生活于低潮线、有水草或泥沙的水底或潜伏于石块下。为厦门湾重要的经济蟹类之一，全年均可捕获。

（1）头胸甲宽和体重的关系　本研究共获取日本蟳样品518只，根据实验室测定的头胸甲宽和体重的数据，拟合出头胸甲宽与体重的关系（图5-71）。表达式为：

$$y=0.000\ 116\ 61x^{3.081\ 410\ 27}$$

$$R^2=0.900\ 025\ 61，P<0.01，n=518$$

可认为日本蟳是等速生长的蟹。

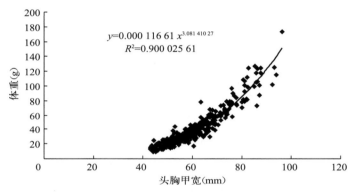

图 5-71　日本蟳头胸甲宽与体重关系

（2）渔获组成　分析日本蟳渔获样品518只，头胸甲宽范围为26～96 mm（图5-72），平均头胸甲宽为55.0 mm，优势头胸甲宽为45～65 mm；平均体重为32.8 g。

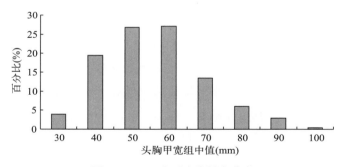

图 5-72　日本蟳头胸甲宽分布

（3）生物学特征　根据在实验室测定的518只日本蟳的数据，由 FiSAT Ⅱ 软件中的

ELEFAN Ⅰ技术处理长度频率，估算的极限头胸甲宽 L_∞ 和生长参数 K 分别为105.0、1.7。

根据 Pauly 经验公式：$\ln(-t_0)=-0.392\ 2-0.275\ 2\ln L_\infty-1.038\ln K$，计算得 t_0 为-0.11。因此，厦门湾的日本蟳生长方程为：

$$L_t=105.0\left[1-\mathrm{e}^{-1.7(t+0.11)}\right]$$

$$W_t = 197.17 \left[1 - e^{-1.7(t+0.11)}\right]^{3.08}$$

式中，头胸甲宽和体重单位分别为毫米（mm）和克（g）。

体重生长拐点年龄 $t_{tp} = 0.55$。

肉眼判定渔获个体的性腺发育程度，当雌性个体的头胸甲宽为 37 mm 以上时就能达到性成熟。

（4）开发情况分析　利用 FiSAT Ⅱ 软件中的长度变换渔获曲线方法，估算其总死亡系数 $Z = 2.9$。厦门湾年平均水温 $T = 22.3\ ℃$，代入公式 $\ln M = -0.006\ 6 - 0.279\ln L_\infty + 0.654\ 3\ln K + 0.463\ln T$，求得自然死亡系数 $M = 1.6$，则可求得捕捞死亡系数 $F = 1.3$，开发率 $E = 0.45$（表 5 - 33），说明其处于充分开发阶段。

表 5 - 33　日本蟳生物生态学特征

蟹类	L_∞	K	Z	M	F	E
日本蟳	105.0	1.7	2.9	1.6	1.3	0.45

2. 锈斑蟳（*Charybdis eriatus*）

又名花蟹、花市仔、火烧公、十字蟹、花蠘仔，为梭子蟹科、蟳属的蟹类之一。全身都有红褐色及暗褐色的斑纹，是最醒目的特色。在胃区两侧有突出形成十字形的条纹，好像背着十字架，因此又有人称之为十字蟹。生活环境为海水，多栖息于近岸浅海底或珊瑚礁盘的浅水中。为厦门湾重要的经济蟹类之一。

（1）头胸甲宽与体重的关系　本研究共获取锈斑蟳样品 65 只，根据实验室测定的头胸甲宽与体重的数据，拟合出头胸甲宽与体重的关系（图 5 - 73）。表达式为：

$$y = 0.000\ 207\ 69 x^{2.903\ 969\ 52}$$

$$R^2 = 0.938\ 320\ 04,\ P < 0.05,\ n = 65$$

可认为锈斑蟳是等速生长的蟹。

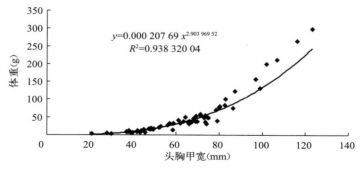

图 5 - 73　锈斑蟳头胸甲宽与体重关系

（2）渔获组成　分析锈斑蟳渔获样品 65 只，头胸甲宽范围为 21～123 mm（图 5 - 74），平均头胸甲宽为 63.0 mm，优势头胸甲宽为 65～75 mm；平均体重为 49.7 g。

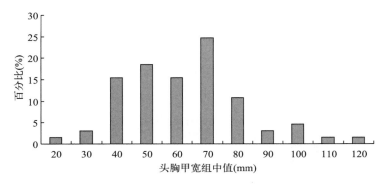

图 5-74 锈斑蟳头胸甲宽分布

（3）生物学特征 根据实验室测定的 65 只锈斑蟳的数据，由 FiSAT Ⅱ 软件中的 ELEFAN Ⅰ 技术处理长度频率，估算的极限头胸甲宽 L_∞ 和生长参数 K 分别为 126.0、0.34。

根据 Pauly 经验公式：$\ln（-t_0）=-0.392\ 2-0.275\ 2\ln L_\infty-1.038\ln K$，计算得 t_0 为 -0.55。因此，厦门湾的锈斑蟳生长方程为：

$$L_t=126.0\left[1-e^{-0.34(t+0.55)}\right]$$
$$W_t=261.11\left[1-e^{-0.34(t+0.55)}\right]^{2.90}$$

式中，头胸甲宽和体重单位分别为毫米（mm）和克（g）。

肉眼判定渔获个体的性腺发育程度，当雌性个体的头胸甲宽为 55 mm 以上时就能达到性成熟。

（4）开发情况分析 利用 FiSAT Ⅱ 软件中的长度变换渔获曲线方法，估算其总死亡系数 $Z=0.96$。厦门湾年平均水温 $T=22.3\ ℃$，代入公式 $\ln M=-0.006\ 6-0.279\ln L_\infty+0.654\ 3\ln K+0.463\ln T$，求得自然死亡系数 $M=0.53$，则可求得捕捞死亡系数 $F=0.43$，开发率 $E=0.45$（表 5-34），说明其处于充分开发阶段。

表 5-34 锈斑蟳生物生态学特征

蟹类	L_∞	K	Z	M	F	E
锈斑蟳	126.0	0.34	0.96	0.53	0.43	0.45

3. 远海梭子蟹（*Portunus pelagicus*）

为梭子蟹科、梭子蟹属的蟹类之一。分布于日本、塔希提岛、菲律宾、澳大利亚、泰国、马来群岛、东非、中国等，生活环境为海水，常生活于水深 10~30 m 的泥质或沙质海底。为厦门湾重要的经济蟹类之一。

（1）头胸甲宽与体重的关系 本研究共获取远海梭子蟹样品 58 只，根据实验室测定的头胸甲宽与体重的数据，拟合出头胸甲宽与体重的关系（图 5-75）。表达式为：

$$y=0.000\ 037\ 92x^{3.094\ 771\ 43}$$
$$R^2=0.918\ 591\ 19，\ P<0.05，\ n=58$$

可认为远海梭子蟹是等速生长的蟹。

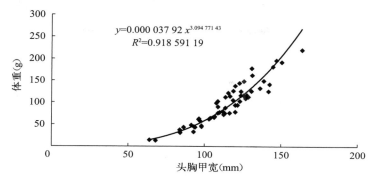

图 5-75　远海梭子蟹头胸甲宽与体重关系

（2）**渔获组成**　分析远海梭子蟹渔获样品 58 只，头胸甲宽范围为 64～164 mm（图 5-76），平均头胸甲宽为 113.9 mm，优势头胸甲宽为 105～125 mm；平均体重为 96.5 g。

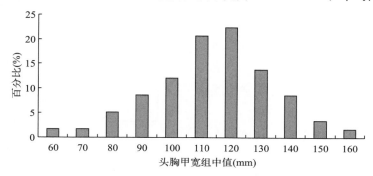

图 5-76　远海梭子蟹头胸甲宽分布

（3）**生物学特征**　根据实验室测定的 58 只远海梭子蟹的数据，由 FiSAT Ⅱ 软件中的 ELEFANI 技术处理长度频率，估算的极限头胸甲宽 L_∞ 和生长参数 K 分别为 168.0、1.2。

根据 Pauly 经验公式：$\ln(-t_0) = -0.392\,2 - 0.275\,2\ln L_\infty - 1.038\ln K$，计算得 t_0 为 -0.14。因此，厦门湾的远海梭子蟹头胸甲宽生长方程为：

$$L_t = 168.0\left[1 - e^{-1.2(t+0.14)}\right]$$

$$W_t = 292.21\left[1 - e^{-1.2(t+0.14)}\right]^{3.09}$$

式中，头胸甲宽和体重单位分别为毫米（mm）和克（g）。

肉眼判定渔获个体的性腺发育程度，当雌性个体的头胸甲宽为 100 mm 以上时就能达到性成熟。

（4）**开发情况分析**　利用 FiSAT Ⅱ 软件中的长度变换渔获曲线方法，估算其总死亡系数 $Z=2.94$。厦门湾年平均水温 $T=22.3$ ℃，代入公式 $\ln M = -0.006\,6 - 0.279\ln L_\infty + 0.654\,3\ln K + 0.463\ln T$，求得自然死亡系数 $M=1.12$，则可求得捕捞死亡系数 $F=1.82$，开发率 $E=0.62$（表 5-35），说明其处于轻度捕捞过度开发阶段。

表 5 - 35　远海梭子蟹生物生态学特征

蟹类	L_∞	K	Z	M	F	E
远海梭子蟹	168.0	1.2	2.94	1.12	1.82	0.62

（四）头足类

1. 中国枪乌贼（*Loligo chinensis*）

亦称本港鱿鱼、中国鱿鱼、台湾锁管、拖鱿鱼、长筒鱿。属于头足纲、枪乌贼科。主要分布在中国南海及泰国湾、马来群岛、澳大利亚昆士兰海域。平时栖息于外海水域。春、夏季游向近岸岛屿附近生殖。喜弱光，白天潜伏海底，早晚上浮。主要食物为小型鱼类、甲壳类。雌雄异体，行交配，体内受精。1龄可达性成熟。生殖期为每年4—8月。分布于东海、南海。常用底拖网、钓渔具捕捞。肉肥，味美鲜嫩，可鲜食。加工成的干制品称鱿鱼干，为名贵海产食品。为厦门湾重要的经济头足类之一。

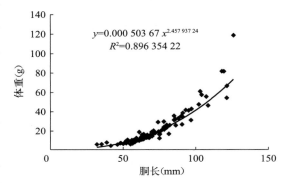

图 5 - 77　中国枪乌贼胴长与体重关系

（1）胴长与体重的关系　本研究共获取中国枪乌贼样品 93 只，根据实验室测定的胴长与体重的数据，拟合出胴长与体重的关系（图 5 - 77）。表达式为：

$$y = 0.000\,503\,67x^{2.457\,937\,24}$$

$$R^2 = 0.896\,354\,22,\ P < 0.05,\ n = 93$$

可认为中国枪乌贼属于异速生长的种类。

（2）渔获组成　分析中国枪乌贼渔获样品 93 只，胴长范围为 34～164 mm（图 5 - 78），

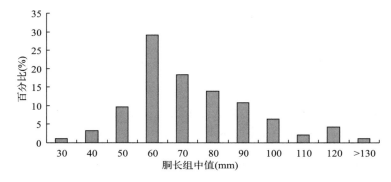

图 5 - 78　中国枪乌贼胴长分布

平均胴长为 72.3 mm，优势胴长为 55～65 mm；平均体重为 22.4 g。

（3）生物学特征 根据实验室测定的 93 只中国枪乌贼的数据，由 FiSAT Ⅱ 软件中的 ELEFAN Ⅰ 技术处理长度频率，估算的极限胴长 L_∞ 和生长参数 K 分别为 136.5、0.66。

根据 Pauly 经验公式：$\ln(-t_0) = -0.392\,2 - 0.275\,2\ln L_\infty - 1.038\ln K$，计算得 t_0 为 -0.27。因此，厦门湾的中国枪乌贼生长方程为：

$$L_t = 136.5\left[1 - e^{-0.66(t+0.27)}\right]$$

$$W_t = 158.16\left[1 - e^{-0.66(t+0.27)}\right]^{2.46}$$

式中，胴长和体重单位分别为毫米（mm）和克（g）。

肉眼判定渔获个体的性腺发育程度，当雌性个体的胴长为 100 mm 以上时就能达到性成熟。

（4）开发情况分析 利用 FiSAT Ⅱ 软件中的长度变换渔获曲线方法，估算其总死亡系数 $Z=1.5$。厦门湾年平均水温 $T=22.3\,℃$，代入公式 $\ln M = -0.006\,6 - 0.279\ln L_\infty + 0.654\,3\ln K + 0.463\ln T$，求得自然死亡系数 $M=0.8$，则可求得捕捞死亡系数 $F=0.7$，开发率 $E=0.47$（表 5-36），说明其处于充分开发阶段。

表 5-36 中国枪乌贼生物生态学特征

头足类	L_∞	K	Z	M	F	E
中国枪乌贼	136.5	0.66	1.5	0.8	0.7	0.47

2. 金乌贼（*Sepia esculenta*）

又名墨鱼、乌鱼，属软体动物门、头足纲、鞘亚纲、乌贼目、乌贼科、乌贼属，分布于中国渤海、黄海、东海、南海以及日本列岛、菲律宾群岛海域。是世界乌贼科中重要的经济种类之一，年产量在世界乌贼科种类中居第 2 位，曾与大黄鱼、小黄鱼、带鱼一道并称为我国传统四大渔业种类，是重要的捕捞对象之一。但自 20 世纪 80 年代以来，由于过度捕捞和海洋环境的破坏等多种原因，其资源量明显衰退，产量急剧下降，目前金乌贼在中国许多海域已经绝迹，但仍为厦门湾较重要的经济头足类之一。

（1）胴长与体重的关系 本研究共获取金乌贼样品 64 只，根据实验室测定的胴长与体重的数据，拟合出胴长与体重的关系（图 5-79）。表达式为：

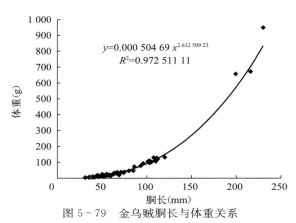

图 5-79 金乌贼胴长与体重关系

$$y = 0.000\,504\,69\,x^{2.632\,509\,23}$$

$$R^2 = 0.972\,511\,11,\ P < 0.05,\ n = 64$$

可认为金乌贼属于等速生长的种类。

（2）渔获组成　分析金乌贼渔获样品 64 只，胴长范围为 31～230 mm（图 5 - 80），平均胴长为 72.2 mm，优势胴长为 35～55 mm；平均体重为 73.2 g。

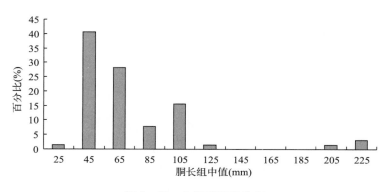

图 5 - 80　金乌贼胴长分布

（3）生物学特征　根据实验室测定的 64 只金乌贼的数据，由 FiSAT Ⅱ 软件中的 ELEFAN Ⅰ 技术处理长度频率，估算的极限胴长 L_∞ 和生长参数 K 分别为 236.25、0.3。

根据 Pauly 经验公式：$\ln(-t_0)=-0.392\,2-0.275\,2\ln L_\infty-1.038\ln K$，计算得 t_0 为 -0.52。因此，厦门湾的金乌贼生长方程为：

$$L_t=236.25\left[1-e^{-0.3(t+0.52)}\right]$$
$$W_t=893.20\left[1-e^{-0.3(t+0.52)}\right]^{2.63}$$

式中，胴长和体重单位分别为毫米（mm）和克（g）。

肉眼判定渔获个体的性腺发育程度，当雌性个体的胴长为 215 mm 以上时就能达到性成熟。

（4）开发情况分析　利用 FiSAT Ⅱ 软件中的长度变换渔获曲线方法，估算其总死亡系数 $Z=1.13$。厦门湾年平均水温 $T=22.3\ ℃$，代入公式 $\ln M=-0.006\,6-0.279\ln L_\infty+0.654\,3\ln K+0.463\ln T$，求得自然死亡系数 $M=0.41$，则可求得捕捞死亡系数 $F=0.72$，开发率 $E=0.64$（表 5 - 37），说明其处于轻度过度开发阶段。

表 5 - 37　金乌贼生物生态学特征

头足类	L_∞	K	Z	M	F	E
金乌贼	236.25	0.3	1.13	0.41	0.72	0.64

3. 短蛸（*Octopus ocellatus*）

俗称章鱼。分布在西北太平洋沿岸海域，主要在中国和日本沿海。胴部卵圆形或球形。胴背面粒状突起密集。各腕较短，其长度大体相等，腕长相当于脑部长度的 2 倍。背部两眼间具一浅色纺锤形或半月形的斑块，两眼前方由第 2 至第 4 对腕的区域内各具一椭圆形的金色圈。为厦门湾重要的经济头足类之一。

（1）**胴长与体重的关系**　本研究共获取短蛸样品 162 只，根据实验室测定的胴长与体重的数据，拟合出胴长与体重的关系（图 5-81）。表达式为：

$$y = 0.003\,676\,98x^{2.396\,035\,05}$$

$$R^2 = 0.644\,298\,49,\ P < 0.05,\ n = 162$$

可认为短蛸属于异速生长的种类。

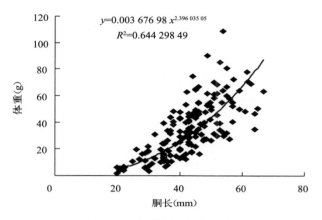

图 5-81　短蛸胴长与体重关系

（2）**渔获组成**　分析短蛸渔获样品 162 只，胴长范围为 20～67 mm（图 5-82），平均胴长为 43.0 mm，优势胴长为 42.5～47.5 mm；平均体重为 35.0 g。

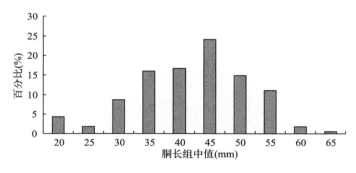

图 5-82　短蛸胴长分布

（3）**生物学特征**　根据实验室测定的 162 只短蛸的数据，由 FiSAT Ⅱ 软件中的 ELE-FAN Ⅰ 技术处理长度频率，估算的极限胴长 L_∞ 和生长参数 K 分别为 68.25、0.7。

根据 Pauly 经验公式：$\ln(-t_0) = -0.392\,2 - 0.275\,2\ln L_\infty - 1.038\ln K$，计算得 t_0 为 -0.31。因此，厦门湾的短蛸生长方程为：

$$L_t = 68.25\left[1 - e^{-0.7(t+0.31)}\right]$$

$$W_t = 91.21\left[1 - e^{-0.7(t+0.31)}\right]^{2.40}$$

式中，胴长和体重单位分别为毫米（mm）和克（g）。

肉眼判定渔获个体的性腺发育程度，当雌性个体的胴长为 50 mm 以上时就能达到性成熟。

（4）**开发情况分析**　利用 FiSAT Ⅱ 软件中的长度变换渔获曲线方法，估算其总死亡系数 $Z=2.02$。厦门湾年平均水温 $T=22.3$ ℃，代入公式 $\ln M=-0.006\ 6-0.279\ln L_{\infty}+0.654\ 3\ln K+0.463\ln T$，求得自然死亡系数 $M=1.01$，则可求得捕捞死亡系数 $F=1.01$，开发率 $E=0.5$（表 5-38），说明其处于充分开发阶段。

表 5-38　短蛸生物生态学特征

头足类	L_{∞}	K	Z	M	F	E
短蛸	68.25	0.7	2.02	1.01	1.01	0.5

第六章

厦门湾渔业资源问题与可持续利用管理

第一节　厦门湾渔业生物环境的问题及原因

自 20 世纪 80 年代以来，由于渔业经济效益的大幅度提高，诱发机动渔船盲目发展，且出现电、毒、炸等酷渔滥捕的现象，厦门沿岸渔场近岸生态环境受到破坏，底层和近底层鱼类资源明显衰退，个体出现小型化，性成熟提早，优质鱼类濒临绝迹。捕捞业船网等工具虽然不断增加，但总产量却年年下降，厦门湾渔业资源日趋贫乏，主要由以下两个方面的生物环境问题所导致的。

一、环境污染

随着厦门经济特区和企业的日益发展，厦门港湾沿岸排放的工业"三废"、城镇人民的生活污水和垃圾、船舶（含拆船业）的各种污水和其他废弃物，以及农、林或水产养殖施用的药物等各种污染越发严重。因此，厦门港湾受陆、海排污的双重影响。

厦门湾主要入海污染源及生态环境状况分述如下。

1. 九龙江

九龙江为福建第二大河流，干线全长 258 km，流域面积 1.47 万 km^2，约占福建省国土面积的 12%。九龙江是厦门湾的主要污染物来源之一，流域对厦门湾的影响尚未得到有效治理。根据厦门市海洋环境状况公报，2016 年九龙江入海污染物总量为 $2.56×10^5$ t，其中化学需氧量为 $1.78×10^5$ t（占总量的 69.52%），比 2015 年增加 67.9%；其次总氮 $7.41×10^4$ t（占 28.94%），比 2015 年增加 50.0%；总磷 $3.31×10^3$ t（占 1.29%），比 2015 年增加 86.0%；石油类 $4.27×10^2$ t（占 0.17%），比 2015 年增加 53.0%；重金属（铜、铅、锌、镉、六价铬、汞）及砷 $2.16×10^2$ t（占 0.08%），比 2015 年增加 14.9%。2016 年九龙江入海污染要素达标情况见表 6-1。

表 6-1　2016 年九龙江入海污染要素达标情况

监测位置	监测参数	执行标准	达标情况
九龙江北溪和西溪	pH、化学需氧量、硝酸盐、石油类、硫化物、铜、铅、锌、镉、六价铬、汞、砷	《地表水环境质量标准》Ⅲ类水质标准	优于Ⅲ类，达到Ⅰ类
	总磷		北溪达标率 100% 西溪达标率 33%
	氨氮		北溪达标率 100% 西溪达标率 67%

数据来源：2016 年厦门市海洋环境状况公报。

2. 其他主要溪流

厦门岛外主要有过芸溪、后溪、瑶山溪、深青溪、东溪西溪、官浔溪、龙东溪、埭头溪、九溪共 9 条溪流（图 6-1），均流入厦门海域，也给海域带来了许多工农业的污染物。2015 年开始，厦门市政府部署小流域治理工作，为推动治理工作落实，厦门市先后出台了河段长制、溪流养护实施办法、最严格水资源制度考核工作实施方案等制度规定。2015 年先从过芸溪和后溪的许溪段开展试点取得成效，2016 年决定在厦门市范围内全面推进小流域综合治理工作，力求通过三年努力，完成岛外 9 条溪流的山、水、田、林、路、村庄等系统性综合整治，实现"水清、岸绿、景美、民富"。

图 6-1　厦门市 9 条溪流入海口监测站位

但据 2016 年厦门市海洋环境状况公报，2016 年岛外 9 条主要溪流入海口水体中营养盐超标现象依然严重，70.4％站次的总磷和 76.5％站次的氨氮超过 Ⅴ 类地表水环境质量标准；30.4％站次的化学需氧量超过 Ⅴ 类地表水环境质量标准。石油类和溶解氧基本达标；pH、硫化物、重金属（铜、锌、铅、镉、汞、六价铬）及砷均达到第 Ⅰ 类地表水环境质量标准（表 6-2）。

据 2016 年厦门市海洋环境状况公报（图 6-2），2016 年 9 条主要溪流全年入海污染物总量约为 $1.261\ 53 \times 10^4$ t。其中，主要污染要素化学需氧量 8.90×10^3 t，占总量的 70.54％；总氮 3.32×10^3 t，占总量的 26.32％；总磷 3.46×10^2 t，占总量的 2.75％；石

油类 38.66 t，占总量的 0.31％；重金属 8.96 t，占总量的 0.07％；硫化物 1.63 t，约占总量的 0.013％。与之前年份相比，各污染要素总量均有所降低。

表 6 - 2　2016 年厦门 9 条溪流入海口水体营养盐污染状况（全年平均）

入海溪流	过芸溪	后溪	瑶山溪	深青溪	东溪西溪	官浔溪	龙东溪	埭头溪	九溪
总磷	●	●	●	●	●	●	●	●	●
氨氮	●	●	●	●	●	●	●	●	●

注：●Ⅲ类标准，●Ⅴ类标准，●劣Ⅴ类标准。按照《厦门市环境功能区划（2011 年）》的要求，过芸溪等 9 条溪流执行《地表水环境质量标准（GB 3838—2002）》第Ⅴ类标准。

数据来源：2016 年厦门市海洋环境状况公报。

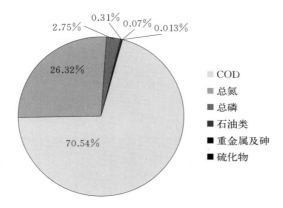

图 6 - 2　2016 年厦门市 9 条溪流入海污染物总量比例

（数据来源于 2016 年厦门市海洋环境状况公报）

3. 陆源入海排污口及其邻近海域生态环境状况

（1）主要污染要素排放量　根据厦门市海洋环境状况公报，2016 年监测的 7 个污水处理厂和 7 个雨污混排口污水和污染物排放总量较 2015 年均有所增加，其中污水年排放总量为 3.53×10^8 t，比 2015 年增加 13.9％；主要污染物年排放总量为 2.47×10^4 t（图 6 - 3），比 2015 年增加 45.3％。排污口主要污染物化学需氧量占 50.0％，悬浮物占 45.9％，氨氮占 3.2％，总磷占 0.9％。各污染物排放量较 2015 年均有不同程度增加，其中悬浮物和化学需氧量增幅分别达 85.3％和 29.5％。

（2）排污口综合评价　据 2016 年厦门市海洋环境状况公报，2016 年所监测的 14 个主要陆源入海排污口综合评价等级维持不变。其中，7 个污水处理厂出水口综合评价均为达标排放；7 个雨污混排口为不同程度超标排放，埭辽排污口为中度污染，其他排污口 4 个轻度污染，2 个轻微污染（图 6 - 4，表 6 - 3）。主要超标污染物为悬浮物、化学需氧量、氨氮和总磷等。其中，埭辽排污口和五缘湾大桥北侧排污口排污状况较严重。

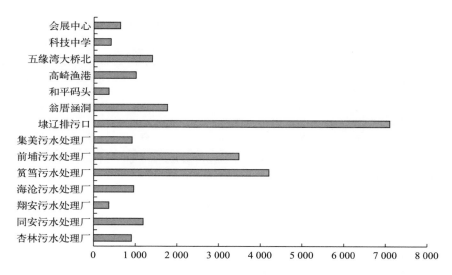

图6-3 2016年陆源入海排污口主要污染物年排放量（t）
（数据来源于2016年厦门市海洋环境状况公报）

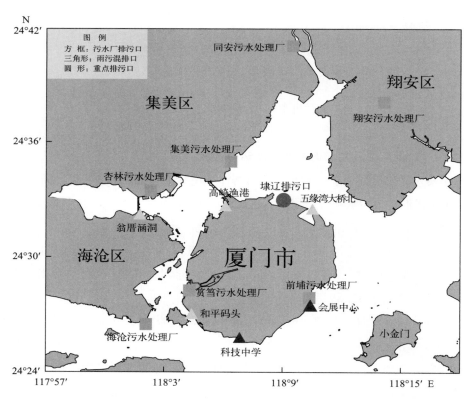

图6-4 2016年厦门市主要陆源入海排污口分布及综合评价
（数据来源于2016年厦门市海洋环境状况公报）

表 6 - 3 排污口等级分类

	综合等级	对邻近海域危害的严重程度	警示颜色标识
A	严重污染	对海域环境造成的危害或潜在危害最大	红色
B	中度污染	对海域环境造成的危害或潜在危害较大	橙色
C	轻度污染	有一定的海域环境危害或潜在危害	黄色
D	轻微污染	对海域环境造成的危害或潜在危害较小	蓝色
E	达标排放	对海域环境造成危害很小	绿色

（3）陆源入海排污口邻近海域生态环境状况　　据 2016 年厦门市海洋环境状况公报，2016 年排污口邻近海域环境状况不符合海洋功能区环境保护要求的主要超标要素为水中无机氮、活性磷酸盐和粪大肠菌群。杏林污水处理厂、同安污水处理厂、翔安污水处理厂和埭辽排污口邻近海域环境质量均为第三级，其中，埭辽排污口邻近海域环境质量较去年略有改善，其他排污口邻近海域环境质量等级维持不变。埭辽排污口邻近海域生态环境状况监测结果表明，不符合海洋功能区环境保护要求的主要超标要素为水中无机氮和活性磷酸盐。目前，埭辽排污口是厦门海域唯一一个中度污染的排污口（图 6 - 5），需要对其及其周边污水进行集中整治处理。同时五缘湾大桥北侧排污口污染物排放也严重，需要加快五缘湾片区的截污工程建设。

图 6 - 5 同安湾海域埭辽排污口

同安污水处理厂、埭辽排污口和翔安污水处理厂排污口邻近海域沉积物质量均符合第一类沉积物质量标准要求，杏林污水处理厂排污口邻近海域沉积物中的石油类、铜和锌含量超标。各排污口邻近海域均未能采集到鱼、虾、贝等生物样品。

4. 海漂垃圾

据 2016 年厦门海洋环境状况公报，2016 年厦门海域打捞清理的海漂垃圾总量为2 397 t（图 6 - 6），较 2015 年明显增多。总体而言，海漂垃圾密度最大的区域为厦鼓海域，最小的为五缘湾海域。海漂垃圾主要来源为九龙江径流输入，受季节变化影响明显，冬季垃圾总量较少，春季和夏秋季总量较多。受当年强台风过程影响，9月垃圾总量高达436 t，约占全年总量的 18.2%。

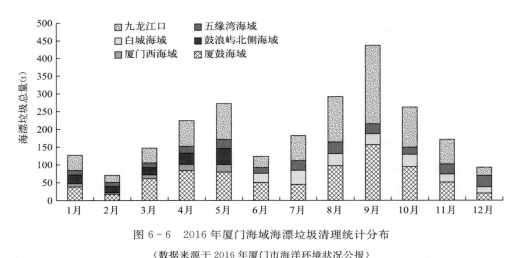

图 6-6　2016 年厦门海域海漂垃圾清理统计分布

（数据来源于 2016 年厦门市海洋环境状况公报）

二、围填海等海洋工程威胁生物栖息地

1956 年以来，厦门市围填海工程浩大，共围填海接近 200 km²，而整个厦门市面积仅为 1 699.39 km²。围垦对渔业资源的影响，除了失去许多经济动物天然的产卵场、育苗场和索饵场，还会给垦区一带广大水域的水产资源带来深远的影响。过去，浔江海域是举世闻名的文昌鱼渔场。随着高集海堤的兴建和策槽、东坑等的大面积围垦，不仅把大量的泥沙带入港内，而且由于改变了水动力条件，港湾内普遍出现淤积，以致文昌鱼赖以生存的纯沙质环境渐渐地被泥质环境所取代。

大规模填海和围垦也使红树林成片地消失。目前，厦门本岛的红树林已经绝迹，原厦门岛西北部海岸大片的红树林已不复存在。九龙江河口红树林遭围垦的破坏，覆盖面积缩小 50% 以上，其北岸从角美至海沧一带原犹如绿色长城的红树林带变得零零星星。红树林是热带亚热带海岸潮间带特有的木本植物群落，在海湾、河口生长特别茂盛。红树林具有很高的经济价值和广泛的用途，与渔业的关系极为密切。红树林生态系是世界上高生产力生态系之一。红树植物作为初级生产力，其大量的落叶枯枝是许多生物直接或间接的食物来源，红树林区较稳定的物理环境是许多经济海产动物隐蔽、产卵育苗和生长的良好场所。因此，红树林对促进海域的渔业资源起着重要作用。出没于厦门港湾红树林区的水产动物主要有锯缘青蟹、鲈、弹涂鱼和一些鲻科鱼类等。红树林生态系的破坏使近海渔业资源受到了一定的影响。另外，近些年猖獗地非法采取海沙、航道疏浚和海堤建造等因素也严重威胁着海洋生物原有的栖息地。

目前，厦门市在大力改善海洋生态环境，治理河流水域，保护湿地，种植红树林恢复海洋生态初见成效，但恢复海洋生态环境工作仍然任重道远。

第二节　厦门湾渔业资源利用存在的问题

厦门渔业曾经辉煌一时。四面环海，可耕地少的海岛厦门，天生就是"靠海吃海"的渔区。早在唐朝，厦门岛就因"田少海多"的缘故，生产上形成"渔倍于农"的格局。由于毗邻渔场和靠泊避风条件的优越，宋、元两朝，周边地域渔民陆续迁入厦门，同时也带来各地的捕鱼技术，为厦门渔业的发展打下了基础。至明清，厦门渔业已相当发达，可以常年进行带鱼、鲨、鲷等多种延绳钓作业，近者可以"在大担门南北采捕"，远者"春冬两汛赴浙江定海、镇海、象山三县洋面捕捞钓带"，厦门自古已是闻名遐迩的渔业之乡。

在其他渔业类型方面，厦门还创造了"草席诱捕乌鲗""文昌鱼铲"等著名的独特渔具。据文字记载，如果从厦门岛有人居住、以渔为生算起，厦门湾渔业可以追溯到300多年以前，可谓历史悠久。然而，如今厦门湾渔业资源衰退严重。

一、渔业资源利用存在的问题

1. 渔业生物多样性破坏

酷渔滥捕造成厦门湾渔业资源的衰退是不可低估的。多年以来，厦门港湾无节制地捕捞已远远超过资源的再生能力。例如，被誉为珍稀海产动物的中国鲎，在我国主要分布于福建厦门至平潭一带，由于捕捞过度，资源急剧下降。鲎是在海岸沙滩产卵繁殖后代的，每年初夏成群结队地向沿岸作生殖洄游。过去，人们捕鲎大多在海岸的沙滩找"鲎泡"或者退潮时在滩涂上用网围捕，捕捉的鲎不仅数量有限，而且多半是产卵过的。但随着临床用鲎试剂的大量生产，近些年人们大力发展鲎网，在浅海区鲎进入海岸的通道层层拦截，大多数还未到达海岸就被捕捉了。这种掠夺性的生产导致鲎濒于绝种的境地。

厦门湾定置渔业的盲目发展也严重破坏着渔业资源。由于鱼价看好，大鱼抓不到就抓小鱼。目前，潮下带浅海区不少定置张网的网囊是利用捕捞鳗苗的网，网目很小，仔鱼、幼鱼和稚鱼一起捞。九龙江河口大面积数以百层的定置张网捕捞鳗苗，使许多经济海洋动物的幼鱼和鱼卵受到很大的损害。最近，据不完全统计，鳗苗汛期每天有150多只渔船在捕捞鳗苗。在一些内湾潮间带滩涂上，定置作业也是密如蛛网。这些网不仅数米高，而且网目小，渔获以小鱼为多，其个体数惊人。作为种群补充量的幼鱼大量减少，势必导致鱼类资源量的衰落。

渔业生物资源不合理开发利用，使渔业生态系统良性循环遭到破坏，"生态异化"问题突出。由于长期过度捕捞，厦门湾的渔获物种类日趋减少，渔获物逐渐朝着低龄化、小型化、低质化方向演变，多数传统优质鱼种资源大幅度下降，甚至难以形成鱼汛，而低值鱼类数量增加，渔获个体也越来越小，资源质量明显下降，渔业资源面临衰竭和崩溃的危险。此外，厦门湾珍稀濒危海洋生物物种（文昌鱼和中华白海豚）的数量正在日趋减少。

2. 渔业生物生境破坏

对渔业生物资源及其环境不适当地开发，严重破坏了渔业生物赖以生存的环境，破坏了海洋生态系统的良性循环。特别是一些违背海洋生态规律的工程，如人工填海造地、筑堤等海岸工程对海洋生态系统的物质能量循环产生了巨大的影响，尤其使鱼、虾、贝类失去繁殖的良好环境，造成严重渔业损失。

厦门湾海洋环境面临的压力日益增加，生境恶化，产卵区、育幼区、养殖区、旅游区、纳污区、海岸防护区、湿地等破坏严重，许多优良的索饵场、育苗场、育肥场、增养场和洄游通道的渔业功能丧失，渔业资源的增殖与恢复能力下降，海洋生态系统结构失衡，典型生态系统遭到严重破坏，生物栖息地丧失严重，主要传统经济鱼类资源衰退。

作为一种典型生态系统，滨海湿地起着重要的环境调节作用，包括控制温室效应，野生动物栖息地，蓄水调洪，地下水补给和排泄，养分的滞留、去除和转化，净化水质，削减海流、降解沉积物等。近些年来，由于围垦填海等人为活动导致厦门湾的滨海湿地丧失严重。

红树林是海洋高生产力生态系统和优美的自然地理生态景观，是护岸、护堤、防冲刷、防风暴潮的天然屏障。九龙江河口生态系统原来拥有良好的红树林区，拥有丰富而适宜的环境，为多种动植物提供栖息、摄食和生长的良好场所，也是近海经济鱼、虾、蟹、贝类的主要繁殖地。红树林碎屑是河口和浅海渔业高产的重要原因。厦门湾的红树林生态区由于围海造地、围垦养虾、工程开发、砍伐薪材和环境污染等不合理利用和破坏，导致红树林湿地资源急剧减少，分布面积减少。

产卵场、育幼场遭破坏。厦门湾一直是多种经济鱼类的重要生境，但近年来，该海域产卵场和育苗场受到排污和河流淡水输入的影响已发生显著变异，以往的主要经济鱼类产量急剧下降。一些在河口、浅滩、海湾产卵的底层经济鱼虾类，如长毛明对虾、梭子蟹、真鲷、大黄鱼、带鱼等，由于污染加剧，环境质量恶化，无法正常孵化和生长，资源量急剧下降。一些以潮间带和浅海为栖息地的贝类，特别是在河口附近分布的贝类，如毛蚶、文蛤、泥蚶，由于栖息地水质恶化，底质恶臭，生存条件已经不复存在。

3. 渔业水体污染较严重

陆源和海上的污染严重影响了海洋水体环境，进而带来一系列环境灾难。长期的调查、监测、监视和研究结果表明，厦门湾的海洋环境污染较严重。随着工业化和城市化进程的加快，九龙江河口区、同安湾和西海域接纳了大量的污染物。厦门湾主要的污染物是无机氮和活性磷酸盐。

由于海域污染的加重，海水富营养化程度加重，造成厦门湾近年来海洋赤潮频发，危害十分严重。赤潮的发生常导致鱼类、虾类、贝类，特别是一些底栖生物大量死亡，严重威胁着生物多样性，严重污染的海域甚至会导致物种绝迹。一部分有害赤潮能产生毒素，或直接杀死海洋生物，或经贝类或鱼类累积后成为贝毒或鱼毒对海洋生物和人们的健康构成严重危害。

二、渔业资源衰退原因的分析

厦门湾渔业生物资源利用问题产生的原因是多方面的，包括经济、政策、法律、人口、技术等。主要体现在海洋生物资源的粗放型开发利用，海洋环境污染，渔业资源过度开发，海洋经济活动政策和决策不尽合理，国家宏观调控、管理、保护乏力，涉海法律不健全，人口大量向沿海移动产生的压力等方面。深层次的原因是社会大众的海洋生态意识淡薄，经济发展忽视了对近岸海域生态系统的维护，对海洋环境、生态系统、生物资源、海洋经济整体、协同发展的认识薄弱。

1. 生物资源的掠夺性、粗放性开发利用

掠夺性生产方式使渔业生物资源继续衰退。在渔业生物面临资源枯竭的严峻形势下，由于利益驱动和资源量的严重不足，出现了严重的"电鱼、炸鱼、电拖"违法违规的生产行为，带来了新的生态破坏。

粗放的生产方式摧残了海洋生物种群。20世纪80年代以来，在近海主要经济鱼类资源每况愈下，大中型渔船流动作业受限情况下，一部分流动作业渔船转营张网。经济体制改革给张网渔业带来活力。生产体制下放后，由集体经营转为个人承包或个体经营，张网作业单位小、技术不高、容易组织，投资少、资金周转快、风险小，因而成为率先发展的对象，部分农村剩余劳力也纷纷加入张网渔业的行列，养殖业的发展刺激张网渔业的发展。随着水产养殖和家禽养殖的发展，需要大量的动物性蛋白饲料，张网渔获物中的小杂鱼作为主要饲料源，身价倍增，刺激了张网渔业的发展。张网作业造成了重大生态影响和经济影响。由于选择性差，张网作业在捕捞小型经济鱼、虾类的同时，兼捕到大量的经济鱼类幼鱼，生态效益和社会效益受到严重影响。由于低营养阶生物的大量捕捞，中断或缩短了食物链，导致高营养阶生物或顶级生物饵料不足，从而对生态系统造成重大影响。

技术的非生态应用使海洋生态系统遭到破坏。在渔业捕捞中，先进的海洋捕捞技术和海水养殖技术的运用，一方面随着技术水平的提高，生产效率和经济效益提高；另一方面，随着技术改进，对生物资源和环境造成越来越严重的破坏。现代鱼群探测技术、各种先进的捕捞技术提高了捕捞作业的效率，但也加快了对海洋渔业资源的损害效率。特别是一些违反常规的技术应用，对渔业资源是毁灭性的破坏。例如，以炸药炸鱼，利用爆炸技术，经济上受益，但用到捕获鱼类，却是对生态的严重损害。

2. 渔业生物资源过度利用

渔业生物资源的过度开发利用，是导致海洋生物多样性减少及生态系统平衡破坏的最主要原因。我国近海和海岸带的生态资源损害十分严重，已造成一系列灾害性后果，有的已难以恢复。人们为从海洋中获取食物、医药、原材料等，而大量捕捞海洋生物，使所有具有商业价值的海洋生物不同程度地被过度利用。目前，厦门湾珍稀濒危海洋生物物种数量正在日趋减少。过度捕捞还导致耐污生物及污染生物大量繁殖，从而使一些经济海洋生物病害流行。

捕捞量超过可捕量，超过海洋环境的承载能力，使我国渔业资源整体衰退。我国海洋渔业的发展，经历了由开发利用不足到过度开发的过程。20世纪50年代是资源利用不足时期，群众渔业以木帆船为主，国营少量的机动帆船，功率小，技术装备差，渔获物主要是原始资源种类，比重较大的有带鱼、小黄鱼、毛虾、乌贼、对虾等。20世纪70年代，近海渔业资源从中等开发走上充分利用。捕捞船只数和马力数不断增大，加之现代化渔具的使用，渔法水平的迅速提高，对沿海及近海渔业资源进行掠夺式捕捞，导致资源衰退。随着渔船、机动帆船发展较快，装备有所改善，捕鱼范围向外海延伸，东海、南海传统经济鱼类产量上升，大黄鱼、带鱼等主要品种高龄鱼所占比例逐年下降。其分布密度逐年降低，渔获物中优质鱼种减少。例如，大黄鱼、小黄鱼、竹笨鱼等主要经济鱼类资源严重衰退，产量下降。劣质鱼种增加，有些种类已失去捕捞价值，取而代之的则多属于一些营养级位较低的鱼类，如蓝圆鲹、青鳞小沙丁鱼、黄鲫和红娘鱼等。

3. 海洋水体污染

随着厦门湾周边人口的急剧膨胀，工业的成倍增长和科学技术的高速发展，海洋污染问题也在日益加剧。生活和工业废弃物、农业用化肥和农药的过量排放、航运业的排入、大规模的水产养殖以及空气中传送的有害物质，都对海洋环境造成严重污染。各种污染物进入海洋，是造成海洋污染、环境恶化的重要原因。

陆源污染是造成厦门湾近岸海域污染的主要原因。从20世纪80年代开始，随着排入海中的工业和生活废水量的大量增加，沿海渔业水域的污染日益严重，水质不断恶化，严重威胁鱼、虾、贝、藻等海洋生物的生存。在多年海洋经济高速发展的背景下，经各种途径排入近岸海域的污染物也在不断增加。

渔业养殖自身污染的营养盐氮、磷污染导致海水富营养化，为赤潮生物提供了适宜的环境，使其繁殖加快，诱发赤潮。赤潮的发生直接破坏了养殖海域生态系统的物质能量循环，引发生态系统完全崩溃，损失极大。

海洋捕捞等活动中的垃圾、污水对海洋环境造成损害，其主要表现为污水、固体废弃物等生活垃圾对海洋的污染，以及残油泄漏、残网遗弃等生产资料对海洋的污染。海洋捕捞污染物中的塑料制品对环境污染是长久的。塑料是渔网、合成绳、泡沫浮体、钓饵容器等渔具和包装袋、包装盒等生活用品的主要原料，是世界范围内海洋捕捞主要污染源之一。海洋捕捞中的残油泄漏对海洋生物资源和海滨环境造成破坏。残油泄漏发生后短期内对海洋生物资源可造成明显的可观察到的危害。

4. 外来物种入侵

在商业捕捞、水产养殖、海上贸易、科学研究、开辟水道和船舶运输等跨海域的海洋活动中有意无意地引进了外来物种。迄今为止，厦门湾已从国外引进欧洲鳗、莫桑比克罗非鱼、尼罗罗非鱼、南美白对虾等海水养殖生物进行养殖或试验养殖，引进大米草、互花米草、无瓣海桑、海蓬子等滩涂植物进行栽培，海洋水族行业引进了观赏性海洋生物，航运业中的船体附着及压舱水排放，无意中带来了外来海洋生物，如沙筛贝原栖息地是在中美洲热带海域，但近年来随远洋船舶进入到厦门海域。

5. 人口对海洋环境的压力

人口的增长使其对海产品的需求量在大幅度增加。由于渔业资源的可持续利用程度在既定的技术水平下是有限度的，不能无节制地使用，人口过多必然会导致渔业资源的过度利用。

厦门人口快速增加使城市化进程加速，围垦和围地、侵占海岸及海滩、城市污水排放等，改变了沿海生态系统的空间结构和习性，大量蛋白质的需求造成对生态系统服务功能和产品的强大需求，超出了沿海生态系统的承载能力。首先，人口的趋海性流动，使沿海地区环境污染状况加剧。环境污染与地区人口数量的关联显著，环境事故的发生率也随人口增加而增加。沿海地区人口的增加使沿海地区生活及工业废弃物的增长数量惊人。其次，人口的增加和城市化水平的提高使经济发展和海洋环境的保护失调。最后，由于人们海洋生态意识淡薄，对湿地功能认识不足以及其他社会原因，在城市发展进程中，往往将发展经济作为优先目标，忽视了海洋生态目标，导致滨海湿地面积削减，环境恶化，生态功能急剧下降。

6. 涉海法律法规体系相对薄弱

我国海洋生物资源相关法律及其他涉海法律法规体系不完善，有法不依、执法不严是海洋生物资源及环境破坏的又一重要原因。从整体上来看，我国相关法律法规还不完善，依法管理水平较低，现有的渔业资源管理制度仍无法有效遏制渔业资源的过度开发。

7. 相关政府宏观政策调控力度不足

造成厦门湾渔业生态系统破坏的另一个重要原因是相关政府部门对海洋生态系统缺

乏总体规划和必要的管理制度。多年来，由于缺乏对海洋生态整体性和生态服务功能的全局性认识，政府在某些行业的政策制定以及行动的实施方面出现了生态上的不合理性。政策是为经济基础服务的，但是由于政策的不当所造成的危害却是巨大的。最为突出的是围垦、粗放养殖与渔业过度捕捞以及超标排放等。这些工程和开发活动带来了丰厚的经济利益，缓解了各历史时期短暂的制约问题，但是从生态的角度考虑，长期和持续利益的损害更为严重，留下的是更为复杂和更难解决的生态问题，影响着后人甚或千秋万代。

围海造地政策导致海域生境的丧失。以港兴市的某些政策使九龙江河口海域生态系统遭受损害。旅游业已成为我国经济发展的增长点，滨海旅游逐渐成为沿海地区经济发展的支柱产业。我国多数滨海旅游区四季分明，滨海旅游季节性强，旺季多集中在夏季，旅游旺季旅游人数激增，多数景点、海滨浴场已经接近或超过环境容量，带来一系列的环境问题。旅游人数的激增加剧了沿海淡水短缺的矛盾，并给海洋环境带来巨大的压力。我国沿海城市生活污水处理能力普遍较低，滞后于旅游业的发展。随着人口的增加，生活污水直接排入近岸海域的数量明显增多，导致旅游区富营养化加剧。

保护区建设和管理效果有待提高。目前，厦门湾已建立了厦门海洋珍稀物种国家级保护区，对中华白海豚、文昌鱼资源起到了一定的保护作用。虽然对于保护区的建设，国家已有相应的法律法规。但是，由于诸多原因，厦门湾海洋生物多样性面临的问题仍然十分严峻。总体上来说，对近岸海域生态系统的价值和服务功能的认识不足，对违法行为没有适用的法律处罚条款，特别是受眼前利益驱动开发秩序难以规范和控制，在海岸带区域上的开发基本未能有效将典型生态系统和沿岸生境纳入到总体的影响评价之中。目前，对于海洋保护区建设比较少，而且对保护区的监管能力仍比较薄弱。由于典型生态系统和生境基本处于海岸带区域，缺少适用的法律法规作为依据，各项管理和保护措施难以执行。海洋保护区的建设还面临着经费缺乏、监测和科研能力差、日常监督管理难以维持、政府支持力度不大、开发与保护冲突等一系列问题，使保护区的建设难以有效推进。保护区与周边社区的关系、地方政府的观念、土地使用证问题、保护面积与周边社区经济环境及与产业的矛盾、生态旅游与生态保护问题等也在困扰着保护区的建设与发展。鉴于此，海洋保护区的发展需要政府增强宏观调控力度，进一步转变观念，提高全社会公众海洋保护意识。

第三节　厦门湾渔业资源管理目标与可持续利用策略

多年以来，厦门湾海洋捕捞渔业的持续发展是依靠增船、增马力、增网具等量的扩张方式，以掠夺性生产来实现的，这与要求实现自然资源、社会资源和劳力资源的合理利用和优化配置的可持续发展观是背道而驰的。

现在人们应该采取切实措施保护渔业资源，就像人们一直致力于保护陆地上遭到破坏的动植物栖息地一样。从发达国家的渔业资源管理实践经验来看，单纯依靠季节性休渔（禁捕）无法根本扭转海洋渔业资源下降的趋势，也无法做到负责任的可持续渔业。国内以前出台限捕的一些政策，并没有充分发挥其作用，如禁渔期。从伏季休渔前期和后期对渔获物的检查情况分析，许多品种的幼鱼比例仍然过大，原因是伏季休渔时间偏短和网具网目过小等，需要给幼鱼留出更多的生长时间。从伏季休渔后期的开始，违规偷捕现象时有发生，使管理部门防不胜防。执法部门多次没收其网具，与渔民时有冲突。违法渔船甚至与执法船只捉迷藏，利用夜间偷捕，有些甚至将船只开到临近金门水域捕捞，以避免执法队的处罚。总体来看，禁渔期实施的效果不够理想，管理尚须进一步规范。

长此以往，不仅渔业资源将破坏殆尽，生态环境也会遭严重破坏，也会影响厦门市顺利实现建设海湾型城市和海峡西岸经济区中心城市的战略目标。随着厦门市加快海湾型城市战略的实施，厦门市渔业用海与港口航运、海上旅游、滨海工业等矛盾日益突出。捕捞渔船挤占厦门市东部、西部海域的航道、港区、锚地，影响航行安全，成为厦门市长年难以解决的问题；一些养殖户在东部、西部海域禁止水产养殖后，转向在东部、西部海域从事捕捞业，致使问题更加突出。随着捕捞强度过大与渔业资源衰退的不断激化，海洋捕捞效益越来越差，传统渔区经济发展滞缓，渔民收入减少，海洋渔民减产减收或增产不增收现象普遍。

厦门市的城市发展战略是"以港立市，以海兴城"。海洋作为重要载体，在厦门海湾型城市建设发展中起到了举足轻重的作用。

总体上，厦门湾创造的海洋和生态效益在中国居于领先地位。海洋经济已成为厦门市国民经济的一个重要组成部分，海洋产业增加值约占全市 GDP 的 20%。目前，厦门已形成了以临海型城市经济为主体，包括港口航运业、滨海旅游业和海洋高新技术产业等在内的海洋经济体系。2016 年厦门港年集装箱吞吐量已突破 1 000 万标箱大关，排名世界第十五位，国际豪华游轮定期停靠厦门。厦门的港口已成为粤东、赣南、湘南等地区更好更便捷的出海口，对于厦门乃至周边内陆地区发挥更大的集聚、辐射和带动作用。

特别是厦门政府已初步找到了合理用海、科学治海之路。首先，实施海洋保护战略。厦门制定出台了海域使用、海域环境保护、管理等一系列法律规章，成立了海洋管理办公室，建立了海监、渔政、渔监、海事等部门参加的海域生态保护与监察执法队伍，制定联合执法体系，基本上实现了依法管海用海。其次，实施海域整治。这些措施有效保护了海洋生态，取得了良好的经济效益。最后，厦门还在全力防堵污染源方面做了大量工作。按照国际先进标准兴建新型污水、固体废弃物处理设施，使全市 80% 以上的污水

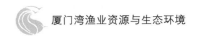

得到集中处理，截住了流向大海的污水。

厦门海域被联合国开发计划署、全球环境基金和国际海事组织确定为东亚海域海洋污染预防与管理示范区，在全球推广示范。2014年8月28日，APEC海洋部长会议通过了《厦门宣言》，建议政府采取政策改革和综合管理措施，包括加强海岸带管理、有效减少污染和温室气体排放、改善水资源管理、修复被破坏的生态系统和创造适宜的城市居住环境等，以保证经济的持续增长。

2005年10月18日，新华社受权发布的《中共中央关于制定国民经济和社会发展第十一个五年规划的建议》（以下简称《建议》），《建议》明确指出："支持海峡两岸和其他台商投资相对集中区的经济发展，促进两岸经济技术交流和合作"。厦门将在这一进程中扮演关键角色，应当认真研究解决厦门市渔业用海和港口、航道以及旅游业用海的矛盾，为政府决策提供依据，为实现将厦门市打造成海峡西岸经济区中心城市的战略目标贡献力量。

同时，应当根据厦门市建设海湾型城市和海峡西岸经济区中心城市的战略目标要求，结合城市发展规划和海域功能区划实际，探讨当前和今后一个时期，在东部、西部海域设立禁渔区、捕捞渔船退出上岸和渔民转产转业的思路、对策、措施，加快渔业劳动力转移，以推进渔业产业结构的战略性调整，提升群众生活水平，维护社会稳定，为市委、市政府及上级部门设定禁渔区提供决策依据和参考。

我们也应看到，渔村、渔业、渔民问题是大问题。渔业是我国大农业中的一个分支，关系到众多的渔民、渔业人口和渔村发展。因此，调查、了解厦门的渔民生活状况、渔村发展状况以及厦门的渔业问题，有助于政府做好"三渔"工作。让厦门的渔民享受厦门经济快速发展的成果，为实现人与自然的和谐、渔村与城市的和谐共处贡献力量。

根据《厦门市海洋功能区划》，利用厦门海域的区位和自然属性等特点，统筹安排海域使用，应该采取建立海洋保护区禁止捕捞等积极措施来扭转目前的局面，把对海洋资源的过度捕捞开发转变为对其进行长期保护，降低渔业资源的捕捞压力，促进海洋渔业资源恢复，同时使海洋使用符合厦门市海洋功能区划的要求。彻底改变现在禁渔效果不佳与渔业资源逐渐减少之间的恶性循环，让海洋资源得到恢复，这是十分必要的。

不但学者从一些研究工作中认识到渔业资源严重衰退，而且许多渔民也从现实的捕捞状况中意识到了渔业资源严重衰退，但由于捕捞收入是厦门很多捕捞家庭的主要经济来源，一旦禁止捕鱼，可能便断了相当一部分渔民的生路，进而造成一系列的社会问题。因此说设立禁渔期、禁渔区不但是一个保护渔业资源的科学问题，从我国的现实状况看，更是一个社会和经济问题，要禁渔，就必须对渔民加以教育引导，做好沿海捕捞渔民转产转业工作，必须对海域渔业主要种类及其可捕量估算和船网控制数量估算，进行社会和经济学的估算和预测，以便采取相应合理的有条不紊的对策和规范化管理措施来保护海洋生态系统，以便更合理地可持续开发、利用海洋资源。

　　近年来，厦门海洋与渔业局组织对厦门海域中除大嶝以外的附近海域的定置张网渔船进行整治，使厦门管辖海域的定置张网渔船基本都退出上岸。实践证明，这些渔船的退出大大改善了港区的通航环境。一些渔民也顺利转到了新的行业。但是，同属于厦门湾的漳州市和泉州市部分县市仍然在大量使用违法渔具渔法。厦门湾的渔船与港区发展的诸多矛盾依然存在。厦门湾渔业资源的可持续利用仍然是任重道远。笔者认为应该采取以下一些措施，以实现厦门湾渔业资源的可持续发展。

1. 加强渔政管理，调整渔业结构，改革捕捞方式，禁止和改造损害幼鱼的渔具渔法

　　加强渔政管理包括两个方面，一方面是宣传《中华人民共和国渔业法》，提高渔民的法制观念，形成渔民自觉遵守水产资源保护条例的氛围；另一方面是提高渔政管理人员的业务素质，改善渔政管理手段。主要措施：禁用和改造以幼鱼为捕捞对象的定置张网具，以减少对各种幼鱼的损害量；禁止三重流网中"多功能"的流网作业，推广具有专捕特点的各类流网，并对其网目尺寸、网列长度和带网数量做出明确规定。

2. 伏季休渔和建立重要鱼类保护区及产卵场

　　在目前渔业资源严重衰退的情况下，实行伏季休渔制度对保护和恢复资源有着积极的作用，我国东、黄、渤海实行多年的休渔管理，已经取得了明显的生态效果。鱼类资源的自然增殖是相当缓慢的，为弥补鱼类资源再生量的不足，有必要在厦门湾建立重要经济鱼类保护区，只要保护区内有足够的亲鱼群体和补充群体，就会对厦门湾渔业资源的恢复产生重要意义。

3. 适当发展流刺网等优良作业

　　流刺网作业对渔业资源利用比较合理，为优良作业方式。在加强控制近岸网目规格较小的小型流刺网作业规模发展的同时，适量发展外海和近海大中型流刺网作业数量，继续开展并逐步扩大主要经济种类最佳网具尺寸的试验研究，以加大扶持优良作业的力度，使近海渔业资源得以养护。此外，扶持和恢复传统的鳗钓、鱿钓作业，对保护近海渔业资源和渔场环境，合理开发利用优质品种有着现实意义。

4. 加强厦门湾主要作业生产动态监测力度

　　随着海洋捕捞强度增大、渔业资源结构的变化，应加强刺网、张网和拖网渔业动态监测力度，同时将钓业和笼捕作业列入厦门湾渔业资源动态监测内容。不断建立和完善厦门湾渔业资源监测体系，及时掌握渔业资源动态信息，为渔业管理部门在调整捕捞结构，控制捕捞强度，限制捕捞规格，完善渔业资源管理措施提供决策依据。

5. 加快人工鱼礁建设和增殖放流的步伐

　　厦门湾渔业捕捞主要以地方性种群为主，种群数量不大。在传统渔业资源遭受严重破坏后，原有的生存空间已被其他品种所取代，目前，虾蟹和小杂鱼资源已占相当比重。因此，开展人工鱼礁建设，投放黄鳍鲷、黑鲷、长毛明对虾和文昌鱼等经济种类，为经济价值高的底层和近底层鱼类的经济幼体提供良好的栖息环境，对于增殖资源和逐渐改善捕捞对象品种和数量结构，提高渔业经济效益、促进海洋捕捞业的良性循环和可持续发展，具有重大现实意义。

6. 加强与金门管理部门的渔业资源联合保护

厦门与金门一衣带水，海洋渔业资源开发与保护自然密不可分，应当切实加强与金门相关高校、研究机构和生产企业的合作。当前两岸渔业合作重点和突破口应当放在养护海洋渔业资源、海难救助和管理服务等方面，打通两岸渔业主管部门的合作渠道，建立直接沟通联系的平台；确定以商定资源养护共同行动方案、两岸渔业管理区域，建立渔业纠纷处置和渔业管理协查制度，以及海难救助协作机制等作为当前合作主要内容；加强两岸渔业资源养护与管理，闽台合作应当先行先试。

海洋渔业资源是人类获取优质蛋白的重要来源，是渔业生产的重要基础，它的兴衰直接影响到渔业产量。当前应当严格实行海洋捕捞产量"零增长"乃至"负增长"的措施，弱化捕捞产量概念，提高广大干部和群众控制捕捞强度、保护渔业资源的意识。完善伏季休渔制度，加强监管力度，切实落实各项保护措施；加强控制非渔业劳动力向海洋捕捞转移，制定扶持政策，引导帮助渔民转产转业，降低捕捞强度，切实保护海洋渔业资源。对渔业资源的基础调查研究，在国外往往是不惜代价投入。海洋渔业资源研究的投入是一种长期性、服务性的基础投资。厦门市政府应当联合周边的漳州市和泉州市有关地方政府，建立持续投入的机制，不断加强对海洋渔业资源方面的研究投入与科学管理。

附　录

厦门湾游泳动物名录

序号	种 名
1	曼氏无针乌贼 *Sepiella maindroni*
2	柏氏四盘耳乌贼 *Euprymna berryi*
3	后耳乌贼 *Sepiadarium kochii*
4	金乌贼 *Sepia esculenta*
5	火枪乌贼 *Loligo beka*
6	中国枪乌贼 *Loligo chinensis*
7	小管枪乌贼 *Loligo oshimai*
8	短蛸 *Octopus ocellatus*
9	长蛸 *Octopus variabilis*
10	真蛸 *Octopus vulgaris*
11	中国鲎 *Tachypleus tridentatus*
12	中华管鞭虾 *Solenocera crassicornis*
13	斑节对虾 *Penaeus monodon*
14	日本对虾 *Penaeus japonicus*
15	长毛明对虾 *Fenneropenaeus penicillatus*
16	扁足异对虾 *Atypopenaeus stenodactylus*
17	周氏新对虾 *Metapenaeus joyneri*
18	刀额新对虾 *Metapenaeus ensis*
19	哈氏仿对虾 *Parapenaeopsis hardwickii*
20	细巧仿对虾 *Parapenaeopsis tenella*
21	刀额仿对虾 *Parapenaeopsis acultrirostris*
22	鹰爪虾 *Trachypenaeus curvirostris*
23	须赤虾 *Metapenaeopsis barbata*
24	中国毛虾 *Acetes chinensis*
25	脊尾白虾 *Palaemon carinicauda*
26	锯齿长臂虾 *Carpenter prawn*
27	太平洋长臂虾 *Palaemon pacificus*
28	葛氏长臂虾 *Palaemon gravieri*
29	长枪船形虾 *Tozeuma lanceolatum*
30	刺螯鼓虾 *Alpheus hoplocheles*
31	短脊鼓虾 *Alpheus brevicristatus*
32	鲜明鼓虾 *Alpheus distinguendus*
33	日本鼓虾 *Alpheus japonicus*
34	长指鼓虾 *Alpheus digitalis*

序号	种　名
35	细螯虾 *Leptochela gracilis*
36	鞭腕虾 *Lysmata vittata*
37	蝉虾 *Scyllarus* sp.
38	口虾蛄 *Oratosquilla oratoria*
39	断脊口虾蛄 *Oratosquillina interrupta*
40	黑斑口虾蛄 *Oratosquilla kempi*
41	点斑缺角虾蛄 *Harpiosquilla annandalei*
42	猛虾蛄 *Harpiosquilla harpax*
43	窝纹网虾蛄 *Dictyosquilla foveolata*
44	脊条褶虾蛄 *Lophosquilla costata*
45	矛形梭子蟹 *Portunus hastatoides*
46	红星梭子蟹 *Portunus sanguinolentus*
47	三疣梭子蟹 *Neptunus trituberculatus*
48	远海梭子蟹 *Portunus pelagicus*
49	纤手梭子蟹 *Portunus gracilimanus*
50	拥剑梭子蟹 *Portunus haanii*
51	锯缘青蟹 *Scylla serrata*
52	双额短桨蟹 *Thalamita sima*
53	斑点短桨蟹 *Thalamita picta*
54	日本蟳 *Charybdis japonica*
55	锈斑蟳 *Charybdis eriatus*
56	善泳蟳 *Charybdis natator*
57	直额蟳 *Charybdis truncata*
58	锐齿蟳 *Charybdis acuta*
59	东方蟳 *Charybdis orientalis*
60	变态蟳 *Charybdis variegata*
61	钝齿蟳 *Charybdis hellerii*
62	双斑蟳 *Charybdis bimaculata*
63	晶莹蟳 *Charybdis lucifera*
64	美人蟳 *Charybdis callianassa*
65	绵蟹 *Dromia dehaani*
66	贪精武蟹 *Parapanope euagora*
67	干练平壳蟹 *Conchoecetes artificiosus*
68	哈氏强蟹 *Eucrate haswelli*
69	隆线强蟹 *Eucrate crenata*
70	隆脊强蟹 *Eucrate costata*

（续）

序号	种　　名
71	太阳强蟹 Eucrate solaris
72	裸盲蟹 Typhlocarcinus nudus
73	强壮菱蟹 Lambrus validus
74	鳞斑鲟 Demania cultripes
75	逍遥馒头蟹 Calappa philargius
76	红点黎明蟹 Matuta lunaris
77	四齿矶蟹 Pugettia quadridens
78	日本矶蟹 Pugettia japonica
79	羊毛绒球蟹 Doclea ovis
80	细肢绒球蟹 Doclea gracilipes
81	红斑玉蟹 Leucosia haematosticta
82	鸭额玉蟹 Leucosia anatum
83	头盖玉蟹 Leucosia craniolaris
84	双角互敬蟹 Hyastenus diacanthus
85	豆形短眼蟹 Xenophthalmus pinnotheroides
86	模糊新短眼蟹 Neoxenophthalmus obscurus
87	颗粒关公蟹 Dorippe granulata
88	日本关公蟹 Dorippe japonica
89	疣面关公蟹 Dorippe frascone
90	羊毛绒球蟹 Doclea ovis
91	中华绒螯蟹 Eriocheir sinensis
92	狭颚绒螯蟹 Eriochier leptognathus
93	绒毛细足蟹 Raphidopus ciliatus
94	狭纹虎鲨 Heterodontus zebra
95	条纹斑竹鲨 Chiloscyllium playiosum
96	日本须鲨 Orectolobus japonicus
97	鲸鲨 Rhincodon typus
98	皱唇鲨 Triakis scyllium
99	灰星鲨 Mustelus griseus
100	尖头斜齿鲨 Scoliodon sorrakowah
101	瓦氏斜齿鲨 Scoliodon walbeehmi
102	宽尾斜齿鲨 Scoliodon laticaudus
103	短鳍直齿鲨 Aprionodon brevipinna
104	黑印真鲨 Carcharhinus menisorrah
105	路氏双髻鲨 Sphyrna lewini
106	星云扁鲨 Squatina nebulosa
107	中国团扇鳐 Platrhina sinensis
108	林氏团扇鳐 Platrhina limboonkengi

序号	种　名
109	何氏鳐 *Raja hollandi*
110	鲍氏鳐 *Raja boecemani*
111	及达尖犁头鳐 *Rhynchobatus djiddensis*
112	斑纹犁头鳐 *Rhinobatos hynnicephalus*
113	小眼魟 *Dasyatis microphthalmus*
114	光魟 *Dasyatis laevigatus*
115	尖嘴魟 *Dasyatis zugei*
116	赤魟 *Dasyatis akajei*
117	黄魟 *Dasyatis bennetti*
118	古氏魟 *Dasyatis kuhlii*
119	日本燕魟 *Gymnura japonica*
120	双斑燕魟 *Gymnura bimaculata*
121	条尾鸢魟 *Aetoplatea zonura*
122	无斑鹞鲼 *Aetobatus flagellum*
123	鸢鲼 *Myliobatis tobijiei*
124	蝠状无刺鲼 *Aetomylaeus vespertilio*
125	日本蝠鲼 *Mobula japonica*
126	日本单鳍电鳐 *Narke japonica*
127	丁氏双鳍电鳐 *Narcine timlei*
128	中华鲟 *Acipenser sinensis*
129	海鲢 *Elops saurus*
130	大海鲢 *Megalops cyprinoides*
131	北梭鱼 *Albula vulpes*
132	鼠鱚 *Gonorhynchus abbreviatus*
133	遮目鱼 *Chanos chanos*
134	圆腹鲱 *Dussumieria hasseltii*
135	脂眼鲱 *Etrumeus micropus*
136	中华小沙丁鱼 *Sardinella nymphaea*
137	金色小沙丁鱼 *Sardinella aurita*
138	缘鳞小沙丁鱼 *Sardinella fimbriata*
139	青鳞小沙丁鱼 *Sardinella zunasi*
140	孔鳞小沙丁鱼 *Sardinella perforata*
141	裘氏小沙丁鱼 *Sardinella jussieu*
142	白腹小沙丁鱼 *Sardinella albella*
143	短体小沙丁鱼 *Sardinella brachysoma*
144	鲥鱼 *Macrura reevesii*
145	云鲥 *Macrura ilisha*
146	中华鲥 *Macrura sinensis*
147	长尾鲥 *Tenualosa tali*
148	斑鰶 *Clupanodon punctatus*

（续）

序号	种　名
149	花鰶 *Clupanodon thrissa*
150	圆吻海鰶 *Nematalosa nasus*
151	鳓 *Ilisha elongata*
152	印度鳓 *Ilisha indica*
153	后鳍鱼 *Opisthopterus tardoore*
154	日本鳀 *Engraulis japonicus*
155	康氏小公鱼 *Stolephorus commersonii*
156	中华小公鱼 *Stolephorus chinensis*
157	青带小公鱼 *Stolephorus zollingeri*
158	印度小公鱼 *Stolephorus indicus*
159	汉氏棱鳀 *Thrissa hamiltonii*
160	中颌棱鳀 *Thrissa mystax*
161	黄吻棱鳀 *Thrissa vitrirostris*
162	杜氏棱鳀 *Thrissa dussumieri*
163	长颌棱鳀 *Thrissa setirostris*
164	赤鼻棱鳀 *Thrissa kammalensis*
165	黄鲫 *Setipinna taty*
166	七丝鲚 *Coilia grayi*
167	凤鲚 *Coilia mystus*
168	宝刀鱼 *Chirocentrus dorab*
169	香鱼 *Plecoglossus altivelis*
170	白肌银鱼 *Leucosoma chinensis*
171	陈氏新银鱼 *Neosalanx tangkahkeii*
172	尖头银鱼 *Salanx acuticeps*
173	叉斑狗母鱼 *Synodus macrops*
174	肩斑狗母鱼 *Synodus hoshinonis*
175	大头狗母鱼 *Trachinocephalus myops*
176	长蛇鲻 *Saurida elongata*
177	花斑蛇鲻 *Saurida undosquamis*
178	多齿蛇鲻 *Saurida tumbil*
179	鳄蛇鲻 *Saurida wanieso*
180	长条蛇鲻 *Saurida filamentosa*
181	龙头鱼 *Harpadon nehereus*
182	长青眼鱼 *Chlorophthalmus oblongus*
183	七星鱼 *Myctophum pterotum*
184	日本鳗鲡 *Anguilla japonica*
185	中华鳗鲡 *Anguilla sinensis*
186	乌耳鳗鲡 *Anguilla nigricans*

（续）

序号	种　名
187	花鳗鲡 *Anguilla marmorata*
188	西里伯斯鳗鲡 *Anguilla celebesensis*
189	日本康吉鳗 *Conger japonicus*
190	穴鳗 *Anago anago*
191	尖尾鳗 *Uroconger lepturus*
192	细尾吻鳗 *Rhynchocymba ectenura*
193	海鳗 *Muraenesox cinereus*
194	山口海鳗 *Muraenesox yamaguchiensis*
195	短鳍虫鳗 *Muraenichthys hattae*
196	裸鳍虫鳗 *Muraenichthys gymnopterus*
197	大鳍虫鳗 *Muraenichthys macropterus*
198	马拉邦虫鳗 *Muraenichthys malabonensis*
199	鳄形短体鳗 *Brachysomophis crocodilinus*
200	食蟹豆齿鳗 *Pisodonophis cancrivorous*
201	杂食豆齿鳗 *Pisodonophis boro*
202	中华须鳗 *Cirrhimuraena chinensis*
203	艾氏蛇鳗 *Ophichthys evermanni*
204	短尾蛇鳗 *Ophichthys brevicaudatus*
205	尖吻蛇鳗 *Ophichthys apicalis*
206	大鳍蛇鳗 *Ophichthys macrochir*
207	窄鳍蛇鳗 *Ophichthys sternopterus*
208	长尾蛇鳗 *Ophichthys asakusae*
209	细颌鳗 *Oxyconger leptognathus*
210	长体鳝 *Thyrsoidea macrurus*
211	网纹裸胸鳝 *Gymnothorax reticularis*
212	黑点裸胸鳝 *Gymnothorax melanospilus*
213	异纹裸胸鳝 *Gymnothorax richardsoni*
214	匀斑裸胸鳝 *Gymnothorax reevesii*
215	微鳍新鳗 *Neenchelys parvipectoralis*
216	大头蚓鳗 *Moringua macrocephalus*
217	大鳍蚓鳗 *Moringua macrochir*
218	丝尾草鳗 *Chlopsis fierasfer*
219	鳡 *Elopichthys bambusa*
220	异鱲 *Parazacco spilurus*
221	赤眼鳟 *Squaliobarbus curriculus*
222	高体赤眼鳟 *Squaliobarbus caudalis*
223	马口鱼 *Opsariichthys uncirostris*
224	青鱼 *Mylopharyngodon piceus*
225	草鱼 *Ctenopharyngodon idellus*
226	细鳞斜颌鲴 *Plagiognathops microlepis*

（续）

序号	种　名
227	银鲴 *Xenocypris argentea*
228	圆吻鲴 *Distoechodon tumirostris*
229	扁圆吻鲴 *Distoechodon compressus*
230	鲢 *Hypophthalmichthys molitrix*
231	鳙 *Aristichthys nobilis*
232	餐 *Hemiculter leucisculus*
233	红鳍鲌 *Culter erythropterus*
234	戴氏红鲌 *Erythroculter dabryi*
235	银飘鱼 *Pseudolaubuca sinensis*
236	寡鳞飘鱼 *Pseudolaubuca engraulis*
237	南方拟餐 *Pseudohemiculter dispar*
238	大眼华鳊 *Sinibrama macrops*
239	线细鳊 *Rasborinus lineatus*
240	唇䱻 *Hemibarbus labeo*
241	似䱻 *Belligobio nummifer*
242	福建华鳈 *Sarcocheilichthys sinensis*
243	黑鳍鳈 *Sarcocheilichthys nigripinnis*
244	麦穗鱼 *Pseudorasbora parva*
245	棒花鱼 *Abbottina rivularis*
246	长棒花鱼 *Abbottina elongata*
247	蛇鉤 *Saurogobio dabryi*
248	革条副鱊 *Paracheilognathus himantegus*
249	中华鳑鲏 *Rhodeus sinensis*
250	高体鳑鲏 *Rhodeus ocellatus*
251	鲤 *Cyprinus carpio*
252	鲫 *Carassius auratus*
253	温州厚唇鱼 *Acrossocheilus wenchowensis*
254	小口白甲鱼 *Varicorhinus lini*
255	纹唇鱼 *Osteochilus vittatus*
256	泥鳅 *Misgurnus anguillicaudatus*
257	鲇 *Silurus asotus*
258	胡子鲇 *Clarias fuscus*
259	鳗鲇 *Plotosus angillaris*
260	长吻鮠鱼 *Leiocassis longirostris*
261	黄颡鱼 *Pseudobagrus fulvidraco*
262	光泽黄颡鱼 *Pseudobagrus nitidus*
263	大鳍鳠 *Hemibagrus macropterus*
264	海鲇 *Arius thalassinus*
265	中华海鲇 *Arius sinensis*
266	青鳉 *Oryzias latipes*

序号	种　名
267	食蚊鱼 *Gambusia affinis*
268	银汉鱼 *Allanetta bleekeri*
269	大眼银汉鱼 *Allanetta forskali*
270	尖嘴扁颌针鱼 *Ablennes anastomella*
271	横带扁颌针鱼 *Ablennes hians*
272	无斑圆颌针鱼 *Tylosurus leiurus*
273	鳄形圆颌针鱼 *Tylosurus crocodilus*
274	圆颌针鱼 *Tylosurus stronglurus*
275	黑背圆颌针鱼 *Tylosurus melanotus*
276	长鱵 *Euleptorhamphus viridis*
277	乔氏吻鱵 *Rhynchorhamphus georgii*
278	乔氏鱵 *Hemiramphus georgii*
279	间鱵 *Hemiramphus intermedius*
280	水鱵 *Hemiramphus marginatu*
281	间下鱵 *Hyporhamphus intermedius*
282	少耙下鱵 *Hyporhamphus paucirastris*
283	缘下鱵 *Hyporhamphus limbatus*
284	简牙下鱵 *Hyporhamphus gernaerti*
285	翱翔飞鱼 *Exocoetus volitans*
286	拟飞鱼 *Parexocoetus brachypterus*
287	少鳞燕鳐 *Cypselurus oligolepis*
288	麦氏犀鳕 *Bregmaceros macclellandii*
289	大西洋犀鳕 *Bregmaceros atlanticus*
290	点鳍棘鳍鲷 *Sargocentron rubrum*
291	红鲷 *Holocentrus ruber*
292	日本海鲂 *Zeus japonicus*
293	鳞烟管鱼 *Fistularia petimba*
294	棘烟管鱼 *Fistularia commersonii*
295	毛烟管鱼 *Fistularia villosa*
296	日本海马 *Hippocampus japonicus*
297	斑海马 *Hippocampus trimaculatus*
298	克氏海马 *Hippocampus kelloggi*
299	刺海马 *Hippocampus histrix*
300	大海马 *Hippocampus kuda*
301	粗吻海龙 *Trachyrhamphus serratus*
302	尖海龙 *Syngnathus acus*
303	舒氏海龙 *Syngnathus schlegeli*
304	低海龙 *Syngnathus djarong*

（续）

序号	种 名
305	珠海龙 *Syngnathus argyrostictus*
306	油䲵 *Sphyraena pinguis*
307	日本䲵 *Sphyraena japonica*
308	大眼䲵 *Sphyraena forsteri*
309	斑条䲵 *Sphyraena jello*
310	鲻 *Mugil cephalus*
311	英氏鲻 *Mugil engeli*
312	前鳞鲻 *Mugil ophuyseni*
313	硬头鲻 *Mugil strongylocephalus*
314	前鳞骨鲻 *Osteomugil ophuyseni*
315	硬头骨鲻 *Osteomugil engeli*
316	长鳍凡鲻 *Valamugil cunnesius*
317	棱鲛 *Liza carinatus*
318	尖头鲛 *Liza tade*
319	白鲛 *Liza subvirrdis*
320	大鳞鲛 *Liza macrolepis*
321	鲛 *Liza haematocheila*
322	灰鳍鲛 *Liza melinopterus*
323	粗鳞鲛 *Liza dussumieri*
324	六指马鲅 *Polydactylus sextarius*
325	四指马鲅 *Eleutheronema tetradactylum*
326	黄鳝 *Monopterus albus*
327	眶棘双边鱼 *Ambassis gymnocephalus*
328	青石斑鱼 *Epinephelus awoara*
329	赤点石斑鱼 *Epinephelus akaara*
330	点带石斑鱼 *Epinephelus malabaricus*
331	鲑点石斑鱼 *Epinephelus fario*
332	云纹石斑鱼 *Epinephelus moara*
333	指印石斑鱼 *Epinephelus megachir*
334	镶点石斑鱼 *Epinephelus amblycephalus*
335	网纹石斑鱼 *Epinephelus chlorostigma*
336	电纹石斑鱼 *Epinephelus radiatus*
337	侧牙鲈 *Variola louti*
338	横带九棘鲈 *Cephalopholis pachycentron*
339	花鲈 *Lateolabrax japonnicus*
340	黄鲈 *Diploprion bifasciatum*
341	长棘花鮨 *Anthias spuamipinnis*
342	叶鲷 *Glaucosoma fauvelii*

（续）

序 号	种 名
343	短尾大眼鲷 *Priacanthus macracanthus*
344	长尾大眼鲷 *Priacanthus tayenus*
345	斑鳍大眼鲷 *Priacanthus cruentatus*
346	斑鳍天竺鱼 *Apogonichthys carinatus*
347	细条天竺鱼 *Apogonichthys lineatus*
348	黑边天竺鱼 *Apogonichthys ellioti*
349	白边天竺鱼 *Apogonichthys albomarginatus*
350	宽条天竺鱼 *Apogonichthys striatus*
351	中线天竺鲷 *Apogon kiensis*
352	双带天竺鲷 *Apogon taeniatus*
353	三斑天竺鲷 *Apogon trimaculatus*
354	半线天竺鲷 *Apogon semilineatus*
355	四线天竺鲷 *Apogon quadrifasciatus*
356	乳香鱼 *Lactarius lactarius*
357	多鳞鱚 *Sillago sihama*
358	少鳞鱚 *Sillago japonica*
359	长吻丝鲹 *Alectis indicus*
360	短吻丝鲹 *Alectis ciliaris*
361	沟鲹 *Atropus atropus*
362	高体若鲹 *Caranx equula*
363	及达叶鲹 *Caranx djeddaba*
364	六带鲹 *Caranx secfasciaus*
365	丽叶鲹 *Caranx kalla*
366	游鳍叶鲹 *Caranx mate*
367	黑鳍叶鲹 *Caranx malam*
368	青羽裸胸鲹 *Caranx coeruleopinnatus*
369	马拉巴裸胸鲹 *Caranx malabaricus*
370	白舌尾甲鲹 *Caranx helvolus*
371	珍鲹 *Caranx ignobilis*
372	海兰德若鲹 *Caranx hedlandensis*
373	脂眼凹肩鲹 *Selar crumenophthalmus*
374	金带细鲹 *Selaroides leptolepis*
375	蓝圆鲹 *Decapterus maruadsi*
376	颌圆鲹 *Decapterus lajang*
377	大甲鲹 *Megalapis cordyla*
378	竹篓鱼 *Trachurus japonicus*
379	卵形鲳鲹 *Trachinotus ovatus*
380	黄条鰤 *Seriola aureovittata*
381	台湾鰆鲹 *Chorinemus formosanus*
382	红海鰆鲹 *Chorinemus tolooparah*

（续）

序号	种 名
383	革似鲹 *Scomberoides tol*
384	眼镜鱼 *Mene maculata*
385	乌鲳 *Formio niger*
386	军曹鱼 *Rachycentron canadum*
387	鲯鳅 *Coryphaena hippurus*
388	皮氏叫姑鱼 *Johnius belengeri*
389	条纹叫姑鱼 *Johnius fasciatus*
390	杜氏叫姑鱼 *Johnius dussumieri*
391	团头叫姑鱼 *Johnius amblycephalus*
392	湾鹹 *Wak sina*
393	丁氏鹹 *Wak tingi*
394	银牙鹹 *Otolithes argenteus*
395	红牙鹹 *Otolithes ruber*
396	尖头黄鳍牙鹹 *Chrysochir aureus*
397	黄姑鱼 *Nibea albiflora*
398	浅色黄姑鱼 *Nibea chui*
399	鮸状黄姑鱼 *NIbea miichthioides*
400	白姑鱼 *Argyrosomus argentatus*
401	截尾白姑鱼 *Argyrosomus aneus*
402	大头白姑鱼 *Argyrosomus macrocephalus*
403	斑鳍白姑鱼 *Argyrosomus pawak*
404	黑姑鱼 *Atrobucca nibe*
405	鮸鱼 *Miichthys miiuy*
406	大黄鱼 *Pseudosciaena crocea*
407	小黄鱼 *Pseudosciaena polyactis*
408	棘头梅童鱼 *Collichthys lucidus*
409	勒氏短须石首鱼 *Umbrina russelli*
410	鹿斑鲾 *Leiognathus ruconius*
411	短吻鲾 *Leiognathus brevirostris*
412	条鲾 *Leiognathus rivulatus*
413	黄斑鲾 *Leiognathus bindus*
414	颈带鲾 *Leiognathus nuchalis*
415	静鲾 *Leiognathus insidiator*
416	粗纹鲾 *Leiognathus lineolatus*
417	细纹鲾 *Leiognathus berbis*
418	小牙鲾 *Gazza minuta*
419	长棘银鲈 *Gerres filamentosus*
420	短棘银鲈 *Gerres lucidus*

（续）

序号	种　名
421	短体银鲈 *Gerres abbreviatus*
422	日本十棘银鲈 *Gerromorpha japonica*
423	约氏笛鲷 *Lutjanus johnii*
424	红鳍笛鲷 *Lutjanus erythopterus*
425	紫红笛鲷 *Lutianus argentimaculatus*
426	四带笛鲷 *Lutianus kasmira*
427	五带笛鲷 *Lutianus spilurus*
428	金焰笛鲷 *Lutianus fulviflamma*
429	画眉笛鲷 *Lutianus vitta*
430	勒氏笛鲷 *Lutianus russelli*
431	红鳍裸颊鲷 *Lethrinus haematopterus*
432	黑斑裸颊鲷 *Lethrinus rhodopterus*
433	金带梅鲷 *Caesio chrysozona*
434	灰裸顶鲷 *Gymnocranius griseus*
435	纵带裸颊鲷 *Lethrinus leutjanus*
436	黄鲷 *Taius tumifrons*
437	二长棘鲷 *Parargyrops edita*
438	血犁齿鲷 *Evynnis cardinalis*
439	真鲷 *Pagrosomus major*
440	黄鳍鲷 *Sparus latus*
441	黑鲷 *Sparus macrocephalus*
442	灰鳍鲷 *Sparus berda*
443	平鲷 *Rhabdosargus sarba*
444	寿鱼 *Banjos banjos*
445	波鳍金线鱼 *Nemipterus tolu*
446	金线鱼 *Nemipterus virgatus*
447	深水金线鱼 *Nemipterus bathybius*
448	日本金线鱼 *Nemipterus japonicus*
449	六齿金线鱼 *Nemipterus hexodon*
450	伏氏眶棘鲈 *Scolopsis vosmeri*
451	横带髭鲷 *Hapalogenys mucronatus*
452	斜带髭鲷 *Hapalogenys nitens*
453	花尾胡椒鲷 *Plectorhinchus cinctus*
454	胡椒鲷 *Plectorhinchus pictus*
455	中华胡椒鲷 *Plectorhynchus sinensis*
456	三线矶鲈 *Parapristipoma trilineatus*
457	断斑石鲈 *Pomadasys hasta*
458	鯻 *Therapon theraps*
459	尖吻鯻 *Therapon oxyrhynchus*
460	细鳞鯻 *Therapon jarbua*

（续）

序号	种　名
461	叉牙鯻 *Helotes sexlineatus*
462	列牙鯻 *Pelates quadrilineatus*
463	条尾绯鲤 *Upeneus bensasi*
464	黑斑绯鲤 *Upeneus tragula*
465	黄带绯鲤 *Upeneus sulphureus*
466	纵带绯鲤 *Upeneus subvittatus*
467	黄带副绯鲤 *Parupeneus chrysopleuron*
468	条石鲷 *Oplegnathus fasciatus*
469	燕鱼 *Platax teira*
470	万隆燕鱼 *Platax batavianus*
471	条纹鸡笼鲳 *Drepane longimana*
472	斑点鸡笼鲳 *Drepane punctata*
473	金钱鱼 *Scatophagus argus*
474	细刺鱼 *Microcanthus strigatus*
475	斑舵 *Girella punctata*
476	朴蝴蝶鱼 *Chaetodon modestus*
477	密点蝴蝶鱼 *Chaetodon citrinellus*
478	美蝴蝶鱼 *Chaetodon wiebeli*
479	珠蝴蝶鱼 *Chaetodon kleini*
480	黑尾蝶鱼 *Coradion altivelis*
481	荷包鱼 *Chaetodontoplus septentrionalis*
482	克氏棘赤刀鱼 *Acanthocepola krusensterni*
483	背点棘赤刀鱼 *Acanthocepola limbata*
484	横带厚唇鱼 *Hemigymnus fasciatus*
485	蓝猪齿鱼 *Choerodon azurio*
486	普提鱼 *Bodianus bilunulatus*
487	三叶唇鱼 *Cheilinus trilobatus*
488	侧斑唇鱼 *Cheilinus mentalis*
489	云斑海猪鱼 *Halichoeres nigrescens*
490	花鳍海猪鱼 *Halichoeres poecilopterus*
491	斑点海猪鱼 *Halichoeres margaritaceus*
492	黑带海猪鱼 *Halichoeres dussumieri*
493	洛神颈鳍鱼 *Iniistitus dea*
494	长头鹦嘴鱼 *Scarus longiceps*
495	青点鹦嘴鱼 *Scarus ghobban*
496	网条鹦嘴鱼 *Scarus frenatus*
497	驼背大鹦嘴鱼 *Chlorurus gibbus*
498	斑鳍光鳃鱼 *Chromis notatus*

（续）

序号	种　名
499	乔氏台雅鱼 *Daya jordani*
500	孟加拉豆娘鱼 *Abudefduf bengalensis*
501	黑豆娘鱼 *Abudefduf melas*
502	紫雀鲷 *Pomacentrus violascens*
503	圆拟鲈 *Parapercis cylindrica*
504	六带拟鲈 *Parapercis secfasciatus*
505	眼斑拟鲈 *Parapercis ommatura*
506	素尾鹰鲻 *Goniistius quadricornis*
507	花尾鹰鲻 *Goniistius zonatus*
508	日本䲢 *Uranoscopus japonicus*
509	少鳞䲢 *Uranoscopus oligolepis*
510	鱼䲢 *Ichthyascopus lebeck*
511	青䲢 *Gnathagnus elongatus*
512	鳄齿䲢 *Champsodon capensis*
513	短鳄齿䲢 *Champsodon snyderi*
514	冠肩鳃鳚 *Omobranchus uekii*
515	斑点肩鳃鳚 *Omobranchus punctatus*
516	日本肩鳃鳚 *Omobranchus japonicus*
517	美肩鳃鳚 *Omobranchus elegans*
518	花肩鳃鳚 *Omobranchus kallosoma*
519	斑头肩鳃鳚 *Omobranchus fasciolaticeps*
520	杜氏凤鳚 *Salarias dussumieri*
521	纵带美鳚 *Dasson trossulus*
522	跳岩鳚 *Petroscirtes mitratus*
523	吻纹冠鳚 *Peaealticus striatus*
524	蛳鲔 *Draconetta xenica*
525	丝鳍鲔 *Callionymus virgis*
526	丝棘鲔 *Callionymus flagris*
527	香鲔 *Callionymus olidus*
528	短鳍鲔 *Callionymus kitaharae*
529	海南鲔 *Callionymus hainanensis*
530	李氏鲔 *Callionymus richardsoni*
531	南海鲔 *Callionymus marisinensis*
532	沙氏鲔 *Callionymus schaapi*
533	绯鲔 *Callionymus beniteguri*
534	美尾鲔 *Calliurichthys japonicus*
535	眼斑连鳍鲔 *Synchiropus ocellatus*
536	红连鳍鲔 *Synchiropus altivelis*
537	褐篮子鱼 *Siganus fuscescens*
538	黄斑篮子鱼 *Siganus oramin*

（续）

序号	种 名
539	短吻鼻鱼 *Naso brevirostris*
540	小带鱼 *Trichiurus muticus*
541	带鱼 *Trichiurus haumela*
542	沙带鱼 *Trichiurus savala*
543	窄颅带鱼 *Tentoriceps cristatus*
544	鲐 *Pneumatophorus japonicus*
545	狭头鲐 *Pneumatophorus tapeinocephalus*
546	羽鳃鲐 *Rastrelliger kanagurta*
547	康氏马鲛 *Scomberomorus commersoni*
548	斑点马鲛 *Scombermorus guttatus*
549	中华马鲛 *Scomberomorus sinensis*
550	蓝点马鲛 *Scomberomorus niphonius*
551	朝鲜马鲛 *Scomberomorus koreanus*
552	青干金枪鱼 *Thunnus tonggol*
553	扁舵鲣 *Auxis thazard*
554	银鲳 *Pampus argenteus*
555	中国鲳 *Pampus chinensis*
556	灰鲳 *Pampus nozawae*
557	燕尾鲳 *Pampus echinogaster*
558	刺鲳 *Psenopsis anomala*
559	沙塘鳢 *Odontobutis obscura*
560	锯塘鳢 *Prionobutis koilomatodon*
561	乌塘鳢 *Bostrichthys sinensis*
562	嵴塘鳢 *Butis butis*
563	尖头塘鳢 *Eleotris oxycephala*
564	花锥嵴塘鳢 *Eleotris koilomatodon*
565	纹缟鰕虎鱼 *Tridentiger trigonocephalus*
566	暗缟鰕虎鱼 *Tridentiger obscurus*
567	髭鰕虎鱼 *Triaenopogon barbatus*
568	阿部鲻鰕虎鱼 *Mugilogobius abei*
569	粘皮鲻鰕虎鱼 *Mugilogobius myxodermus*
570	黄鳍刺鰕虎鱼 *Acanthogobius flavimanus*
571	竿鰕虎鱼 *Luciogobius guttatus*
572	舌鰕虎鱼 *Glossogobius giuris*
573	双斑舌鰕虎鱼 *Glossogobius biocelllatus*
574	斑纹舌鰕虎鱼 *Glossogobius olivaceus*
575	长丝鰕虎鱼 *Cryptocentrus filifer*
576	触角沟鰕虎鱼 *Oxyurichthys tentacularis*
577	眼瓣沟鰕虎鱼 *Oxyurichthys ophthalmonema*
578	大鳞沟鰕虎鱼 *Oxyurichthys macrolepis*

（续）

序号	种　名
579	小鳞沟鰕虎鱼 *Oxyurichthys microlepis*
580	巴布亚沟鰕虎鱼 *Oxyurichthys papuensis*
581	横带寡鳞鰕虎鱼 *Oligolepis fasciatus*
582	犬牙细棘鰕虎鱼 *Acentrogobius caninus*
583	绿斑细棘鰕虎鱼 *Acentrogobius chlorostigmatoides*
584	凯氏细棘鰕虎鱼 *Acentrogobius campbelli*
585	青斑细棘鰕虎鱼 *Acentrogobius viridipunctatus*
586	裸项栉鰕虎鱼 *Ctenogobius gymnauchen*
587	短吻栉鰕虎鱼 *Ctenogobius brevirostris*
588	子陵栉鰕虎鱼 *Ctenogobius giurinus*
589	云斑栉鰕虎鱼 *Ctenogobius criniger*
590	虎齿鰕虎鱼 *Ctenogobius xaninus*
591	乳色阿匍鰕虎鱼 *Aboma lactipes*
592	斑尾复鰕虎鱼 *Synechogobius ommaturus*
593	矛尾复鰕虎鱼 *Synechogobius hasta*
594	拟矛尾鰕虎鱼 *Parachaeturichthys polynema*
595	矛尾鰕虎鱼 *Chaeturichthys stigmatias*
596	六丝矛尾鰕虎鱼 *Chaeturichthys hexanema*
597	蚓形副平牙鰕虎鱼 *Parapocryptes serperater*
598	大鳞副平牙鰕虎鱼 *Parapocryptes macrolepis*
599	中华钝牙鰕虎鱼 *Apocrytichthys sericus*
600	马都拉叉牙鰕虎鱼 *Apocryptodon madurensis*
601	大弹涂鱼 *Boleophthalmus pectinirostris*
602	弹涂鱼 *Periophtahlmus cantomensis*
603	静弹涂鱼 *Periophtahlmus modestus*
604	青弹涂鱼 *Scartelaos viridis*
605	大青弹涂鱼 *Scartelaos gigas*
606	孔鰕虎鱼 *Trypauchen vagina*
607	中华栉孔鰕虎鱼 *Ctenotrypauchen chinensis*
608	小头栉孔鰕虎鱼 *Ctenotrypauchen microcephalus*
609	钝孔鰕虎鱼 *Amblyotrypauchen arctocephalus*
610	中华尖牙鰕虎鱼 *Apocryptichthys sericus*
611	红狼牙鰕虎鱼 *Odontamblyopus rubicundus*
612	须鳗鰕虎鱼 *Taenioides cirratus*
613	鳗鰕虎鱼 *Taenioides anguillaris*
614	鲤形鳗鰕虎鱼 *Taenilides anguillaris*
615	叉尾斗鱼 *Macropodus opercularis*
616	攀鲈 *Anabas testudineus*

（续）

序号	种名
617	斑鳢 Ophicephalus maculatus
618	鮣 Echeneis naucrates
619	短鮣 Remora remora
620	褐菖鲉 Sebastiscus marmoratus
621	花腋鳞头鲉 Sebastapistes nuchalis
622	斑鳍鲉 Scorpaena neglecta
623	须拟鲉 Scorpaenopsis cirrhosa
624	驼背拟鲉 Scorpaenopsis gibbosa
625	勒氏蓑鲉 Pterois russelli
626	环纹蓑鲉 Pterois lunulata
627	翱翔蓑鲉 Pterois volitans
628	赤斑多臂鲉 Brachirus bellus
629	美丽短鳍蓑鲉 Dendrochirus bellus
630	锯蓑鲉 Brachypterois serrulatus
631	虎鲉 Minous monodactylus
632	丝鳍虎鲉 Minous pusillus
633	鬼鲉 Inimicus japonicus
634	狮头虎鲉 Erosa erosa
635	鰧头鲉 Polycaulus uranoscopus
636	须蓑鲉 Apistus alatus
637	蜂鲉 Erisphex pottii
638	印度赤鲉 Hypodytes indicus
639	绿鳍 Chelidonichthys kumu
640	小眼绿鳍 Chelidonichthys spinosus
641	翼红娘鱼 Lepidotrigla alata
642	贡氏红娘鱼 Lepidotrigla guentheri
643	斑鳍红娘鱼 Lepidotrigla punctipectoralis
644	短鳍红娘鱼 Lepidotrigla microptera
645	圆吻红娘鱼 Lepidotrigla spiloptereus
646	岸上红娘鱼 Lepidotrigla kishinouyi
647	日本红娘鱼 Lepidotrigla japonica
648	鳞胸红娘鱼 Lepidotrigla lepidojugulata
649	红鲬 Bembras japonicus
650	棘线鲬 Grammoplites scaber
651	大鳞鳞鲬 Onigocia macrolepis
652	锯齿鳞鲬 Onigocia spinosus
653	粒突鳞鲬 Onigocia tuberculatus
654	倒棘鲬 Rogadius asper
655	大眼鲬 Suggrundus meerdervoorti
656	斑瞳鲬 Inegocia guttatus

（续）

序号	种　名
657	日本瞳鲬 *Inegocia japonicus*
658	犬牙鲬 *Ratabulus megacephalus*
659	鲬 *Platycephalus indicus*
660	鳄鲬 *Cociella crocodila*
661	棘线鳄鲬 *Cociella scaber*
662	单棘豹鲂鮄 *Daicocus peterseni*
663	东方豹鲂鮄 *Dactyloptena orientalis*
664	大口鳒 *Psettodes erumei*
665	花鲆 *Tephrinectes sinensis*
666	牙鲆 *Paralichthys olivaceus*
667	纤羊舌鲆 *Arnoglossus tenuis*
668	北原左鲆 *Laeops kitaharae*
669	小眼新左鲆 *Neolaeops microphthalmus*
670	无斑羊舌鲆 *Arnoglossus aspilos*
671	少牙斑鲆 *Pseudorhombus oligodon*
672	圆鳞斑鲆 *Pseudorhombus levisquamis*
673	栉鳞斑鲆 *Pseudorhombus ctenosquamis*
674	大牙斑鲆 *Pseudorhombus arsius*
675	桂皮斑鲆 *Pseudorhombus cinnamoneus*
676	木叶鲽 *Pleuronichthys cornutus*
677	冠鲽 *Samaris cristatus*
678	卵鳎 *Solea ovata*
679	东方小鳞箬鳎 *Synaptura orientalis*
680	东方箬鳎 *Brachirus orientalis*
681	条鳎 *Zebrias zebra*
682	日本条鳎 *Zebrias japonicus*
683	蛾眉条鳎 *Zebrias quagga*
684	日本须鳎 *Paraplagusia japonica*
685	日本拟须鳎 *Rhinoplagusia japonica*
686	断线舌鳎 *Cynoglossus interruptus*
687	大鳞舌鳎 *Cynoglossus macrolepidotus*
688	少鳞舌鳎 *Cynoglossus oligolepis*
689	斑头舌鳎 *Cynoglossus puncticeps*
690	半滑舌鳎 *Cynoglossus semilaevis*
691	短吻舌鳎 *Cynoglossus abbreviatus*
692	焦氏舌鳎 *Cynoglossus joyneri*
693	双线舌鳎 *Cynoglossus bilineatus*
694	宽体舌鳎 *Cynoglossus robustus*

（续）

序号	种　　名
695	罗氏舌鳎 *Cynoglossus roulei*
696	中华舌鳎 *Cynoglossus sinicus*
697	黑鳃舌鳎 *Cynoglossus nigropinnatus*
698	三线舌鳎 *Cynoglossus trigrammus*
699	三刺鲀 *Triacanthus brevirostris*
700	尖吻假三刺鲀 *Pseudotriacanthus strigilifer*
701	宽尾鳞鲀 *Abalistes stellatus*
702	日本前刺单角鲀 *Laputa japonica*
703	绒纹线鳞鲀 *Arotrolepis sulcatus*
704	绿鳍马面鲀 *Navodon septentrionalis*
705	中华单角鲀 *Monacanthus chinensis*
706	丝鳍单角鲀 *Monacanthus setifer*
707	丝背细鳞鲀 *Stephanolepis cirrhifer*
708	单角革鲀 *Aluterus monoceros*
709	角箱鲀 *Lactoria cornutus*
710	突吻尖鼻箱鲀 *Rhynchostracion rhinorhinchus*
711	双峰三棱箱鲀 *Tetrosomus concatenatus*
712	六棱箱鲀 *Aracana rosapinto*
713	棕腹刺鲀 *Gastrophysus septentrionalis*
714	月腹刺鲀 *Gastrophysus lunaris*
715	棕斑腹刺鲀 *Gastrophysus spadiceus*
716	杂斑腹刺鲀 *Gastrophysus suezensis*
717	横纹东方鲀 *Fugu oblongus*
718	弓斑东方鲀 *Fugu ocellatus*
719	星点东方鲀 *Fugu niphobles*
720	铅点东方鲀 *Fugu alboptumbeus*
721	双斑东方鲀 *Fugu bimaculatus*
722	红鳍东方鲀 *Fugu rubripes*
723	条纹东方鲀 *Fugu xanthopterus*
724	花鳍兔头鲀 *Lagocephalus oceanicus*
725	淡鳍兔头鲀 *Lagocephalus wheeleri*
726	黑鳃兔头鲀 *Lagocephalus laevigatus*
727	克氏兔头鲀 *Lagocephalus gloveri*
728	光兔鲀 *Lagocephalus inermis*
729	头纹宽吻鲀 *Amblyrhynchotes hypselogenion*
730	凹鼻鲀 *Chelonodon patota*
731	六斑刺鲀 *Diodon holocanthus*
732	翻车鲀 *Mola mola*

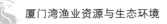

（续）

序　号	种　　名
733	飞海蛾鱼 *Pegasus volitans*
734	海蛾鱼 *Pegasus laternarius*
735	黑鮟鱇 *Lophiomus setigerus*
736	三齿躄鱼 *Antennarius pinniceps*
737	黑躄鱼 *Antennarius melas*
738	钱斑躄鱼 *Antennarius nummifer*
739	毛躄鱼 *Antennarius hispidus*
740	棘茄鱼 *Halieutaea stellata*
741	烟纹棘茄鱼 *Halieutaea fumosa*
742	中华棘茄鱼 *Halieutaea sinica*

参 考 文 献

鲍晶晶，2011. 厦门湾及其邻近海域地形地貌研究 [D]. 厦门：国家海洋局第三海洋研究所.

边梅，2011. 九龙江口的浮游植物群落以及主要产毒素赤潮种的变化 [D]. 汕头：汕头大学.

蔡秉及，王志远，1994. 厦门港及邻近海域的浮性鱼卵和仔、稚鱼 [J]. 台湾海峡，13（2）：204-208.

蔡秉及，连光山，林茂，等，1994. 厦门港及邻近海域浮游动物的生态研究 [J]. 海洋学报，16（4）：137-142.

蔡尔西，1990. 厦门港湾蟹类的分布 [J]. 应用海洋学学报（2）：166-171.

蔡立哲，李复雪，1998. 厦门潮间带泥滩和虾池小型底栖动物类群的丰度 [J]. 台湾海峡，17（1）：91-95.

常国芳，黄良敏，李军，等，2013. 福建九龙江河口区定置网渔业的鱼类群落结构研究 [J]. 上海海洋大学学报，22（2）：295-305.

常国芳，2013. 福建九龙江口鱼类群落结构研究 [D]. 厦门：集美大学.

晁眉，黄良敏，李军，等，2016. 福建九龙江口凤鲚的生物学特征 [J]. 集美大学学报：自然科学版，21（1）：16-20.

陈必哲，张澄茂，1993. 厦门近海鲻鱼生殖群体生长与资源状况 [J]. 福建水产（4）：35-38.

陈大刚，1997. 渔业资源生物学 [M]. 北京：中国农业出版社.

陈强，王家樵，张雅芝，等，2012. 福建闽江口及附近海域和厦门海域头足类种类组成的季节变化 [J]. 海洋学报：中文版，34（3）：179-184.

陈作志，邱永松，贾晓平，等，2008. 捕捞对北部湾海洋生态系统的影响 [J]. 应用生态学报，7：1604-1610.

程家骅，姜亚洲，2008. 捕捞对海洋鱼类群落影响的研究进展 [J]. 中国水产科学，15（2）：359-366.

戴泉水，卢振彬，戴天元，等，2005. 台湾海峡及其邻近海域游泳生物种类组成和资源现状 [J]. 水产学报，29（2）：205-210.

单秀娟，金显仕，2011. 长江口近海春季鱼类群落结构的多样性研究 [J]. 海洋与湖沼，42（1）：32-40.

邓景耀，金显仕，2002. 莱州湾及黄河口水域渔业生物多样性及其保护研究 [J]. 动物学研究，21（1）：76-78.

邓景耀，姜卫民，杨纪明，等，1997. 渤海主要生物种间关系及食物网的研究 [J]. 中国水产科学，4（4）：1-7.

杜建国，刘正华，余兴光，等，2012. 九龙江口鱼类多样性和营养级分析 [J]. 热带海洋学报，31（6）：76-84.

方建勇，2008. 厦门湾海底沉积物分布特征及其物源和沉积环境意义 [D]. 厦门：国家海洋局第三海洋研究所.

费鸿年，何宝全，陈国铭，1981. 南海北部大陆架底栖鱼群聚的多样度以及优势种区域和季节变化 [J]. 水产学报，1：1-20.

福建鱼类志编著小组，1985. 福建鱼类志（上、下册）[M]. 福州：福建科学技术出版社.

高山，陈伟琪，陈祖峰，2006. 厦门海域氮、磷的主要来源分析及其控制措施 [J]. 厦门大学学报：自然科学版，45（1）：286-291.

顾洪静，2014. 福建九龙江口鱼类群落及其资源的研究 [D]. 厦门：集美大学.

关琰珠，2007. 厦门市近岸海域水环境污染现状及对策研究 [J]. 海洋开发与管理，24（1）：136-138.

韩德举，2006. 泰晤士河口水温和水化学特性对鱼类的影响研究 [J]. 水利水电快报，27（24）：55-66.

洪惠馨，林利民，翁奋发，等，2004. 福建九龙江口近海定置作业渔获物组成及其数量变动的调查研究 [J]. 台湾海峡，23（2）：174-185.

华元渝，胡传林，1981. 鱼种重量与体长相关公式（$W = aL^b$）的生物学意义及其应用 [M]//鱼类学论文集第一辑. 北京：科学出版社，125-131.

黄大明，赵松龄，1992. 食物网研究进展 [J]. 甘肃农业大学学报，27（4）：277-288.

黄加祺，1983. 九龙江口大、中型浮游动物的种类组成和分布 [J]. 厦门大学学报：自然科学版（1）：88-95.

黄良敏，2011. 闽江口和九龙江口及其邻近海域渔业资源现状与鱼类多样性 [D]. 青岛：中国海洋大学.

黄良敏，黎中宝，吝涛，等，2013a. 厦门国家级珍稀海洋物种自然保护区文昌鱼（*Branchiostoma belcheri*）种群健康评价 [J]. 海洋与湖沼，44（1）：103-110.

黄良敏，林田禹，邹成灿，2008a. 厦门同安湾、西海域渔业管理目标的比较 [J]. 中国海洋大学学报，38（4）：573-578.

黄良敏，谢仰杰，李军，等，2013b. 厦门海域鱼类群落分类学多样性的研究 [J]. 海洋学报，35（2）：126-132.

黄良敏，谢仰杰，张雅芝，等，2010. 厦门海域渔业资源现存量评析 [J]. 集美大学学报：自然科学版，2：81-87.

黄良敏，张会军，张雅芝，等，2013c. 入海河口鱼类生物与水环境关系的研究现状与进展 [J]. 海洋湖沼通报，136（1）：61-68.

黄良敏，张雅芝，杜楚炫，等，2007. 厦门东海域流刺网渔获鱼类种类组成及其多样性分析 [J]. 台湾海峡，26（2）：261-269.

黄良敏，张雅芝，潘佳佳，等，2008b. 厦门东海域鱼类食物网研究 [J]. 台湾海峡，27（1）：64-73.

黄良敏，张雅芝，姚舒栓，2006. 厦门东海域定置网渔获鱼类种类组成及其季节变化 [J]. 台湾海峡，25（4）：509-520.

黄宗国，2006. 厦门湾物种多样性 [M]. 北京：海洋出版社.

黄宗国，洪荣标，张荔峰，2006. 厦门湾的物种研究 [J]. 厦门大学学报：自然科学版，45（z2）：10-15.

纪炜炜，2011. 东海中北部主要游泳动物食物网结构和营养关系初步研究 [D]. 山东：中国科学院.

江胜锋，程家骅，2006. 海洋小型鱼类研究进展 [J]. 海洋渔业，28（4）：336-341.

江素菲，陈枫，1993. 九龙江口鱼类浮游生物的生态 [J]. 台湾海峡，4：351-358.

姜亚洲，2008. 东海北部鱼类群落多样性和结构特征变化研究 ［D］. 中国科学院研究生院（海洋研究所）.

蒋荣根，2014. 厦门湾及其邻近海域富营养化特征分析与评价 ［D］. 厦门：国家海洋局第三海洋研究所.

蒋新花，谢仰杰，黄良敏，等，2010. 闽江口及附近海域和厦门沿岸海域软骨鱼类种类组成和数量的时空分布 ［J］. 集美大学学报：自然科学版，15（6）：406 - 413.

焦玉木，张新华，李会新，1998. 河口断流对河口海域鱼类多样性的影响 ［J］. 海洋湖沼通报（4）：48 - 53.

金显仕，邓景耀，2000. 莱州湾渔业资源群落结构和生物多样性的变化 ［J］. 生物多样性，8（1）：65 - 72.

金显仕，单秀娟，郭学武，等，2009. 长江口及其邻近海域渔业生物的群落结构特征 ［J］. 生态学报，29（9）：4761 - 4772.

金显仕，赵宪勇，孟田湘，等，2005. 黄、渤海生物资源与栖息环境 ［M］. 北京：科学出版社.

李建生，李圣法，程家骅，2006. 长江口渔场鱼类组成和多样性 ［J］. 海洋渔业，28（1）：37 - 41.

李建生，李圣法，丁峰元，等，2007. 长江口近海鱼类多样性的年际变化 ［J］. 中国水产科学，14（4）：637 - 643.

李荣冠，江锦祥，鲁琳，等，1996. 厦门岛岩相潮间带生物种类组成与数量分布 ［J］. 台湾海峡，15（3）：293 - 298.

李圣法，2011. 东海大陆架鱼类群落生态学研究-空间格局及其多样性 ［D］. 上海：华东师范大学.

李永玉，洪华生，王新红，等，2005. 厦门海域有机磷农药污染现状与来源分析 ［J］. 环境科学学报，25（8）：1071 - 1077.

李永振，陈国宝，孙典荣，2000. 珠江口鱼类组成分析 ［J］. 水产学报，24（4）：312 - 317.

连珍水，1988. 九龙江鱼类区系的研究 ［J］. 福建水产，3：42 - 51.

廖建基，郑新庆，杜建国，等，2014. 厦门同安湾定置网捕获鱼类的多样性及营养级特征 ［J］. 生物多样性，22（5）：624 - 629.

林楠，沈长春，钟俊生，2009a. 九龙江口沿岸碎波带仔稚鱼种类组成 ［J］. 上海海洋大学学报，18（6）：686 - 694.

林楠，沈长春，钟俊生，2010. 九龙江口仔稚鱼多样性及其漂流模式的探讨 ［J］. 海洋渔业，32（1）：66 - 72.

林楠，沈长春，钟俊生，2009b. 九龙江口仔、稚鱼种类组成和季节变化 ［J］. 南方水产，5（4）：1 - 8.

吝涛，薛雄志，曹晓海，等，2005. 厦门海域生态安全分析 ［J］. 福建师范大学学报：自然科学版，21（3）：88 - 91.

刘建康，曹文宣，1992. 长江流域的鱼类资源及其保护对策 ［J］. 长江流域资源与环境，1（1）：17 - 23.

刘坤，林和山，王建军，等，2015. 厦门近岸海域大型底栖动物次级生产力 ［J］. 生态学杂志，34（12）：3409 - 3415.

刘磊，林楠，钟俊生，等，2008. 长江口沿岸碎波带三种暖水性鱼类仔鱼的出现 ［J］. 海洋渔业，30（1）：62 - 66.

刘其根，1989. 隔湖天然经济鱼类小型化及对策的初步研究 ［D］. 上海：上海水产大学.

刘其根，沈建忠，陈马康，等，2005. 天然经济鱼类小型化问题的研究进展［J］. 上海水产大学学报，14
　（1）：79－83.

刘瑞玉，1992. 胶州湾生态学和生物资源［M］. 北京：科学出版社.

刘勇，李圣法，程家骅，2006. 东海、黄海鱼类群落结构的季节变化研究［J］. 海洋学报，28（4）：
　108－114.

刘勇，沈长春，马超，等，2014. 九龙江口春秋季鱼类种类组成及数量分布特征［J］. 福建水产，3：
　191－197.

卢振彬，2000. 厦门海域渔业资源评估［J］. 热带海洋，2：51－56.

卢振彬，陈骁，2008. 福建沿海几种鲌、鳀科鱼类生长与死亡参数及其变化［J］. 厦门大学学报：自然科
　学版，47（2）：279－285.

鲁琳，1996. 厦门地区潮间带蟹类的种类组成与分布［J］. 应用海洋学学报（2）：163－169.

陆荣华，2010. 围填海工程对厦门湾水环境动力的累积影响研究［D］. 厦门：国家海洋局第三海洋研
　究所.

罗秉征，韦晟，窦硕增，1997. 长江口鱼类食物网与营养结构的研究［J］. 海洋科学集刊，38（1）：
　143－153.

孟庆闻，苏锦详，缪学祖，1995. 鱼类分类学［M］. 北京：中国农业出版社.

欧阳玉蓉，王翠，李青生，等，2014. 厦门湾海域营养盐时空分布与富营养化状况分析［J］. 福建农业学
　报，1：88－93.

邱品宾，2011. 厦门湾船舶溢油污染事故危害风险评估研究［D］. 大连：大连海事大学.

史赟荣，晁敏，全为民，等，2012. 长江口鱼类群落的多样性分析［J］. 中国水产科学，19（6）：
　1051－1059.

孙琳，2009. 2008—2009年厦门港浮游植物种类组成与数量动态研究［C］. 北京：2009年中国生态学会
　会议.

汤荣坤，贺青，暨卫东，等，2010. 2005—2007年厦门岛周边海域水体叶绿素含量的时空变化特征［J］.
　台湾海峡，29（3）：342－351.

唐启升，2006. 中国专属经济区海洋生物资源与栖息环境［M］. 北京：科学出版社.

唐文乔，诸廷俊，陈家宽，等，2003. 长江口九段沙湿地的鱼类资源及其保护价值［J］. 上海水产大学学
　报，12（3）：193－200.

王家樵，张雅芝，黄良敏，等，2011. 福建沿岸海域主要经济鱼类生物学研究［J］. 集美大学学报：自然
　科学版，16（3）：161－166.

王雪辉，杜飞雁，邱永松，2006. 南海北部主要经济鱼类体长与体质量关系［J］. 台湾海峡，25（2）：
　262－266.

王雨，项鹏，叶又茵，等，2017. 金门岛北部海域浮游植物的季节变动及与环境的关联［J］. 水生生物学
　报，41（3）：712－723.

韦晟，姜卫民，1992. 黄海鱼类食物网的研究［J］. 海洋与湖沼，23（2）：182－192.

温海深，林浩然，2001. 环境因子对硬骨鱼类性腺发育成熟及其排卵和产卵的调控［J］. 应用生态学报，
　12（1）：151－155.

翁朝红，谢仰杰，肖志群，等，2012. 福建及中国其他沿岸海域中国鲎资源分布现状调查 [J]. 动物学杂志，47（3）：40-48.

翁宇斌，胡灯进，2015. 福建省近 10 年填海项目实施情况调研概析 [J]. 海洋开发与管理（12）：11-15.

谢仰杰，黄良敏，李军，等，2012a. 福建沿岸海域鲱形目鱼类资源评析 [J]. 海洋渔业，3：285-294.

谢仰杰，李军，黄良敏，等，2012b. 2006—2007 年福建沿岸海域石首鱼类资源量时空变化 [J]. 台湾海峡，3：403-411.

薛利建，周永东，徐开达，等，2011. 舟山近海凤鲚生长参数及资源量、持续渔获量分析 [J]. 福建水产，33（2）：18-23.

薛莹，2005. 黄海中南部主要鱼种摄食生态和鱼类食物网研究 [D]. 青岛：中国海洋大学.

薛莹，金显仕，2003. 鱼类食性和食物网研究评述 [J]. 海洋水产研究，24（2）：76-87.

颜云榕，卢伙胜，金显仕，2011. 海洋鱼类摄食生态与食物网研究进展 [J]. 水产学报，35（1）：145-153.

杨纪明，2001. 渤海鱼类的食性及营养级研究 [J]. 现代渔业信息，16（10）：10-19.

叶又茵，王雨，林茂，等，2013. 九龙江河口浮游动物的群落结构和时空变动 [J]. 生态科学，32（4）：408-419.

于海成，线薇薇，2010. 1998—2001 年长江口近海鱼类群聚结构及其与环境因子的关系 [J]. 长江科学院院报，27（10）：88-92.

俞存根，宋海棠，姚光展，2005. 东海蟹类群落结构特征的研究 [J]. 海洋与湖沼，3：213-220.

余兴光，马志远，林志兰，等，2008. 福建省海湾围填海规划环境化学与环境容量影响评价 [M]. 北京：科学出版社.

詹秉义，1995. 渔业资源评估 [M]. 北京：中国农业出版社.

詹海刚，1998. 珠江口及邻近水域鱼类群落结构研究 [J]. 南海研究与开发（3）：91-97.

张澄茂，汪伟洋，1985. 全国海岸带和海涂资源综合调查游泳生物数量统计 [R]. 厦门：福建省水产研究所.

张衡，朱国平，陆健健，2009. 长江河口湿地鱼类的种类组成及多样性分析 [J]. 生物多样性，17（1）：76-81.

张会军，黄良敏，李军，等，2013. 福建九龙江口浮宫附近水域鱼类的群落结构变动 [J]. 应用海洋学学报，32（2）：231-237.

张会军，2013. 福建九龙江口鱼类资源现状研究 [D]. 厦门：集美大学.

张珞平，洪华生，陈宗团，等，1999. 农药使用对厦门海域的初步环境风险评价 [J]. 厦门大学学报：自然科学版（1）：96-102.

张其永，林秋眠，林尤通，等，1981. 闽南—台湾浅滩渔场鱼类食物网研究 [J]. 海洋学报，3（2）：275-290.

张旭，2009. 黄河口海域渔业资源调查及现状评价的初步研究 [D]. 青岛：中国海洋大学.

张雅芝，黄良敏，2009. 厦门东海域鱼类的群落结构及种类多样性研究 [J]. 热带海洋学报，28（2）：66-76.

张雅芝，李福振，刘向阳，等，1994. 东山湾鱼类食物网研究 [J]. 台湾海峡，13（1）：52-61.

张迎秋，2012. 长江口近海鱼类群落环境影响分析［D］. 青岛：中国科学院海洋研究所.

张远辉，王伟强，黄自强，等，1999. 九龙江口盐度锋面及其营养盐的化学行为［J］. 海洋环境科学，18 （4）：1－7.

张月平，2005. 南海北部湾主要鱼类食物网［J］. 中国水产科学，12（5）：621－631.

张月平，陈丕茂，2005. 南沙岛礁周围水域主要鱼类食物网研究［J］. 南方水产，1（6）：23－33.

张壮丽，苏新红，刘勇，等，2010. 福建海洋渔业捕捞现状分析［J］. 福建水产，4：82－86.

郑亮，2014. 黄河口海域鱼类群落结构初步研究［D］. 上海：上海海洋大学.

郑重，陈柏云，1982. 九龙江口生态系统调查研究—绪论［J］. 厦门大学学报：自然科学版（3）：351－358.

《中国海洋渔业资源》编写组，1990. 中国渔业资源调查和区划之一［M］. 杭州：浙江科技出版社.

中国科学院编辑委员会，1979. 中国自然地理：海洋地理［M］. 北京：科学出版社.

钟指挥，林祥志，杨善军，等，2010. 厦门海域游泳生物的时空分布特征［J］. 台湾海峡，2：241－249.

周红，张志南，2003. 大型多元统计软件 PRIMER 的方法原理及其在底栖群落生态学中的应用［J］. 青岛海洋大学学报：自然科学版，33（1）：58－64.

周细平，蔡立哲，梁俊彦，等，2008. 厦门海域大型底栖动物次级生产力的初步研究［J］. 厦门大学学报：自然科学版，47（6）：901－906.

朱鑫华，缪锋，刘栋，等，2001. 黄河口及邻近海域鱼类群落时空格局与优势种特征研究［J］. 海洋科学集刊，43：141－151.

Huang L M，Zhang Y Z，Jin X S，et al，2010. A comparative study of fish community in four main estuaries of China southeastern coastal areas and their adjacent waters［J］. Journal of Ocean University of China，9（2）：169－177.

Margalef R，1958. Information theory in ecology. General System，3：36－71.

Nelson J S，1994. Fishes of the World［M］. New York：The American museum of natural history.

Pauly D，1980. On the interrelationships between natural mortality，growth parameters，and mean environmental temperature in 175fish stocks［J］. Journal du Conseil，39（2）：175－192.

Pauly D，Christensen V，Dalsgarrd J，et al，1998. Fishing Down Marine Food Webs［J］. Science，279（860）.

Pielou E C，1975. Ecological Diversity［M］. New York：Wiley，4－49.

Pinkas L，Oliphant M S，Iverson I L K，1971. Food habits of albacore，bluefin tuna，and bonito in California waters［M］. United States：State of California，Department of Fish and Game.

Wilhm J L，1968. Use of Biomass Units in Shannon's Formula［J］. Ecology，49（1）：153－156.

作者简介

黄良敏 男，1972年1月生。博士，副教授，硕士研究生导师。毕业于中国海洋大学水产学院渔业资源专业，现在集美大学水产学院工作，主讲渔业资源评估与管理、高级生物统计学等研究生课程及海洋渔业技术学、生物统计、渔具理论与设计学等本科生课程。主持或参加国家级、省部级及市厅级科研项目30余项，在国内外发表论文50余篇。研究方向为渔业资源和鱼类生态。